11G101 新平法图集解析及案例分析
——钢筋翻样与算量

（柱、剪力墙）

王宇辉　编著

中国建筑工业出版社

图书在版编目（CIP）数据

11G101 新平法图集解析及案例分析——钢筋翻样与算量（柱、剪力墙）/王宇辉编著. —北京：中国建筑工业出版社，2015.11
ISBN 978-7-112-18376-0

Ⅰ.①1… Ⅱ.①王… Ⅲ.①建筑工程-配筋工程-工程施工②钢筋混凝土结构-结构计算 Ⅳ.①TU755.3②TU375.01

中国版本图书馆 CIP 数据核字（2015）第 189108 号

本书以 11G101-1 系列图集、12G901 系列图集为基础，全面讲述了新规范、新平法变化解析，钢筋翻样基础知识，柱钢筋计算，剪力墙钢筋计算，广联达钢筋算量软件应用等知识。书中还列举了大量相关实例，便于读者深刻理解书中相关内容。

本书可作为高等职业院校教学参考用书。

责任编辑：张伯熙 万 李 杨 杰
责任设计：张 虹
责任校对：陈晶晶 赵 颖

11G101 新平法图集解析及案例分析——钢筋翻样与算量
（柱、剪力墙）
王宇辉 编著
*
中国建筑工业出版社出版、发行（北京西郊百万庄）
各地新华书店、建筑书店经销
霸州市顺浩图文科技发展有限公司制版
北京建筑工业印刷厂印刷
*
开本：787×1092 毫米 1/16 印张：15½ 字数：376 千字
2016 年 5 月第一版 2016 年 5 月第一次印刷
定价：**38.00** 元
ISBN 978-7-112-18376-0
（27611）

前　言

本书系统解析了新旧平法图集的区别，以 11G101-1 系列、12G901 系列图集为基础，详细讲述了柱和剪力墙构件中各类钢筋的计算方法，其钢筋分类的体系独树一帜，对各类钢筋的计算总结得比较全面，初学者也能参阅相关内容，进行相应的钢筋翻样和算量工作，书中同时插入大量示意图帮助读者理解计算式。最后，通过工程实例，讲解了广联达钢筋算量 GGJ2013 软件的操作和应用，在帮助读者理解手算的同时，带来更好的实用价值。

本教材适用于高等职业院校、高等专科学校建筑工程技术、工程造价、工程管理等专业的学生使用，也可作为岗位培训教材或供土建工程技术人员学习参考。

本教材在编写过程中，参考了有关书籍、标准、规范、图片及其他资料等文献，在此谨向这些文献的作者表示深深的感谢，同时也得到了出版社和编者所在单位领导及同事的指导和帮助，在此一并表示谢意。

由于新图集和新规范刚出版不久以及作者水平有限，对新规范和新图集的学习和掌握还不够深入，书中难免有不妥或疏漏之处，恳请使用教材的教师和广大读者批评指正。

2014 年 7 月

目　　录

1 11G101新平法背景介绍

1.1 11G101平法的基本情况

平法是混凝土结构施工图平面整体表示方法的简称，由陈青来教授发明编创，是钢筋混凝土工程从设计、施工到监理各环节共同采用的高效制图方法和施工操作方法。

平法的表达形式，概括来讲，是把结构构件的尺寸和配筋等，按照平面整体表示方法制图规则，整体直接表达在各类构件的结构平面布置图上，再与标准构造详图相配合，从而构成一套新型完整的结构设计。

平法改变了传统的那种将构件从结构平面布置图中索引出来，再逐个绘制配筋详图的烦琐方法，是混凝土结构施工图设计方法的重大改革。经过多年在工程实践中的运用，平法的理论与方法体系已经深入人心，平法的效果也得到广大建筑结构设计和施工人员的肯定。具体体现在：平法使设计者更容易掌握全局，改图可不牵连其他构件，易控制设计质量；平法采用标准化的设计制图规则，结构施工图表达符号化、数字化，单张图纸的信息量较大并且集中；平法施工图与传统设计方法相比图纸量减少70％左右，能大幅度提高设计效率；平法的节点构造成熟可靠，能避免反复抄袭构造做法及伴生的设计失误，确保节点构造在设计与施工两个方面均达到高质量；另外，平法分结构层设计的图纸与水平逐层施工的顺序完全一致，施工工程师也容易对结构形成整体概念，有利于施工质量管理。

自1996年96G101系列图集发行以来，平法已在全国逐渐普及并不断完善，平法几经修订，历经00G101系列图集、03G101系列图集，到目前最新的11G101系列图集，已于2011年9月正式实施。

11G101系列图集，包括《混凝土结构施工图平面整体表示方法制图规则和构造详图（现浇混凝土框架、剪力墙、梁、板）》11G101-1，《混凝土结构施工图平面整体表示方法制图规则和构造详图（现浇混凝土板式楼梯）》11G101-2，《混凝土结构施工图平面整体表示方法制图规则和构造详图（独立基础、条形基础、筏形基础及桩基承台）》11G101-3这3本。其中，11G101-1替代03G101-1（适用于地上部分混凝土柱、梁、剪力墙）、04G101-4（适用于楼板、屋面板）；11G101-2替代03G101-2（适用于混凝土板式楼梯）；11G101-3替代04G101-3（适用于筏形基础）、08G101-5（适用于箱形基础及地下室）、06G101-6（适用于独立基础、条形基础、桩承台）。11G101系列平法图集（以下简称新图集）较03G101系列图集（以下简称老图集）有较大变化。由于老图集已经深入人心，加之新图集是在老图集的基础上修改而成，对比新老图集的区别，更加有利于理解运用新图集，本书特将两套图集的变化进行对比讨论，供大家学习参考。

平法追求的是一个过程，在这个过程中平法会不断地否定自身并进一步完善。随着平法的不断推陈出新，要求我们在对平法深刻理解的基础上不断学习和应用新的理论和技术。

1.2 新平法的编制依据和适用范围

平法系规范规程的应用和延伸，是规范的具体化和细化。平法图集中大量构造节点详图是从《混凝土结构设计规范》GB 50010-2010 和《建筑抗震设计规范》GB 50011—2010 照搬过来。平法必须以规范规程为依据，不能脱离和超越规范，不能与规范规程有冲突和矛盾。

随着新《建筑抗震设计规范》GB 50011-2010、《混凝土结构设计规范》GB 50010-2010、《高层建筑混凝土结构技术规程》JGJ 3-2010 等规范的发布，原平法标准图集有些内容已经不能适用。因此，住建部于 2011 年 4 月下发了《关于印发 2011 年国家建设标准设计编制工作计划的通知》，其中载明："将原图集内容按两部分编制，第一部分为制图规则部分，第二部分为构造部分。以原图集内容为主进行修编，根据规范新增内容进行补充完善，并补充一些近年来工程中一些新做法的内容。"可见，新平法 11G101 系列图集是按照新版规范对原 G101 系列图集中标准构造详图部分做了全面系统的修订和补充，并结合设计人员习惯对制图规则部分进行了优化。

新旧图集编制依据的对比如表 1-1 所示：

新旧图集编制依据对比 表 1-1

图集	11G101 系列	03G101
编制依据	(1)《混凝土结构设计规范》GB 50010-2010 (2)《建筑抗震设计规范》GB 50011-2010 (3)《高层建筑混凝土结构技术规程》JGJ 3-2010 (4)《建筑结构制图标准》GB/T 50105-2010	(1)《混凝土结构设计规范》GB 50010-2002 (2)《建筑抗震设计规范》GB 50011-2001 (3)《高层建筑混凝土结构技术规程》JGJ 3-2002 (4)《建筑结构制图标准》GB/T 50105-2001

旧图集共 6 本，新图集共 3 本，且新旧图集在适用范围上有一定区别。03G101-1 适用于非抗震和抗震设防烈度为 6、7、8、9 度地区抗震等级为特一级和一、二、三、四级的现浇混凝土框架、剪力墙、框架-剪力墙和框支剪力墙主体结构施工图的设计。包括常见的现浇混凝土柱、墙、梁三种构件的平法制图规则和标准构造详图两大部分。

11G101-1 适用于非抗震和抗震设防烈度为 6～9 度地区的现浇混凝土框架、剪力墙、框架-剪力墙和部分框支剪力墙等主体结构施工图的设计，以及各类结构中的现浇混凝土板（包括有梁楼盖和无梁楼盖）、地下室结构部分现浇混凝土墙体、柱、梁、板结构施工图的设计。包括基础顶面以上的现浇混凝土柱、剪力墙、梁、板（包括有梁楼盖和无梁楼盖）等构件的平法制图规则和标准构造详图两大部分。

11G101-2 适用于现浇混凝土板式楼梯的结构施工图设计。包括现浇混凝土板式楼梯的平面整体表示方法制图规则和标准构造详图两部分内容。

11G101-3 适用于各种结构类型下现浇混凝土独立基础、条形基础、筏形基础（分梁板式和平板式）、桩基承台的结构施工图设计。包括常用的现浇混凝土独立基础、条形基础、筏形基础（分为梁板式和平板式）及桩基承台的平法制图规则和标准构造详图两大部分。

1.3 新平法对钢筋工程量计算的影响

为了更好地适应时代发展，使建筑结构设计、预算、招投标、施工等各个环节更好地和国际接轨，11G系列平法图集根据新规范对材料、结构节点、锚固长度等进行了大量调整，导致钢筋工程量的计算发生了一些变化，从而对工程造价、钢筋下料、现场施工都产生了比较大的影响。

总的来说，新平法对钢筋锚固的规定更加明晰，避免了因理解不同而造成的钢筋工程量的差别；新平法对混凝土保护层厚度规定的改进，提高了施工中的安全性和可操作性，并且使钢筋量的计取更加统一；新平法的主要变化在于调整和新增一些节点做法，并增加了新的接头形式，能更灵活进行施工组织和便于控制施工质量。

新平法系列图集的推行，对钢筋下料以及现场施工产生了重大影响，对造价人员原来的算量模式也提出了巨大的挑战，广大施工和造价从业者一定要紧跟时代步伐，加强对新图集的学习，提高技术管理、质量管理的水平，以适应行业发展的需要。

2 新规范、新平法变化解析

为了在混凝土设计中贯彻节能减排与可持续发展的基本国策，国家重新修订混凝土结构设计规范，补充了结构方案、抗震设计，修改了保护层等有关规定，并从以构件设计为主适当扩展到整体结构的设计要求，兼顾了混凝土结构的安全、适用、经济。

新平法图集主要是根据《混凝土结构设计规范》GB 50010-2010（以下简称"新规范"）进行修订，必然反映新规范的变化，从各个方面体现了新技术、新工艺。

新规范、新平法的变化体现了行业的不断完善和规范，保证了结构的安全性又降低了施工难度，其更加细化、更加全面的规定减少了钢筋对量的争议，对钢筋工程量的计算产生了重要影响。

2.1 材料变化

钢筋和混凝土都是大量消耗资源和能源的材料，持续的大规模基建已难以为继；新规范坚持"四节一环保"的可持续发展国策，混凝土结构必须走高效节材的道路。

2.1.1 混凝土强度等级的变化

《混凝土结构设计规范》GB 50010-2002（以下简称"旧规范"）关于混凝土强度等级的规定：

钢筋混凝土结构的混凝土强度等级不应低于C15；采用HRB335级钢筋时，混凝土强度等级不宜低于C20；当采用HRB400和RRB400级钢筋以及承受重复荷载的构件，混凝土强度等级不得低于C20。预应力混凝土结构的混凝土强度等级不应低于C30；当采用钢绞线、钢丝、热处理钢筋作预应力钢筋时，混凝土强度等级不宜低于C40。

新规范调整了混凝土的强度要求：

素混凝土结构的混凝土强度等级不应低于C15；钢筋混凝土结构的混凝土强度等级不应低于C20；采用强度级别400MPa及以上的钢筋时，混凝土强度等级不应低于C25。承受重复荷载的钢筋混凝土构件，混凝土强度等级不应低于C30。预应力混凝土结构的混凝土强度等级不宜低于C40，且不应低于C30。

可见，新规范提高了部分情况下的最低混凝土强度等级，以适应钢筋强度等级的提高，提高了结构安全性。

2.1.2 钢筋型号的变化

旧规范关于钢筋混凝土结构及预应力混凝土结构钢筋的选用规定：

普通钢筋宜采用HRB400级和HRB 335级钢筋，也可采用HPB235级和RRB400级钢筋；预应力钢筋宜采用预应力钢绞线、钢丝，也可采用热处理钢筋。

新规范则调整了钢筋的选用规定：

纵向受力普通钢筋宜采用 HRB400、HRB500、HRBF400、HRBF500 钢筋，也可采用 HRB335、HRBF335、HPB300、RRB400 钢筋；箍筋宜采用 HRB400、HRBF400、HPB300、HRB500、HRBF500 钢筋，也可采用 HRB335、HRBF335 钢筋；预应力筋宜采用预应力钢丝、钢绞线和预应力螺纹钢筋。

新规范实施后的钢筋牌号及标志见表 2-1：

钢筋牌号与对应标志 表 2-1

HPB300—A	HRB335—B	HRBF335—B^F	HRB400—C
HRBF400—C^F	HRB500—D	HRBF500—D^F	RRB400—D^R

注：H—热轧钢筋，P—光圆钢筋，B—钢筋，R—带肋钢筋，F—细晶粒热轧带肋钢筋

钢筋等级、牌号的变化：

(1) 根据节材、减耗及对性能的要求，本次规范修订淘汰了低强钢筋，强调应采用高强、高性能钢筋。增加 500MPa 级带肋钢筋；以 300MPa 光圆钢筋取代 235MPa 级钢筋；限制并准备淘汰 335MPa 钢筋；400MPa 钢筋将成主流，并最终形成 300、400、500MPa 的强度梯次。

箍筋用于抗剪、抗扭及抗冲切设计时，其抗拉强度设计值受到限制，不宜采用强度高于 400MPa 级的钢筋。当用于约束混凝土的间接配筋（如连续螺旋配箍或封闭焊接箍）时，其高强度可以得到充分发挥，采用 500MPa 级钢筋具有一定的经济效益。

(2) 推广具有较好的延性、可焊性、机械连接性能及施工适应性的 HRB 系列普通热轧带肋钢筋。列入采用控温轧制工艺生产的 HRBF 系列细晶粒带肋钢筋，可节约合金资源，降低价格，但宜控制其焊接工艺以避免影响力学性能。

RRB 系列余热处理钢筋由轧制钢筋经高温淬水，余热处理后提高强度，其延性、可焊性、机械连接性能及施工适应性降低，一般可用于对变形性能及加工性能要求不高的构件中，如基础、大体积混凝土、楼板、墙体以及次要的中小结构构件等。

增加预应力筋的品种：增补高强、大直径的钢绞线，列入大直径预应力螺纹钢筋（精轧螺纹钢筋），列入了中强预应力钢丝以补充中强度预应力筋的空缺；淘汰锚固性能很差的刻痕钢丝；应用很少的预应力热处理钢筋不再列入。

新规范中对于钢筋材料增加了以下几条：

(1) 当采直径 50mm 的钢筋时，宜有可靠的工程经验。构件中的钢筋可采用并筋的配置形式。直径 28mm 及以下的钢筋并筋数量不应超过 3 根；直径 32mm 的钢筋并筋数量宜为 2 根；直径 36mm 及以上的钢筋不应采用并筋。并筋应按单根等效钢筋进行计算，等效钢筋的等效直径应按截面面积相等的原则换算确定。

(2) 当进行钢筋代换时，除应符合设计要求的构件承载力、最大力下的总伸长率、裂缝宽度验算以及抗震规定以外，尚应满足最小配筋率、钢筋间距、保护层厚度、钢筋锚固长度、接头面积百分率及搭接长度等构造要求。

(3) 当构件中采用预制的钢筋焊接网片或钢筋骨架配筋时，应符合国家现行有关标准的规定。

以上钢筋的变化，将对钢筋设计和工程量计算产生影响，也必然带来建筑材料生产的调整，所有的设计、施工、造价人员必须重新记忆、学习和识别。

2.2 基本构造变化

2.2.1 混凝土结构环境类别与混凝土保护层厚度的变化

旧图集 03G101-1 第 35 页，混凝土结构的环境类别规定如表 2-2 所示。

旧图集中混凝土结构的环境类别 表 2-2

环境类别		条　件
一		室内正常环境
二	a	室内潮湿环境；非严寒和非寒冷地区的露天环境，与无侵蚀性的水或土壤直接接触的环境
	b	严寒和寒冷地区的露天环境，与无侵蚀性的水或土壤直接接触的环境
三		使用除冰盐的环境，严寒和寒冷地区冬季水位变动的环境；滨海室外环境
四		海水环境
五		受人为或自然的侵蚀性物质影响的环境

注：严寒和寒冷地区的划分应符合国家现行标准《民用建筑热工设计规程》JGJ 24 的规定。

新图集 11G101-1 第 54 页，混凝土结构的环境类别规定如表 2-3 所示。

新图集中混凝土结构的环境类别 表 2-3

环境类别	条　件
一	室内干燥环境； 无侵蚀性静水浸没环境
二 a	室内潮湿环境； 非严寒和非寒冷地区的露天环境； 非严寒和非寒冷地区与无侵蚀性的水或土壤直接接触的环境； 严寒和寒冷地区的冰冻线以下与无侵蚀性的水或土壤直接接触的环境
二 b	干湿交替环境； 水位频繁变动环境； 严寒和寒冷地区的露天环境； 严寒和寒冷地区冰冻线以上与无侵蚀性的水或土壤直接接触的环境
三 a	严寒和寒冷地区冬季水位变动区环境； 受除冰盐影响环境； 海风环境
三 b	盐渍土环境； 受除冰盐作用环境； 海岸环境
四	海水环境
五	受人为或自然的侵蚀性物质影响的环境

对比旧图集，新图集细化了二 a、二 b、三类环境条件，增加了三 b 环境类别，表注也更加详细。

环境类别的改变，对混凝土保护层最小厚度有直接的影响。最外层钢筋至构件外表面（即混凝土表面）的距离，就是钢筋混凝土保护层厚度。新图集中，度量混凝土保护层最小厚度的起始位置也发生了改变。

新规范从混凝土碳化、脱钝和钢筋锈蚀的耐久性等角度考虑，不再以纵向受力筋的外缘，而以最外层钢筋（包括箍筋、构造筋、分布筋、拉钩等）的外缘计算混凝土保护层厚度（见表 2-4）。

新旧图集混凝土保护层厚度对照表 表 2-4

03G101	11G101
保护层是从纵向受力钢筋的最外皮到混凝土边缘的距离	保护层是从最外层钢筋的外皮到混凝土边缘的距离

影响：所有箍筋都发生变化，且对于多肢箍的长度计算将变得更为复杂，规范规定保护层大于 50mm 时需要做保护层的防裂措施。

另外，规范中对结构所处耐久性环境类别进行了划分，对应环境等级的修改，混凝土保护层的最小厚度也进行了修改，对一般情况下混凝土结构的保护层厚度稍有增加，而对恶劣环境下的保护层厚度则增幅较大。相应的，新旧图集对混凝土保护层厚度的规定也作出了调整。

03G101-1 第 33 页规定混凝土保护层厚度为受力钢筋外边缘至混凝土表面的距离（见表 2-5）。

受力钢筋的混凝土保护层最小厚度（mm） 表 2-5

环境类别		墙			梁			柱		
		≤C20	C25~C45	≥C50	≤C20	C25~C45	≥C50	≤C20	C25~C45	≥C50
一		20	15	15	30	25	25	30	30	30
二	a	—	20	20	—	30	30	—	30	30
	b	—	25	20	—	35	30	—	35	30
三		—	30	25	—	40	35	—	40	35

注：1. 受力钢筋外边缘至混凝土表面距离，除符合表中规定外，不应小于钢筋的公称直径。
    2. 机械连接接头连接件的混凝土保护层厚度应满足受力钢筋保护层最小厚度的要求，连接件之间的横向净距不宜小于 25mm。
    3. 设计使用年限为 100 年的结构：一类环境中，混凝土保护层厚度应按表中规定增加 40%。二类和三类环境中，混凝土保护层厚度应采取专门有效措施。
    4. 环境类别表详见第 35 页。

11G101-1 第 54 页规定混凝土保护层厚度为最外层钢筋外边缘至混凝土表面的距离（见表 2-6）。

混凝土保护层的最小厚度（mm） 表 2-6

环境类别	板、墙	梁、柱
一	15	20
二 a	20	25
二 b	25	35
三 a	30	40
三 b	40	50

新图集对混凝土保护层厚度的规定，必将影响施工和预算中梁、柱箍筋尺寸的计算，另外我们在应用保护层厚度时，尚应注意，除满足表中最小保护层厚度要求外，还要满足构件中受力钢筋的保护层厚度不应小于钢筋的公称直径的条件，以及注意本厚度是以混凝土强度等级大于 C25 为基准编制的，当强度等级不大于 C25 时，厚度应增加 5mm，因此在对箍筋长度进行计算时，应考虑得更为全面。

2.2.2 钢筋锚固长度的变化

钢筋的锚固是钢筋能够受力的基础，如果锚固失效，则结构将丧失承载能力并由此导致结构破坏。钢筋的锚固长度是为了保证构件受力后不被拔的最小长度，是梁、柱等构作的受力钢筋伸入支座或基础中的总长度。锚固长度与工程的抗震等级、混凝土强度等级、钢筋级别和钢筋直径 4 个因素有关。

新规范修改了钢筋锚固长度的计算方式，关于受拉钢筋锚固包括基本锚固长度 l_{ab}、锚固长度 l_a、抗震基本锚固长度 l_{abE}、抗震锚固长度 l_{aE}，在 11G101 图集中，这些四种锚固长度的区别在于（见表 2-7）。

不同钢筋锚固长度辨析 表 2-7

	l_{ab}、l_{abE}	l_a、l_{aE}
	用于钢筋弯折锚固或机械锚固的情况	用于钢筋直锚或总锚固长度情况
对比举例	梁上部纵筋在端支座的 90°弯折锚固，其水平段长度≥$0.4l_{ab}$，弯折段长度 15d；抗震楼层框架梁 KL 纵向钢筋在端支座弯锚，上部纵筋伸至柱外侧纵筋内侧，且≥$0.4l_{abE}$，弯折段长度 15d	抗震框架柱中柱柱顶直锚，要求伸至柱顶，且≥l_{aE}

以上规律可以归纳为钢筋弯折锚固的平直段长度可用 l_{ab}（l_{abE}）作为基数来衡量（见表 2-8）。

钢筋弯折锚固平直段长度对照表 表 2-8

03G101	11G101
锚固长度可以直接查找表格得到，其表格见 03G101-1 第 33 页"受拉钢筋的最小锚固长度 l_a"表和第 34 页"纵向受拉钢筋的抗震锚固长度 l_{aE}"表	锚固长度需要根据表格和系数进行计算得到，先根据 11G101-1 第 53 页"受拉钢筋基本锚固长度 l_{ab}、l_{abE}"表（表格如下），再由 l_{ab} 乘以系数 ζ_a 得到 l_a，再由 l_a 乘以系数 ζ_{aE} 得到 l_{aE}

新图集将旧图集的两张表合并为一张表，原表的 l_a 和现表的 l_{ab} 对应，原表的 l_{aE} 和现表的 l_{abE} 对应，并增加了新钢筋 HPB300、HRBF335、HRBF400、HRB500、HRBF500 对应的栏目。

另外，新图集中依据现行规范的规定，要求"l_a 不应小于 200mm"，与旧图集 250mm 的规定相比有所放宽，见 11G101-1 第 53 页。

11G101 图集给出了钢筋末端配置弯钩和机械锚固来减小锚固长度的方式，计算钢筋量时需要对每种锚固形式统计锚固接头，单独计算造价，对应的采用机械锚固节点的构件纵向受力钢筋的计算条件和方法也讲变化，在今后的工程设计图纸中，将会指定出构件采用何种锚固形式。

2.2.3 钢筋端部弯钩和机械锚固形式的变化

根据构件截面的相对尺寸、支座宽度和钢筋锚固长度的实际情况，钢筋可以采取直线锚固、弯钩锚固和机械锚固的形式，新规范、新图集丰富了机械锚固的形式，更利于施工实践。这种钢筋末端配置弯钩和机械锚固以减小锚固长度的方式，也广泛应用于框架柱、剪力墙、框架梁的节点构造中。

03G101-1 第 35 页，纵向钢筋机械锚固构造如图 2-1 所示：

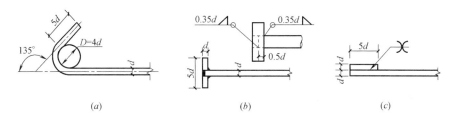

图 2-1　纵向钢筋机械锚固形式（旧图集）

（a）末端带 135°弯钩；（b）末端与钢板穿孔角焊；（c）末端与短钢筋双面贴焊

注：（1）当采用机械锚固措施时，包括附加锚固端头在内的锚固长度：抗震可为 $0.7l_{aE}$，非抗
　　　震可为 $0.7l_a$。

　　（2）机械锚固长度范围内的箍筋不应少于 3 个，其直径不应小于纵向钢筋直径的 0.25 倍，
　　　其间距不应大于纵向钢筋的 5 倍。当纵向钢筋的混凝土保护层厚度不小于钢筋直径的
　　　5 倍时，可不配置上述箍筋。

11G101-1 第 55 页，纵向钢筋弯钩与机械锚固形式的变化如图 2-2 所示：

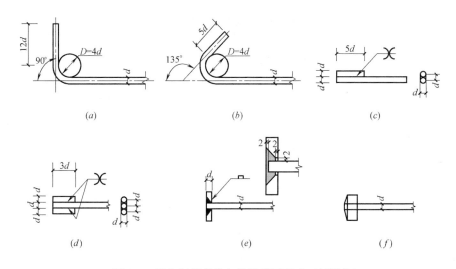

图 2-2　纵向钢筋弯钩与机械锚固形式（新图集）

（a）末端带 90°弯钩；（b）末端带 135°弯钩；（c）末端一侧贴焊锚筋；
（d）末端两侧贴焊锚筋；（e）末端与钢板穿孔塞焊；（f）末端带螺栓锚头

　　在 03G101 图集中，将弯钩锚固和机械锚固统称为机械锚固，而 11G101 图集则明确
将弯钩锚固和机械锚固定义为不同的锚固形式。老图集规定了末端带 135°弯钩、末端与
钢板穿孔角焊、末端与短钢筋双面贴焊三种机械锚固形式。新图集中弯钩锚固增加了末端
带 90°弯钩的形式，机械锚固增加了末端两侧贴焊锚筋、末端带螺栓锚头两种形式。同
时，新图集规定"当纵向受拉普通钢筋末端采用弯钩或机械锚固措施时，包括弯钩或锚固
端头在内的锚固长度（投影长度）可取为基本锚固长度的 60%"，这是因为，弯钩、弯
折、贴焊锚筋、螺栓锚头、焊接锚板等锚头形式起到了控制滑移、不发生较大裂缝、变形
的作用，可以有效地减少锚固长度，因此可以乘 60% 的修正系数。

按照新图集，在设计图纸中，将明确构件采用何种锚固形式，这将使今后钢筋的算量更加烦琐，因为需要对每种锚固形式统计锚固接头，其对应的采用机械锚固节点的构件纵向受力钢筋的计算条件和方法也将变化。

2.2.4 钢筋的连接的变化

钢筋的连接包括绑扎连接（或叫搭接）、焊接和机械连接三种方式。

钢筋绑扎搭接的机理如图 2-3 所示：

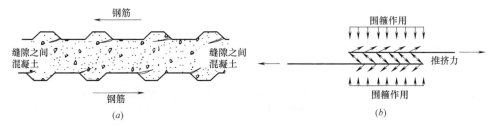

图 2-3 钢筋搭接传力的机理

（a）搭接传力的微观机理；（b）搭接钢筋的劈裂及分离趋势

钢筋各种连接方式优缺点（如表 2-9 所示）：

钢筋各种连接方式优缺点 　　　　　　　　　　表 2-9

类型	原　　理	优　　点	缺　　点
绑扎搭接	利用钢筋和混凝土之间粘结锚固作用实现传力	应用广泛，连接形式简单，施工简单	对于较粗的受力钢筋,绑扎搭接施工不便,且连接区域容易发生过宽的裂缝
机械连接	利用钢筋和套筒间的咬合力实现连接	简便可靠	机械连接接头区域混凝土保护层厚度变少
焊接	利用热加工熔融钢筋实现钢筋连接	节约钢筋，接头成本低	稳定性较差质量不易保证

《混凝土结构设计规范》GB 50010-2010 第 8.4.2 条规定："轴心受拉及小偏心受拉杆件的纵向受力钢筋不得采用绑扎搭接；其他构件中的钢筋采用绑扎搭接时，受拉钢筋直径不宜大于 25mm，受压钢筋直径不宜大于 28mm。"

《高层建筑混凝土结构技术规程》JGJ 3-2010 第 6.5.3 条规定："3. 受拉钢筋直径大于 25mm、受压钢筋直径大于 28mm 时，不宜采用绑扎搭接接头；4. 现浇钢筋混凝土框架梁、柱纵向受力钢筋的连接方法，应符合下列规定：1) 框架柱：一、二级抗震等级及三级抗震等级的底层，宜采用机械连接接头，也可采用绑扎搭接或焊接接头；三级抗震等级的其他部位和四级抗震等级，可采用绑扎搭接或焊接接头；2) 框支梁、框支柱：宜采用机械连接接头；3) 框架梁：一级宜采用机械连接接头，二、三、四级可采用绑扎搭接或焊接接头。"

由此可见，在结构的重要部位，应优先采用机械连接，比如剪力墙的端柱及约束边缘构件的纵筋就应优先采用机械接头，但直径小于 20mm 的纵筋可选用搭接；另外，如果是不同直径钢筋的连接，连接的钢筋直径规格超过二级（直径相差超过 5mm）时，不宜采用机械连接，可采用绑扎连接，其搭接长度以较细的钢筋直径为准来计算。

新图集对钢筋连接的规定比旧图集更加详细，如11G101-1第55页规定（见图2-4、图2-5）：

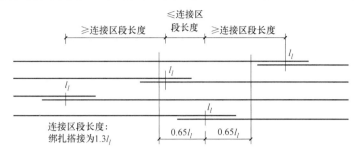

图 2-4　同一连接区段内纵向受拉钢筋绑扎搭接接头

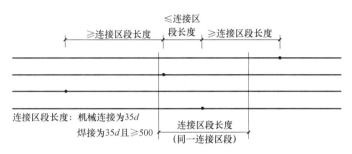

图 2-5　同一连接区段内纵向受拉钢筋机械连接、焊接接头

新图集体现了新规范中钢筋连接的基本原则：钢筋连接接头设置在受力较小处，在受力较大处设置机械连接接头；限制同一根受力钢筋的接头数量，不宜设置2个或2个以上接头；抗震设计避开结构的关键受力部位，如柱端、梁端的箍筋加密区，当无法避开时，应采用机械连接或焊接；限制接头面积百分率等。

另外，新图集根据新规范，统一了拉压搭接连接区段内箍筋直径、间距的构造要求（见表2-10）。

新老图集搭接区箍筋构造要求对比　　　　表 2-10

03G101	11G101
规定："搭接区内箍筋直径不小于$d/4$（d为搭接钢筋最大直径），间距不应大于100mm及$5d$（d为搭接钢筋最小直径）；当受压钢筋直径大于25mm时，尚应在搭接接头两个端面外100mm的范围内各设置两道箍筋。"	规定："当钢筋受拉时，箍筋间距不应大于搭接钢筋较小直径的5倍，且不应大于100mm；当钢筋受压时，箍筋间距不应大于搭接钢筋较小直径的10倍，且不应大于200mm。"

11G101-1第54页新增了纵向受力钢筋搭接区箍筋构造示意图（见图2-6）：

新图集对钢筋连接的调整和明确规定，必然引起的钢筋各构件节点的变化，对钢筋算量和下料以及现场施工都将产生一定的影响。

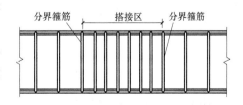

图 2-6　纵向受力钢筋搭接区箍筋构造

2.2.5　新增了并筋构造

根据新规范提出"在梁的配筋密集区城宜采用并筋的配筋形式"，新图集将并筋列入平法规则，如11G101-1第56页（见图2-7）：

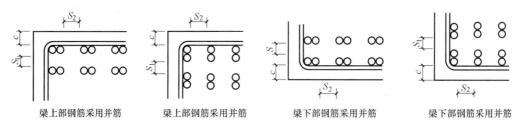

图 2-7　并筋构造

新图集借鉴国内、外的成熟做法，提出并筋的概念，当梁柱配筋率较大时，较难满足规范规定的钢筋间距的要求，浇捣混凝土很困难时，可考虑采用并筋。当采用并筋，会削弱混凝土对钢筋的握裹力，所以提出等效直径的概念。

试验表明采用并筋后，并筋在支座的锚固效果有所降低，根据"梁并筋等效直径、最小净距表"，如两根直径 25mm 的钢筋并筋后的等效直径为 35mm，其锚固长度必须按直径 35mm 进行计算，相当于增加了钢筋的锚固长度。

2.2.6　封闭箍筋及拉筋弯钩

03G101-1 第 35 页，箍筋和拉筋弯钩构造（见图 2-8）：

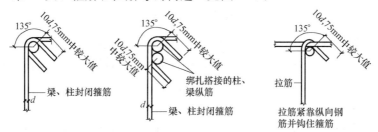

图 2-8　梁、柱、剪力墙箍筋和拉筋弯钩构造（旧图集）

11G101-1 第 56 页，封闭箍筋及拉筋弯钩构造（见图 2-9）：

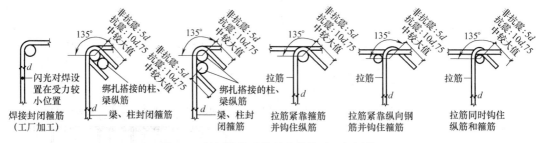

图 2-9　封闭箍筋及拉筋弯钩构造（新图集）

注：非抗震设计时，当构件受扭或柱中全部纵向受力钢筋的配筋率大于 3%，箍筋及拉筋弯钩平直段长度应为 10d。

新图集新增了焊接封闭箍筋、拉筋只钩住纵筋、拉筋只钩住箍筋这三种弯钩构造，这属于按实际施工方式增加的内容，选择不同的弯钩构造会对箍筋和拉筋计算的长度有一定的影响。

2.2.7　螺旋钢筋

新图集的螺旋箍筋的构造基本不变，只是将抗震与非抗震的情况合并为一图进行标注。

03G101-1 第 40 页，抗震圆柱螺旋箍筋构造（见图 2-10）：

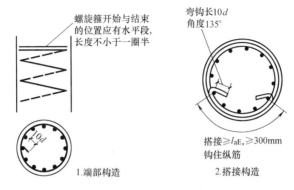

图 2-10　圆柱螺旋箍筋构造（旧图集）

03G101-1 第 64 页，非抗震圆柱螺旋箍筋构造（见图 2-11）：

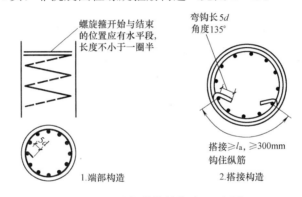

图 2-11　圆柱螺旋箍筋构造（旧图集）

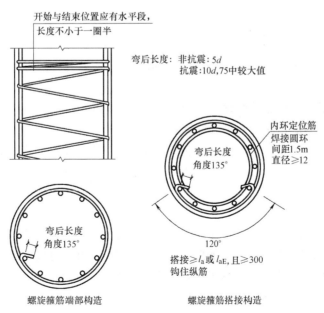

图 2-12　螺旋箍筋构造（新图集）

11G101-1 第 56 页，用一张图表现抗震和非抗震的螺旋钢筋构造（见图 2-12）：

在细节上，新图集增加了"圆柱环状箍筋搭接构造同螺旋箍筋"的内容，要求对环状圆箍筋的搭接要像螺旋箍一样搭接。

2.3 结构构件的基本规定变化

2.3.1 板

《混凝土结构设计规范》GB 50010-2010（以下简称"新规范"）考虑到结构安全和刚度要求，根据工程经验，新增了常用混凝土板的跨厚比，新规范对现浇混凝土板的跨厚比建议如下：

钢筋混凝土单向板不大于 30，双向板不大于 40；无梁支承的有柱帽板不大于 35，无梁支承的无柱帽板不大于 30。预应力板可适当增加；当板的荷载、跨度较大时宜适当减小。

新规范还调整并适当加大了楼板最小厚度的要求，如表 2-11 所示：

现浇钢筋混凝土板的最小厚度（mm）　　　　　　　　　　　　　表 2-11

板的类别		最小厚度
单向板	屋机板	60
	民用建筑楼板	60
	工业建筑楼板	70
	行车道下的楼板	80
双向板		80
密肋楼盖	面板	50
	肋高	250
悬壁板(根部)	悬臂长度不大于 500mm	60
	悬壁长度 1200mm	100
无梁楼板		150
现浇空心楼盖		200

表 2-11 中适当增加了密肋板和悬臂板的厚度，还对悬臂板的挑檐长度作了限制，并补充了空心楼盖的最小厚度，可见新规范更加全面和完善。

新规范新增了楼板平面的瓶颈部位的规定：宜适当增加板厚和配筋；沿板的洞边、凹角部位宜加配防裂构造钢筋，并采取可靠的锚固措施。

新规范对板厚超过 2m 的基础筏板和厚板中构造钢筋的间距的规定有所调整，旧规范规定：构造钢筋纵横方向的间距不宜大于 200mm，新规范规定：纵横方向的间距不宜大于 300mm。

新规范考虑到在板柱结构或空心楼板的侧边，往往存在无支承端面（无边梁或墙的自由边）。为保证其受力性能，应利用板面钢筋向下弯折或加配 U 形构造钢筋对端面加以封闭。如新规范 9.1.10：当混凝土板的厚度不小于 150mm 时，对板的无支承边的端部，宜设置 U 形构造钢筋并与板顶、板底的钢筋搭接，搭接长度不宜小于 U 形构造钢筋直径的 15 倍且不宜小于 200mm；也可采用板面、板底钢筋分别向下、上弯折搭接形式。

关于混凝土板中配置的抗冲切箍筋或弯起钢筋，新规范与《混凝土结构设计规范》

GB 50010-2002（以下简称"旧规范"）的规定基本相同，为了保证弯起钢筋或箍筋的抗冲切作用，新规范要求箍筋间距不应大于100mm。

2.3.2 梁

新规范规定：伸入梁支座范围内的纵向受力钢筋根数，当梁宽$b>100mm$时，不宜少于两根；当梁宽$b<100mm$时，可为一根。而新规范则规定：梁的纵向受力钢筋，伸入梁支座范围内的钢筋不应少于2根。

为控制裂缝宽度和防止表层混凝土碎裂、坠落，新规范参考相关的欧洲规范，提出了厚保护层混凝土梁配置表层分布钢筋（蒙皮钢筋）的构造要求。表层分布钢筋应采取有效的定位措施，并宜采用焊接网片。其混凝土保护层厚度应从表层分布钢筋算起。如新规范9.2.15条关于保护层厚度大于50mm，且配置表层钢筋网的梁，应满足：表层钢筋宜采用焊接网片，其直径不宜大于8mm、间距不应大于150mm；网片应配置在梁底和梁侧，梁侧的网片钢筋应延伸梁高的2/3处；两个方向上表层网片钢筋的截面积均不应小于相应混凝土保护层面积的1%。

新规范根据长期的工程实践经验，考虑到配筋密集对施工时浇筑混凝土的影响，增加了"在梁的配筋密集区域可采用并筋的配筋形式"的规定，采用并筋（钢筋束）的配筋形式能加大钢筋的间距，但需注意的是，其等效直径应满足有关配筋间距的规定。

2.3.3 柱

新规范关于柱纵向钢筋的规定略有变化，如，对于截面高度不小于600mm的偏心受压柱，在柱的侧面上设置的纵向构造钢筋，其直径由旧规范要求的10～16mm，变为直径不小于10mm；增加了纵向钢筋的净间距不宜大于300mm的规定。

新规范关于柱箍筋的规定也略有变化，如，箍筋末端的135°弯钩末端平直段长度不应小于10d，其中d为纵向受力钢筋的最小直径（旧规范此处d为箍筋直径）。

2.3.4 梁柱节点

新规范增加了钢筋端部加锚头的机械锚固方法，并明确要求锚固钢筋伸到柱对边柱纵向钢筋内侧，如新规范9.3.4条，梁上部纵向钢筋伸入节点的锚固：当柱截面尺寸不满足直线锚固要求时，梁上部纵向钢筋可采用本规范第8.3.3条钢筋端部加机械锚头的锚固方

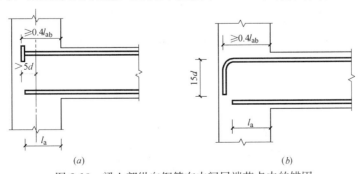

图 2-13　梁上部纵向钢筋在中间层端节点内的锚固

（a）钢筋端部加锚头锚固；（b）钢筋末端90°弯折锚固

式。梁上部纵向钢筋宜伸至柱外侧纵筋内边，包括机械锚头在内的水平投影锚固长度不应小于 $0.4l_{ab}$（图 2-13）。又如新规范 9.3.5 条，梁的下部纵向钢筋的锚固：当柱截面尺寸不足时，也可采用新规范第 9.3.4 条第 1 款规定的钢筋端部加锚头的机械锚固措施，或 90° 弯折锚固的方式。以及新规范 9.3.6 条，柱纵向钢筋在顶层中节点的锚固：当截面尺寸不足时，也可采用带锚头的机械锚固措施。此时，包含锚头在内的竖向锚固长度不应小于 $0.5l_{ab}$（见图 2-14b）。水平投影长度不宜小于 $12d$（见图 2-14a）。

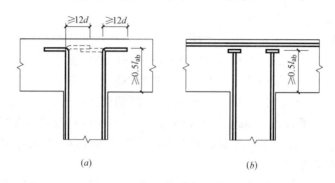

图 2-14　顶层节点中柱纵向钢筋在节点内的锚固
（a）柱纵向钢筋 90° 弯折锚固；（b）柱纵向钢筋端头加锚板锚固

有关的试验表明，这种做法施工方便，并能减少锚固长度，提高锚固效果。

新规范还规定了框架梁下部纵向钢筋在端节点处的锚固要求，如新规范 9.3.4 条，框架梁下部纵向钢筋在端节点处的锚固：当计算中充分利用该钢筋的抗拉强度时，钢筋的锚固方式及长度应与上部钢筋的规定相同；当计算中不利用该钢筋的强度或仅利用该钢筋的抗压强度时，伸入节点的锚固长度应分别符合本规范第 9.3.5 条中间节点梁下部纵向钢筋锚固的规定。

新规范考虑到当中间节点下部梁的纵筋根数较多，且分别从两侧锚入中间节点时，将造成节点下部钢筋过分拥挤，指出可以贯穿节点，并在节点以外搭接，见新规范 9.3.5 条：钢筋也可在节点或支座外梁中弯矩较小处设置搭接接头，搭接长度的起始点至节点或支座边缘的距离不应小于 $1.5h_0$。

旧规范梁下部纵筋在中间节点或中间支座范围的锚固与搭接如图 2-15 所示：

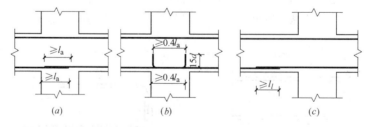

图 2-15　梁下部纵向钢筋在中间节点或中间支座范围的锚固与搭接
（a）节点中的直线锚固；（b）节点中的弯折锚固；（c）节点或支座范围外的搭接

新规范梁下部纵筋在中间节点或中间支座范围的锚固与搭接如图 2-16 所示。

对于顶层端部柱梁节点，新规范增加了，梁，柱侧面较大而钢筋相对较细时，钢筋搭接连接的方法。如新规范 9.3.7 条，梁上部纵向钢筋与柱外侧纵向钢筋在节点及附近部位的

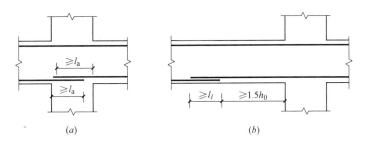

图 2-16　梁下部纵向钢筋在中间节点或中间支座范围的锚固与搭接

(a) 下部纵向钢筋在节点中宜线锚固；(b) 下部纵向钢筋在节点或支座范围外的搭接

搭接：当梁的截面高度较大，梁、柱纵向钢筋相对较小，从梁底算起的直线搭接长度未延伸至柱顶即已满足 $1.5l_{ab}$ 的要求时，应将搭接长度延伸至柱顶并满足搭接长度 $1.7l_{ab}$ 的要求；或者从梁底算起的弯折搭接长度未延伸至柱内侧边缘即已满足 $1.5l_{ab}$ 的要求时，其弯折后包括弯弧在内的水平段的长度不应小于 $15d$，d 为柱纵向钢筋的直径；柱内侧纵向钢筋的锚固应符合本规范 9.3.6 条关于顶层中节点的规定。

新旧规范对于顶层端节点梁柱纵向钢筋在节点内的锚固与搭接略有变化。

旧规范中梁上部纵向钢筋与柱外侧纵向钢筋在顶层端节点的搭接如图 2-17 所示。

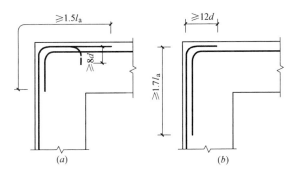

图 2-17　梁上部纵向钢筋与柱外侧纵向钢筋在顶层端节点的搭接

(a) 位于节点外侧和梁端顶部的弯折搭接接头；(b) 位于柱顶部外侧的直线搭接接头

新规范中梁、柱纵向钢筋在顶层端节点的锚固与搭接如图 2-18 所示：

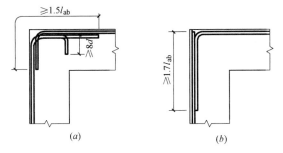

图 2-18　顶层端节点梁、柱纵向钢筋在节点内的锚固与搭接

(a) 搭接接头沿顶层端节点外侧及梁端顶部布置；(b) 搭接接头沿节点外侧直线布置

总之，新规范的做法保证梁、柱钢筋在节点区的传力，使梁、柱端钢筋能发挥出所需的正截面受弯承载力。

2.3.5 墙

由于新规范中墙的混凝土强度要求比旧规范适当提高，在满足墙中竖筋贯通的条件下（例如采用硬架支模方式），对预制板的搁置长度不再作强制规定。

新规范为保证剪力墙的受力性能，提出了剪力墙内水平，竖向分布钢筋直径，间距及配筋率的构造要求，并提出焊接网片作墙内配筋的方法。如新规范 9.4.4 条规定：剪力墙水平及竖向分布钢筋直径不宜小于 8mm，间距不宜大于 300mm。可利用焊接钢筋网片进行墙内配筋。

新规范配合墙体改革的形势，即目前钢筋混凝土结构墙越来越多的应用于低矮及多层房屋（乡村，镇级的住宅及民用房屋），但该类房屋若按高层房屋剪力墙的构造规定设计过于保守，且最小配筋率难以控制，故新增了结构墙内容，其配筋适当减小，其余构造基本同剪力墙。如新规范 9.4.5 条，对于房屋高度不大于 10m 且不超过 3 层的墙，其截面厚度不应小于 120mm，其水平与竖向分布钢筋的配筋率均不宜小于 0.15%。

以上各种变化，对于预算影响较大的，就是一些构造节点发生了变化，相应的计算公式和算法也有变化。后续章节将详细讲解各构件平法变化以及钢筋工程量的计算方法。

3 钢筋翻样基础知识

3.1 基本概念

3.1.1 钢筋翻样

建筑工地的技术人员、钢筋工长或班组长，把建筑施工图纸和结构图纸中各种各样的钢筋样式、规格、尺寸以及所在位置，按照国家设计施工规范的要求，详细地列出清单，画出简图，作为作业班组进行钢筋绑扎、工程量计算的依据。

钢筋翻样在实际应用过程中分为两类：

（1）预算翻样，是指在设计与预算阶段对图纸进行钢筋翻样，以计算图纸中钢筋的含量，用于钢筋的造价预算；

（2）施工翻样，是指在施工过程中，根据图纸详细列示钢筋混凝土结构中钢筋构件的规格、形状、尺寸、数量、重量等内容，以形成钢筋构件下料单，方便钢筋工按料单进行钢筋构件制作。

3.1.2 钢筋下料

在施工现场，钢筋下料指的是钢筋加工工人按照技术人员或钢筋工长所提供的钢筋配料单进行加工成型的过程，所以钢筋下料是一个体力劳动，大家通常所说的钢筋下料应该指的是施工现场的钢筋翻样。

钢筋下料要考虑的因素：

（1）由于施工现场情况比较复杂，下料时需要施工进度和施工流水段，考虑施工流水段之间的插筋和搭接，还需根据现场情况进行钢筋的代换和配置。

（2）钢筋下料必须考虑钢筋的弯曲延伸率，钢筋弯曲后，弯曲处内皮收缩、外皮延伸、轴线不变，弯曲处形成圆弧，弯曲后尺寸不大于下料尺寸，应考虑弯曲调整值，否则加工后钢筋超出图纸尺寸。

（3）优化下料，下料需要考虑在规范允许的钢筋断点范围内达到一个钢筋长度最优组合的形式，尽量与钢筋的定尺长度的模数吻合，如钢筋的定尺长度为9m，那么下料时可下长度3m、4.5m、6m、12m、13.5m、15m、18m等，以达到节约人工、机械和钢筋的目的。

（4）优化断料，料单出来以后现场截料时优化、减少短料和废料，尽量减少和缩短钢筋接头，以节约钢筋。

（5）钢筋下料对计算精度要求较高，钢筋的长短根数和形状都要绝对的正确无误，否则将影响施工工期和质量，浪费人工和材料。预算可以容许一定的误差，这个地方多算了，另一个少算可以相互抵消，但下料却不行，尺寸不对无法安装，极有可能造成返工和浪费。

（6）钢筋下料需考虑接头的位置，接头不宜处于构件最大弯矩处，搭接长度的末端钢筋距钢筋弯折处不小于钢筋直径的 10 倍。

3.1.3 钢筋预算

钢筋预算是依据施工图纸、标准图集、国家相关的规范和定额加损耗进行计算，在计算钢筋的接头数量和搭接时主要依据的是定额的规定，主要重视量的准确性。在施工前甚至在可行性研究、规划、方案设计阶段要对钢筋建筑工程估算，对钢筋进行估算和概算，不像钢筋下料这样详细。

3.1.4 钢筋预算与钢筋翻样的区别

（1）钢筋翻样和钢筋预算没有本质上的区别，依据的规范、图集是相同的，只是这么多年来预算人员养成了一个预算就是粗算的习惯，只要得出一个比较准确的结果即可，快速的确定工程造价。具体的工程量在结算时再根据钢筋工长或钢筋翻样人员提供的钢筋配料单与甲方进行结算。其实在前期招投标阶段如果能准确的计算出钢筋工程量的话，那么后期双方承担的风险就会少了很多，但是前期由于时间的关系及诸多客观原因，其实最重要的原因还是大部分预算人员不了解钢筋工程的加工、绑扎全过程的施工工艺流程及施工现场的实际情况，所以根本也没有办法计算出十分准确的钢筋工程量。

（2）钢筋预算主要重视量的准确性。但是由于钢筋工程本身具有不确定性，计算钢筋的长度及重量不像计算构件的体积及面积之类的工程量，计算土建工程量是根据构件的截面尺寸进行计算，且数字是唯一的；而计算钢筋工程量时考虑的因素有很多，且站在不同的立场所思考的方式是不尽相同的，即使按照国标规范也有不同的构造做法，几乎不会出现同一工程不同的人计算出的结果完全相同，总会有或多或少的差异，预算只需要在合理的范围内，存在误差是可以的。

（3）钢筋翻样不仅要重视量的准确性，而且钢筋翻样时首先要做到不违背工程设计图纸、设计指定国家标准图集、国家施工验收规范、各种技术规程的基础上，结合施工方案及现场实际情况，再考虑合理的利用进场的原材料长度且便于施工为出发点，做到长料长用、短料短用，尽量使废料降到最低损耗；同时由于翻样工作与现场实际施工密切相关，而且钢筋翻样还与每个翻样的人员经验结合，同时考虑与钢筋工程施工的劳务队伍的操作习惯相结合，从而达到降低工程成本的目的而进行钢筋翻样。

3.2 钢筋弯曲调整值

3.2.1 钢筋弯曲调整值概念

钢筋弯曲调整值又称钢筋"弯曲延伸率"和"度量差值"，这主要是由于钢筋在弯曲过程中外侧表面受拉伸长，内侧表面受压缩短，钢筋中心线长度保持不变。钢筋弯曲后，在弯折点两侧，外包尺寸与中心线弧长之间有一个长度差值，这个长度差值称为弯曲调整值也叫度量差。

3.2.2 钢筋标注长度和下料长度

钢筋的图示尺寸（如图 3-1 和图 3-2 所示）与钢筋的下料长度（见图 3-3）是两个不同的概念，钢筋图示尺寸是构件截面长度减去钢筋混凝土保护层厚度后的长度。

图 3-1　钢筋图示尺寸

图 3-2　钢筋翻样简图

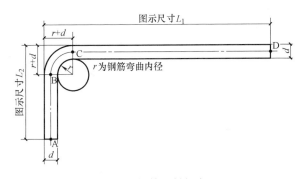

图 3-3　钢筋下料长度

钢筋下料长度是钢筋图示尺寸减去钢筋弯曲调整值后的长度。

钢筋弯曲调整值是钢筋外皮延伸的值，钢筋调整值＝钢筋弯曲范围内钢筋外皮尺寸之和一钢筋弯曲范围内钢筋中心线圆弧周长，这个差值就是钢筋弯曲调整值，是钢筋下料必须考虑的值。

L_1＝构件长度 L－2×保护层厚度，见图 3-2；

钢筋图示尺寸＝L_1＋L_2＋L_3。

《清单计价规范》要求钢筋长度按钢筋图示尺寸计算，所以钢筋的图示尺寸就是钢筋的预算长度。

钢筋的下料长度是钢筋的图示尺寸减去钢筋弯曲调整值。

钢筋下料长度＝L_1＋L_2＋L_3－2×弯曲调整值。

钢筋弯曲后钢筋内皮缩短外皮增长而中心线不变。由于我们通常按钢筋外皮尺寸标注，所以钢筋下料时须减去钢筋弯曲后的外皮延伸长度。

根据钢筋中心线不变的原理：

钢筋下料长度＝AB＋BC 弧长＋CD，见图 3-3。

设钢筋弯曲 $90°$，$r=2.5d$

$AB=L_2-(r+d)=L_2-3.5d$；

$CD=L_1-(r+d)=L_1-3.5d$；

BC 弧长 $=2\times\pi\times\left(r+\dfrac{d}{2}\right)\times90°/360°=4.71d$；

钢筋下料长度 $=L_2-3.5d+4.71d+L_1-3.5d=L_1+L_2-2.29d$。

3.2.3 钢筋弯曲内径的取值

根据《混凝土结构工程施工质量验收规范》GB 50204-2002（2011 版）第 5.3.1 条规定：

（1）HPB235（现为 HPB300）级钢筋末端应做 $180°$ 弯钩，其弯弧内直径不应小于钢筋直径的 2.5 倍，弯钩的弯后平直长度不应小于钢筋直径的 3 倍；

（2）当设计要求钢筋末端需做 $135°$ 弯钩时，HPB335 级（二级），HPB400 级（三级）钢筋的弯弧内直径不应小于钢筋直径的 4 倍；

（3）钢筋制作不大于 $90°$ 的弯折时，弯折处的弯弧内直径不小于钢筋直径的 5 倍。

弯曲内弧半径 R 取值如表 3-1 所示。

弯曲内弧半径 R 取值表　　　　　　　　　　　　　　　　表 3-1

序号	钢筋规格的用途	钢筋弯曲内径
1	箍筋、拉筋	1.25 倍的钢筋直径且＞主筋直径/2
2	HPB235（现为 HPB300）主筋	≥1.25 倍钢筋直径
3	HPB335 主筋	≥2 倍钢筋直径
4	HPB400 主筋	≥2.5 倍钢筋直径
5	楼层框架柱、梁主筋直径≤25mm	4 倍钢筋直径 d
6	楼层框架柱、梁主筋直径＞25mm	6 倍钢筋直径 d
7	屋面框架柱、梁主筋直径≤25mm	6 倍钢筋直径 d
8	屋面框架柱、梁主筋直径＞25mm	8 倍钢筋直径 d
9	轻骨料混凝土结构 HPB235（现为 HPB300）主筋	＞2.5 倍钢筋直径 d

注：d 为钢筋直径，R 为钢筋弯曲内弧直径。

3.2.4 钢筋弯曲调整值推导（见图 3-4、图 3-5）

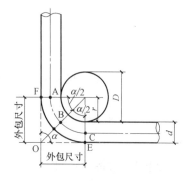
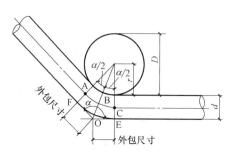

图 3-4　直角型钢筋弯曲示意图　　　　　　　图 3-5　小于 $90°$。钢筋弯曲示意图

图 3-4 和图 3-5 中：

d 为钢筋直径；D 为钢筋弯曲直径；r 为钢筋弯曲半径；α 理为钢筋弯曲角度。

ABC 弧长 $=\left(r+\dfrac{d}{2}\right)\times 2\pi\times\alpha/360=\left(r+\dfrac{d}{2}\right)\times\pi\times\alpha/180$；

OE＝OF＝$(r+d)\times\tan(\alpha/2)$；

钢筋弯曲调整值＝OE＋OF－AB 弧长 $=2\times(r+d)\times\tan(\alpha/2)-\left(r+\dfrac{d}{2}\right)\times\pi\times\alpha/180$；

钢筋弯曲 90°中心线弧长 $=(R+0.5d)\times3.14\times90/180$；

钢筋弯曲 60°中心线弧长 $=(R+0.5d)\times3.14\times60/180$；

钢筋弯曲 45°中心线弧长 $=(R+0.5d)\times3.14\times45/180$；

钢筋弯曲 30°中心线弧 $=(R+0.5d)\times3.14\times30/180$。

当钢筋弯弧内径为 1.25d 时，

中心线弧长：

钢筋弯曲 90°中心线弧长 $=1.75d\times3.14\times90/180=2.75d$；

钢筋弯曲 60°中心线弧长 $=1.75d\times3.14\times60/180=1.83d$；

钢筋弯曲 45°中心线弧长 $=1.75d\times3.14\times45/180=1.37d$；

钢筋弯曲 30°中心线弧长 $=1.75d\times3.14\times30/180=0.92d$。

钢筋弯曲两侧外包尺寸：

钢筋弯曲 90°两侧外包尺寸＝OE＋OF＝$2\times2.25d\times\tan45°=4.5d$；

钢筋弯曲 60°两侧外包尺寸＝OE＋OF＝$2\times2.25d\times\tan30°=2.6d$；

钢筋弯曲 45°两侧外包尺寸＝OE＋OF＝$2\times2.25d\times\tan22.5°=1.86d$；

钢筋弯曲 30°两侧外包尺寸＝OE＋OF＝$2\times2.25d\times\tan15°=1.21d$；

钢筋弯曲调整值＝外包尺寸之和－中心线弧长；

钢筋弯曲 90°弯曲调整值 $=4.5d-2.75d=1.75d$；

钢筋弯曲 60°弯曲调整值 $=2.6d-1.83d=0.77d$；

钢筋弯曲 45°弯曲调整值 $=1.86d-1.37d=0.49d$；

钢筋弯曲 30°弯曲调整值 $=1.21d-0.92d=0.29d$。

其他角度和弯曲内径弯曲调整值以此类推，钢筋弯曲调整值见表 3-2。

钢筋弯曲调整值　　　　　　　　　　　　　　　表 3-2

弯曲内半径 弯曲角度	$R=1.25d$	$R=2.5d$	$R=3d$	$R=4d$	$R=6d$	$R=8d$
30°	0.29	0.3	0.31	0.32	0.35	0.37
45°	0.49	0.54	0.56	0.61	0.7	0.79
60°	0.77	0.9	0.96	1.06	1.28	1.5
90°	1.75	2.29	2.5	2.93	3.79	4.65

3.3 弯钩长度

3.3.1 135°弯钩增加长度计算

箍筋的弯钩角度一般为 135°，弯钩平直段长度大于 10d 且不少于 75mm，设箍筋 135°

弯曲内半径为 1.25d，则圆轴直径为 $D=2.5d$（内径 $R=1.25d$），一般箍筋是小规格钢筋，钢筋弯曲直径 2.5d 即可满足要求，也与构件纵向钢筋比较吻合。箍筋弯钩下料长度其实就是箍筋中心线长度（见图 3-6 和图 3-7），计算如下：

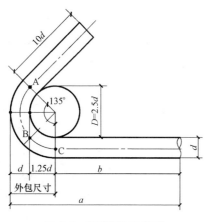

图 3-6　135°弯钩示意图

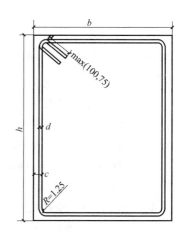

图 3-7　箍筋图

中心线长度=b+ABC 弧长+10d；

135°的中心线 ABC 弧长 $=\left(R+\dfrac{d}{2}\right)\times\pi\times\theta/180=(1.25d+0.5d)\times3.14\times135/180=4.12d$；

135°弯钩外包长度=d+1.25d=2.25d；

135°弯钩钢筋量度差=4.12d−2.25d=1.87d≈1.9d；

b=箍筋边长 a−箍筋直径−箍筋弯曲内径=a−d−1.25d=a−2.25d。

设箍筋平直段长度为 10d，则

箍筋弯钩下料长度=b+4.12d+10d=a−2.25d+4.12d+10d=a+11.9d。

3.3.2　180°弯钩长度

根据规范要求受拉的 HPB300 级钢筋末端应做 180°弯钩，其弯钩的内直径不少于 2.5 倍钢筋直径，弯钩平直段长度不小于 3d。

180°弯钩长度计算如图 3-8 所示：

中心线长=b+ABC 弧长+3d=b+π×（0.5D+0.5d）+3d。

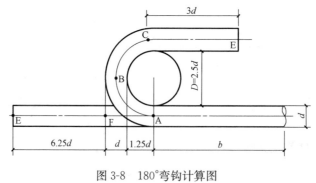

图 3-8　180°弯钩计算图

将 $D=2.5d$ 代入得：

$b+\pi\times(0.5\times2.5d+0.5d)+3d=b+8.495d$。

令 $b+2.25d=a$ 代入上式得：

$b+8.495d=a-2.25d+8.495d=a+6.25d$。

3.4 箍筋长度

3.4.1 箍筋下料长度和箍筋的预算长度对比

箍筋下料长度和箍筋的预算长度计算时，区别如表 3-3：

箍筋下料长度与预算长度对比表 表 3-3

箍筋的下料长度（按中轴线计算）	箍筋的预算长度（按外皮计算）
需要考虑三个 90°弯曲调整长度和两个 135°弯钩	只要考虑两个 135°弯钩
钢筋下料箍筋计算示意图	钢筋下料箍筋计算示意图

3.4.2 箍筋下料长度计算

图 3-7 中：

箍筋下料长度＝箍筋外皮长度＋两个 135°弯钩-三个 90°弯曲调整值

$$=(b+h)\times2-8c+1.9d\times2+\max(10d,75)\times2-3\times1.75d。$$

箍筋 135°弯钩下料长度 11.9d 是按钢筋中心线推导，已考虑了钢筋弯曲延伸值，所以在计算箍筋下料长度时只需扣除其他三个直角的弯曲调整值即可。

如果对箍筋弯曲内径有特殊要求，那么弯钩长度重新计算。

3.4.3 箍筋的预算长度计算

图 3-7 中：

箍筋下料长度＝箍筋外皮长度＋两个 135°弯钩

$$=(b+h)\times2-8c+1.9d\times2+\max(10d,75)\times2。$$

3.5 混凝土保护层

3.5.1 保护层作用

混凝土保护层是指最外层钢筋外边缘至混凝土表面的距离，混凝土保护层能保证钢筋和混凝土之间有良好的粘结性，防止钢筋的锈蚀氧化，厚度应符合设计要求，如无设计要求时，应符合 11G101-1 第 54 页"混凝土保护层最小厚度"的规定。一般结构施工图纸中会给出各构件的保护层厚度，如果图纸中没有说明，可以根据构件所处的环境得到各类构件的最小保护层厚度（见图 3-9、图 3-10）。

环境类别	条　件
一	室内干燥环境； 无侵蚀性静水浸没环境
二 a	室内潮湿环境； 非严寒和非寒冷地区的露天环境； 非严寒和非寒冷地区与无侵蚀性的水或土壤直接接触的环境； 严寒和寒冷地区的冰冻线以下与无侵蚀性的水或土壤直接接触的环境
二 b	干湿交替环境； 水位频繁变动环境； 严寒和寒冷地区的露天环境； 严寒和寒冷地区冰冻线以上与无侵蚀性的水或土壤直接接触的环境
三 a	严寒和寒冷地区冬季水位变动区环境； 受除冰盐影响环境； 海风环境
三 b	盐渍土环境； 受除冰盐作用环境； 海岸环境
四	海水环境
五	受人为或自然的侵蚀性物质影响的环境

图 3-9　混凝土结构的环境类别

环境类别	板、墙	梁、柱
一	15	20
二 a	20	25
二 b	25	35
三 a	30	40
三 b	40	50

图 3-10　混凝土结构保护层的最小厚度

3.5.2 混凝土保护层的控制措施

在施工过程中，对于不同的构件，不同的生产工艺流程，应采取不同的控制措施来确保混凝土保护层达到一定的厚度，保证混凝土构件的施工质量。

通常采用混凝土垫块控制普通钢筋混凝土结构的混凝土保护层厚度，使用时，直接将预先按设计要求制作好的垫块放在主筋与模板之间，并加以固定。对于悬挑构造，可用 A8～A12 的钢筋制作成支架或马凳，以保证上部受力主筋或双层钢筋板内两层钢筋网片的位置正确及有适当的保护层厚度。

3.6 钢筋锚固

3.6.1 钢筋锚固形式

各类构件中各类钢筋，都有基本的锚固或收头的方式，受力钢筋锚固有直锚、弯锚、机械锚固几种，在 11G101 中纵向钢筋弯钩与机械锚固形式如图 3-11 所示。例如框架梁纵筋在支座的基本锚固方式为：直锚或弯锚。具体的锚固长度与抗震等级、钢筋级别和混凝土强度等级有关。

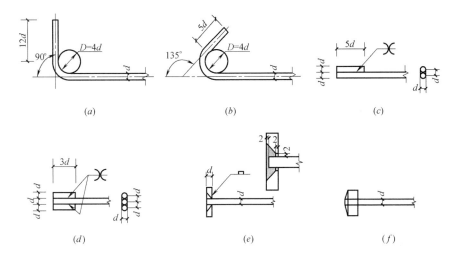

图 3-11　纵向钢筋弯钩与机械锚固形式

（a）末端 90°弯钩；（b）末端 135°弯钩；（c）末端一侧贴焊锚筋；

（d）末端两侧贴焊锚筋；（e）末端与钢板穿孔塞焊；（f）末端带螺栓锚头

3.6.2 锚固长度的计算

钢筋锚固长度的计算以现行的《混凝土结构设计规范》为依据，规范规定：

$$l_{ab} = \alpha \frac{f_y}{f_t} d, \quad l_a = \zeta_a l_{ab}, \quad l_{abE} = \zeta_{aE} l_{ab.}, \quad l_{aE} = \zeta_{aE} l_a。$$

由此可以搞清楚各锚固长度的生成路径如下：

$$l_{ab} \rightarrow l_a \rightarrow l_{aE}$$
$$\downarrow$$
$$l_{abE}$$

其中，l_{abE} 和 l_{aE} 不存在生成关系，图集也体现了这一思路，可根据钢筋种类、抗震等级、混凝土强度等级查表得到 l_{ab} 和 l_{abE}（如表 3-4 所示），再分别根据锚固条件和抗震等级乘以系数（如表 3-5 所示）得到 l_a 和 l_{aE}，即：

锚固长度 l_a＝受拉钢筋锚固修正系数 ζ_a×基本锚固长度 l_{ab}；

抗震锚固长度 l_{aE}＝抗震锚固长度修正系数 ζ_{aE}×受拉钢筋锚固修正系数 ζ_a×l_{ab}。

其中 ζ_a 的规定如下表所示。ζ_{aE} 为抗震锚固长度修正系数，对一、二级抗震等级取 1.15，对三级抗震等级取 1.05，对四级抗震等级取 1.00；且 l_a 在任何情况下应不小于 200mm。

表 3-4 受拉钢筋基本锚固长度 l_{ab}、l_{abE}

受拉钢筋基本锚固长度 l_{ab}、l_{abE} 表 3-4

钢筋种类	抗震等级	混凝土强度等级								
		C20	C25	C30	C35	C40	C45	C50	C55	>C60
HPB300	一、二级(l_{abE})	45d	39d	35d	32d	29d	28d	26d	25d	24d
	三级(l_{abE})	41d	36d	32d	29d	26d	25d	24d	23d	22d
	四级(l_{abE})非抗震(l_{ab})	39d	34d	30d	28d	25d	24d	23d	22d	21d
HPB335 HRBF335	一、二级(l_{abE})	44d	38d	33d	31d	29d	26d	25d	24d	24d
	三级(l_{abE})	40d	35d	31d	28d	26d	24d	23d	22d	22d
	四级(l_{abE})非抗震(l_{ab})	38d	33d	29d	27d	25d	23d	22d	21d	21d
HRB400 HRBF400 RRB400	一、二级(l_{abE})	—	46d	40d	37d	33d	32d	31d	30d	29d
	三级(l_{abE})	—	42d	37d	34d	30d	29d	28d	27d	26d
	四级(l_{abE})非抗震(l_{ab})	—	40d	35d	32d	29d	28d	27d	26d	25d
HPB500 HRBF500	一、二级(l_{abE})	—	55d	49d	45d	41d	39d	37d	36d	35d
	三级(l_{abE})	—	50d	45d	41d	38d	36d	34d	33d	32d
	四级(l_{abE})非抗震(l_{ab})	—	48d	43d	39d	36d	34d	32d	31d	30d

受拉钢筋锚固长度修正系数 ζ_a 表 3-5

锚固条件		ζ_a	
带肋钢筋的公称直径大于 25		1.10	
环氧树脂涂层带肋钢筋		1.25	—
施工过程中易受扰动的钢筋		1.10	
锚固区保护层厚度	3d	0.80	注：中间时按内插值。
	5d	0.70	d 为锚固钢筋直径。

应注意，混凝土结构中常用钢筋直径多为 25mm 以下，所以通常情况下锚固长度不需要修正，即 ζ_a＝1；表中"施工过程中易受扰动的钢筋"，主要指施工中采用滑模时，整体易受扰动，故其锚固修正系数 ζ_a 取值 1.10；钢筋和混凝土的粘结强度的大小与混凝土的厚度有关，根据厚度不同，其修正系数 ζ_a 的取值也不同，但当保护层达到 5d 时，粘结强度不再提高，因此 ζ_a 最低取 0.7。

【应用举例】 某框架梁 HRB335 级别钢筋直径 20mm，混凝土强度等级 C30，一级抗震，分别求出该钢筋的抗震基本锚固长度 l_{abE}、抗震锚固长度 l_{aE}？

【解答】 查 11G101-1 第 53 页"受拉钢筋基本锚固长度 l_{ab}、l_{abE}"表，得 $l_{abE}=33d$，$l_{ab}=29d$；查 11G101-1 第 53 页"受拉钢筋锚固长度修正系数 ζ_a"表，取 $\zeta_a=1$（因为直径 $d=20<25$）故 $l_a=\zeta_a l_{ab}=1\times29d=29d$；再查 11G101-1 第 53 页"受拉钢筋锚固长度 l_a、抗震锚固长度 l_{aE}"表，得 $\zeta_{aE}=1.15$（因为抗震等级为一级），故 $l_{aE}=\zeta_{aE}l_a=1.15\times29d=33.35d=667\text{mm}$。

3.7 钢筋的接头和搭接长度

3.7.1 钢筋的接头

竖向构件纵向钢筋的接头一般有机械接头、电渣压力焊和绑扎接头三种形式，绑扎接头一般用于小规格钢筋，大规格钢筋采用机械接头、电渣压力焊接头；水平构件纵向钢筋的接头常采用机械连接、对焊、电弧焊、绑扎等连接形式，电渣压力焊接头不能用于水平构件内纵向钢筋的连接；计算了钢筋的机械接头、电渣压力焊则不再计算钢筋搭接长度。

钢筋预算和钢筋下料，均需考虑钢筋接头，但两者对于接头的计算是不同的。

钢筋预算一般不考虑纵筋接头位置，柱、墙等竖向构件纵向钢筋的接头按楼层或自然层计取，一般是一层一个接头，接头个数等于纵筋根数乘以自然层个数。但如有的楼层高度大于 8m 或者更高，有的则小于 2m，那么，不能机械地按自然层数计算钢筋接头或钢筋搭接长度，如果超高楼层，则可能需要分批连接，增加接头。如果是超低楼层，则不计算接头，直接与上层或下层贯通连接，设置了接头反而麻烦，接头也难以错开。梁、板等水平构件纵向钢筋的接头按钢筋图示尺寸和规定的定尺长度计算。

钢筋下料则严格按规范执行，只能在允许设置接头的位置配置接头，不是随便什么部位都可以设置接头，如梁下部纵向钢筋在跨中是不能有接头的，梁的上部纵筋的支座位置不能设置接头，接头要设在纵筋受力较小区域。

3.7.2 同一连接区段和接头面积百分率

了解同一连接区段和纵向钢筋搭接接头面积百分率的概念对计算钢筋的搭接长度很有帮助，这里所说的搭接长度是指绑扎连接的搭接长度，焊接所消耗的搭接长度在预算上可以忽略不计。

（1）同一连接区段的概念

一个构件多个连接点可能会出现在某一区段范围内，这个某一区段就是同一连接区段。下面我们以板的上部通长筋为例来讲解同一区段的概念，如图 3-12 所示。

由图 3-12 可见：

① 凡接头中点位于连接区段长度内的连接接头均属于同一连接区段；

② 在连接范围内相邻纵筋应错开搭接，错开长度应≥连接区段长度；

③ 位于同一连接区段纵向钢筋接头面积百分率不应大于当前工程规定的百分率；

④ 当连接钢筋直径不同时，计算连接区段长度时取相邻各连接点钢筋直径的较大值，

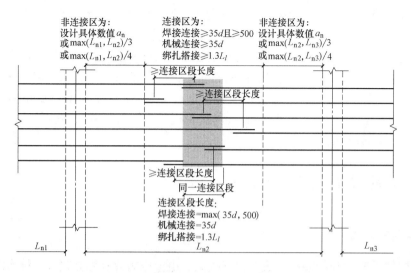

图 3-12　板上部纵筋连接区段示意图

计算搭接长度时，取同一根连接钢筋的较小钢筋直径。

（2）纵向钢筋搭接接头面积百分率 ξ 的概念

同一区段内一般不允许钢筋搭接过密，要控制一定的比例关系，这个比例关系就是纵向钢筋搭接接头面积百分率，按下列公式计算：

纵向受力钢筋搭接接头面积百分率 ξ＝该区段有搭接接头的纵向钢筋截面面积（搭接处只算一个截面）/该区段全部纵向钢筋截面面积

（注：当直径不同的钢筋搭接时，按直径较小的钢筋计算）。

对于梁、板、墙类构件，纵向搭接接头面积百分率不宜大于 25%，对柱类构件，不宜大于 50%，当工程确有必要增大受拉钢筋搭接接头面积百分率时，对梁类构件，不宜大于 50%，对板、墙、柱及预制构件的拼接处，可根据实际情况放宽。

图 3-13 为板同一区段内接头面积百分率为 25% 的具体示例：

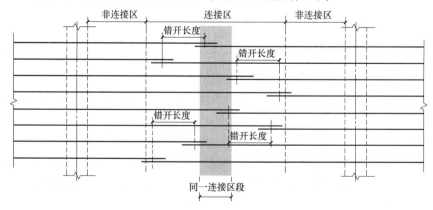

图 3-13　纵筋搭接接头百分率为 25% 示意图（8 根钢筋有 2 根在同一连接区段）

图 3-14 为板同一区段内接头面积百分率为 50% 的具体示例：

搭接接头百分率为 100% 的情况很少，只有在特殊情况下才会出现，图 3-15 为同一区段内接头面积百分率为 100% 的具体示例：

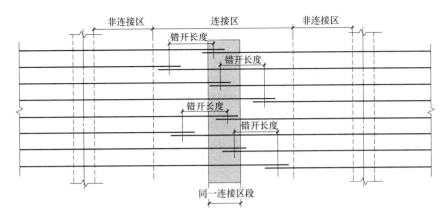

图 3-14　纵筋搭接接头百分率为 50％示意图（8 根钢筋有 4 根在同一连接区段）

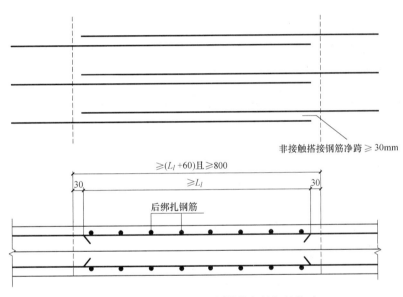

图 3-15　后浇带 HJD100％搭接留筋钢筋构造

3.7.3　搭接长度的计算

钢筋的搭接长度是钢筋计算中的一个重要参数，采用绑扎接头的纵向受拉钢筋，搭接接头的搭接长度应根据位于同一连接区段内的钢筋搭接接头面积百分率按下列公式计算：

$$l_l = \zeta_l l_a \text{（非抗震）；}$$
$$l_{lE} = \zeta_l l_{aE} \text{（抗震）}$$

式中　l_l（l_{lE}）——（抗震）纵向受拉钢筋的搭接长度，当直径不同的钢筋搭接时，按直径较小的钢筋计算，l_l（l_{lE}）任何情况下不应小于 300mm；

ζ_l——纵向受拉钢筋搭接长度修正系数（见表 3-6），当纵向钢筋搭接接头百分率为表中中间值是，可按内插取值；

l_a（l_{aE}）——（抗震）纵向受拉钢筋的最小锚固长度。

纵向受拉钢筋搭接接头面积百分率(%)	≤25	50	100
ζ_l	1.2	1.4	1.6

【应用举例】　某框架梁 HRB335 级别钢筋直径 20mm，混凝土强度等级 C30，一级抗震，绑扎接头面积百分率为 40%，试确定其搭接长度。

【解答】　按照锚固长度计算方法，可知该框架梁抗震锚固长度 l_{aE}＝667mm。接头面积百分率 40% 介于 25%～50% 之间时，按内插法算得 ζ_l＝1.2＋(1.4－1.2)×(40－25)/(50－25)＝1.32 取用。

故 l_{lE}＝$\zeta_l l_{aE}$＝1.32×667＝880.4mm。

3.8　钢筋每米理论重量

钢筋种类有 HPB300、HRB335、HRB400、HRB500 等，（Ⅱ级钢筋和Ⅲ级钢筋是旧标准，新标准中的Ⅱ级钢筋改称 HRB335 级钢筋，Ⅲ级钢筋改称 HRB400 钢筋）。

钢筋的计算截面面积及理论重量，见表 3-7。

钢筋的计算截面面积及理论重量　　　　　　　表 3-7

公称直径(mm)	不同根数钢筋的计算截面面积(mm²)									单根钢筋理论重量
	1	2	3	4	5	6	7	8	9	(kg/m)
6	28.3	57	85	113	142	170	198	226	255	0.222
8	50.3	101	151	201	252	302	352	402	453	0.395
10	78.5	157	236	314	393	471	550	628	707	0.617
12	113.1	226	339	452	565	678	791	904	1017	0.888
14	153.9	308	461	615	769	923	1077	1231	1385	1.21
16	201.1	402	603	804	1005	1206	1407	1608	1809	1.58
18	254.5	509	763	1017	1272	1527	1781	2036	2290	2.00(2.11)
20	314.2	628	942	1256	1570	1884	2199	2513	2827	2.47
22	380.1	760	1140	1520	1900	2281	2661	3041	3421	2.98
25	490.9	982	1473	1964	2454	2945	3436	3927	4418	3.85(4.10)
28	615.8	1232	1847	2463	3079	3695	4310	4926	5542	4.83
32	804.2	1609	2413	3217	4021	4826	5630	6434	7238	6.31(6.65)
36	1017.9	2036	3054	4072	5089	6107	7125	8143	9161	7.99
40	1256.6	2513	3770	5027	6283	7540	8796	10053	11310	9.87(10.34)
50	1963.5	3928	5892	7856	9820	11784	13748	15712	17676	15.42(16.28)

注：括号内为预应力螺纹钢筋的数值。

0.617 是直径 10mm 的钢筋每米的重量，钢筋重量与直径（半径）的平方成正比，重量 G＝0.617×d^2/10^2，每米的重量（kg）＝钢筋的直径（mm）的二次方×0.00617。

可以记住建设工程常用的钢筋每米重量（钢筋直径 mm）：$\phi6$＝0.222kg；$\phi6.5$＝0.26kg；$\phi8$＝0.395kg；$\phi10$＝0.617kg；$\phi12$＝0.888kg；$\phi14$＝1.21kg；$\phi16$＝1.58kg；$\phi18$＝2.0kg；$\phi22$＝2.98kg；$\phi25$＝3.85kg；$\phi28$＝4.837kg……$\phi12$（含 $\phi12$）以下和 $\phi28$（含 $\phi28$）的钢筋一般小数点后取三位数，$\phi14$～$\phi25$ 的钢筋一般小数点后取二位数。

由此可得钢筋算量的核心内容是：

钢筋设计长度、锚固长度、搭接长度和根数钢筋重量＝长度×根数×钢筋密度。

4 柱钢筋计算

4.1 柱平法概述

4.1.1 柱的类型

（1）框架柱：框架柱在框架结构中承受梁和板传来的荷载，并将荷载传给基础，是主要的竖向受力构件。

（2）框支柱：因为建筑功能要求，下部空间大，上部部分竖向构件不能直接连续贯通落地，而通过水平转换结构与下部竖向构件连接。当布置的转换梁支撑上部的剪力墙的时候，转换梁叫框支梁，支撑框支梁的柱叫作框支柱。

（3）芯柱：为使抗震框架柱等竖向构件有适当的延性，满足轴压比的要求，在框架柱截面中三分之一左右的核心部位配置附加纵向钢筋及箍筋而形成的内部加强区域。非抗震设计时，一般不设计芯柱。芯柱配置的纵筋和箍筋按设计标注，芯柱纵筋的连接与根部锚固同框架柱，向上直通至芯柱顶标高。芯柱区别于构造柱（构造柱是在砌块内部空腔中插入竖向钢筋并浇灌混凝土后形成的砌体内部的钢筋混凝土小柱）。在周期反复水平荷载作用下，芯柱具有良好的延性和耗能能力，能够有效地改善钢筋混凝在高轴压比情况下的抗震性能。芯柱示意图如图 4-1 所示。

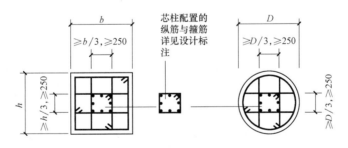

图 4-1 芯柱示意图

（4）梁上柱：柱的生根不在基础面而在梁上的柱称之为梁上柱，主要出现在建筑物上下结构或建筑布局发生变化时。

（5）墙上柱：柱的生根不在基础而在墙上的柱称之为墙上柱。同样，主要还是出现在建筑物上下结构或建筑布局发生变化时。

4.1.2 柱的平法施工图

柱的平法施工图的主要功能是表达竖向构件（柱或剪力墙），当主体结构为框架一剪力墙结构时，柱平面布置图通常与剪力墙平面布置图合并绘制，如图 4-2 所示。

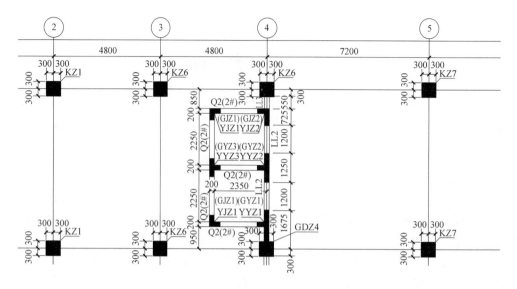

图 4-2　柱与剪力墙平面布置图合并绘制

3	8.670	3.60
2	4.470	4.20
1	−0.030	4.50
−1	−4.530	4.50
−2	−9.030	4.50
层高	标高(m)	层高(m)

结构层楼面标高
结 构 层 高

上部结构嵌固部位：
−0.030

图 4-3　结构层与结构楼面标高对照示例

在柱平法布置图中为了明确各柱在整个结构中的竖向定位，一般会注明结构层号表、结构层楼面标高（结构层楼面标高是将建筑楼面标高值扣除建筑面层和垫层后的标高）、结构层高，并注明嵌固部位等信息，如图 4-3 所示。

上图表明 1 层地面结构标高为 −0.030m，1 层的层高为 4.5m，2 层地面标高 4.470m，2 层地面标高 4.20m，−1 层地面结构标高为 −4.530m，−1 层的层高为 4.50m，−2 层地面标高 −9.030m，−2 层地面标高 4.50m。

柱的平法施工图分为列表注写方式和截面注写方式两种：

1. 列表注写方式

在柱平面布置图上，分别在同一编号的柱中选择一个（有时需要选择几个）截面标注几何参数代号；在柱表中注写柱编号、柱段起止标高、几何尺寸与配筋的具体数值，并配以各种柱截面形状及其箍筋类型的方式，来表达柱平法施工图。柱表示例如图 4-4 所示。

柱号	标高	$b \times h$(圆柱直径 D)	b_1	b_2	h_1	h_2	全部纵筋	角筋	b 侧一道中部筋	h 侧一边中部筋	箍筋类型号	轮筋	备注
KZ1	−0.100～15.500	600×600	300	300	300	300		4ϕ22	4ϕ20	4ϕ20	1(4×4)	ϕ10@100/200	
KZ2	−0.100～7.700	850					8ϕ25				7(4×4)	ϕ10@100/200	
KZ3	7.700～15.500	600×600	300	300	300	300		4ϕ22	4ϕ20	4ϕ20	1(4×4)	ϕ8@100/200	
KZ4	−0.100～3.800	500					8ϕ20				7(4×4)	ϕ8@100/200	
KZ5	−0.100～3.800	500					8ϕ22				7(4×4)	ϕ8@100/200	
KZ6	−0.100～19.500	600×600	300	300	300	300		4ϕ22	4ϕ20	4ϕ20	1(4×4)	ϕ10@100/200	
KZ7	−0.100～18.500	600×600	300	300	300	300		4ϕ22	4ϕ20	4ϕ20	1(4×4)	ϕ10@100/200	

图 4-4　柱的列表注写示意图（本图单位 mm）

列表注写内容规定如下：

（1）注写柱编号：柱编号由类型代号和序号组成应符合图4-5的规定。

柱类型	代号	序号
框架柱	KZ	××
框支柱	KZZ	××
芯柱	XZ	××
梁上柱	LZ	××
剪力墙上柱	QZ	××

图 4-5　柱类型与代号

（注：编号时，当柱的总高、分段截面尺寸和配筋均对应相同，仅截面与轴线的关系不同时，仍可将其编为同一柱号，但应在图中注明截面与轴线的关系）。

（2）注写各段柱的起止标高：自柱根部往上变截面位置或截面未变但配筋改变处为界分段注写。

1）框架柱和框支柱的根部标高系指基础顶面标高；

2）芯柱的根部标高系指根据结构实际需要而定的起始位置标高；

3）梁上柱的根部标高系指梁顶面标高；

4）剪力墙上柱的根部标高分两种：

当柱纵筋锚固在墙顶部时，其根部标高为墙顶面标高；

当柱与剪力墙重叠一层时，其根部标高为墙顶面往下一层的结构层楼面标高。

（3）注写柱截面尺寸 $b \times h$ 及与轴线关系的几何参数代号如图 4-6 所示。对于矩形柱，b_1、b_2 和 h_1、h_2 的具体数值，须对应于各段柱分别注写。其中 $b = b_1 + b_2$，$h = h_1 + h_2$，当截面的某一边收缩变化至与轴线重合或偏到轴线的另一侧时，b_1、b_2、h_1、h_2 中的某项为零或为负值。

圆柱截面尺寸用 d 表示。为表达简单，圆柱截面与轴线的关系也用 b_1、b_2 和 h_1、h_2 表示，并使 $d = b_1 + b_2$ 和 $h_1 + h_2$。

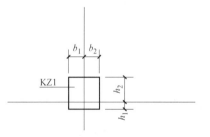

图 4-6　柱截面位置的标注

对于芯柱，根据结构需要，可以在某些框架柱的一定高度范围内，在其内部的中心位置设置（分别引注其柱编号）。芯柱截面尺寸按构造确定，并按图集标准构造详图施工，设计不需注写；当设计者采用与本构造详图不同的做法时，应另行注明。芯柱定位随框架柱，不需要注写其与轴线的几何关系。

（4）注写纵筋：当柱纵筋直径相同，各边根数也相同时（包括矩形柱、圆柱和芯柱），将纵筋注写在"全部纵筋"一栏中；除此之外，柱纵筋分角筋、截面 b 边中部筋和 h 边中部筋三项分别注写（对于采用对称配筋的矩形截面柱，可仅注写一侧中部筋，对称边省略不注），注写纵筋如图4-7所示。

全部纵筋	角筋	b 边一侧中部筋	h 边一侧中部筋
24Φ25			
	4Φ22	5Φ22	4Φ20
	4Φ22	5Φ22	4Φ20
8Φ25			

图 4-7　列表注写柱纵筋

（5）注写柱箍筋：包括钢筋级别、型号、箍筋肢数直径与间距。当为抗震设计时，用斜线"/"区分柱端箍筋加密区与柱身非加密区箍筋的不同间距。

【例】 $\phi 10@100/250$，表示箍筋为 HPB300 级钢筋，直径 10mm，加密区间距为 100mm，非加密区间距为 250mm。

【例】 $\phi 10@100/250$（$\phi 12@100$）表示箍筋为 HPB300 级钢筋，直径 10mm，加密区间距为 100mm，非加密区间距为 250mm，框架节点核芯区箍筋为 HPB300 级钢筋，直径 12mm，间距为 100mm。

当圆柱采用螺旋箍筋时，需在箍筋前加"L"。

【例】 $L\phi 10@100/200$，表示采用螺旋箍筋，HPB300 级钢筋，直径 10mm，加密区间距为 100mm，非加密区间距为 200mm。

2. 截面注写方式

柱的截面注写系在柱平面布置图的柱截面上，分别在同一编号的柱中选择一个截面，按放大到能看清的比例来绘制柱截面配筋图，以直接注写截面尺寸和配筋具体数值的方式来表达柱平法施工图。

柱截面注写方式见 11G101-1 第 12 页示例。

矩形柱的识图示例如图 4-8、图 4-9 所示。

矩形柱配筋信息识图要点

截面注写示例	表达的信息
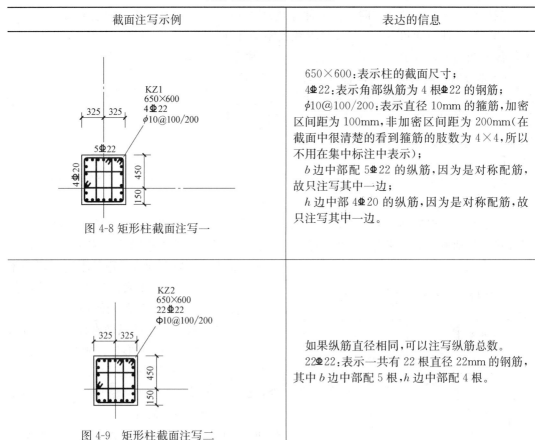 图 4-8 矩形柱截面注写一	650×600:表示柱的截面尺寸; $4\Phi 22$:表示角部纵筋为 4 根 $\Phi 22$ 的钢筋; $\phi 10@100/200$:表示直径 10mm 的箍筋，加密区间距为 100mm,非加密区间距为 200mm(在截面中很清楚的看到箍筋的肢数为 4×4,所以不用在集中标注中表示); b 边中部配 $5\Phi 22$ 的纵筋,因为是对称配筋,故只注写其中一边; h 边中部 $4\Phi 20$ 的纵筋,因为是对称配筋,故只注写其中一边。
图 4-9　矩形柱截面注写二	如果纵筋直径相同,可以注写纵筋总数。 $22\Phi 22$:表示一共有 22 根直径 22mm 的钢筋,其中 b 边中部配 5 根,h 边中部配 4 根。

截面注写方式中，若某柱带有芯柱，则直接在截面注写中，注写芯柱编号及起止标高，如图 4-10 所示。

对除芯柱之外的所有柱截面进行编号，从相同编号的柱中选择一个截面，按另一种比例原位放大绘制柱截面配筋图，并在各配筋图上继其编号后再注写截面尺寸 $b \times h$、角筋或全部纵筋（当纵筋采用一种直径且能够图示清楚时）、箍筋的具体数值，以及在柱截面配筋图上标注柱截面与轴线关系 b_1、b_2、h_1、h_2、的具体数值。

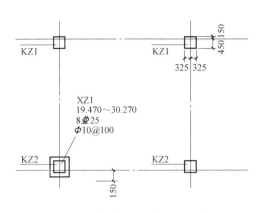

图 4-10　截面注写方式的芯柱表达

当纵筋采用两种直径时，需再注写截面各边中部筋的具体数值（对于采用对称配筋的矩形截面柱，可仅在一侧注写中部筋，对称边省略不注）。

当在某些框架柱的一定高度范围内，在其内部的中心位设置芯柱时，首先进行编号，之后注写芯柱的起止标高、全部纵筋及箍筋的具体数值（箍筋的注写方式同本节"1."的有关规定），芯柱截面尺寸按构造确定，并按标准构造详图施工，设计不注；当设计者采用与本构造详图不同的做法时，应另行注明。芯柱定位随框架柱，不需要注写其与轴线的几何关系。

在截面注写方式中，如柱的分段截面尺寸和配筋均相同，仅截面与轴线的关系不同时，可将其编为同一柱号。但此时应在未画配筋的柱截面上注写该柱截面与轴线关系的具体尺寸。

采用截面注写方式绘制柱平法施工图，可按单根柱标准层分别绘制，也可将多个标准层合并绘制。当单根柱标准层分别绘制时，柱平法施工图的图纸数量和柱标准层的数量相等；当将多个标准层合并绘制时，柱平法施工图的图纸数量更少，也更便于施工人员对结构形成整体概念。

4.1.3　柱需要计算的钢筋

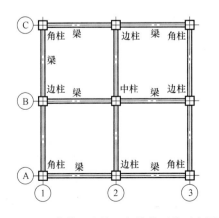

图 4-11　中柱、边柱、角柱的区分示意图

柱内的钢筋主要有纵筋和箍筋两大类。纵筋是柱的受力筋，它是竖向布置的钢筋，主要与混凝土共同承受上部荷载在柱上产生的压力。箍筋承受上部荷载产生的剪力，防止受力钢筋被压弯，并能固定受力钢筋的位置。

根据柱所处的位置不同，纵筋的表现方式不同，其计算方法也不同。

与基础的连接——基础插筋。

中间层钢筋的连接——主要注意连接形式。

顶层的钢筋锚固——要根据柱子所在位置不停区分柱子类型（边、角、中柱）。中柱、边

37

柱、角柱的区分示意图，如图 4-11 所示。

（1）中柱：X 向和 Y 向梁跨在以柱为支座形成"＋"形香蕉的柱，称为中柱。

（2）边柱：X 向和 Y 向梁跨在以柱为支座形成"T"形香蕉的柱，称为边柱。

（3）角柱：X 向和 Y 向梁跨在以柱为支座形成"L"形香蕉的柱，称为角柱。

根据柱构件（主要为框架柱 KZ）的钢筋在实际工程中可能出现的各种构造情况，柱构件需要计算的钢筋如图 4-12 所示。

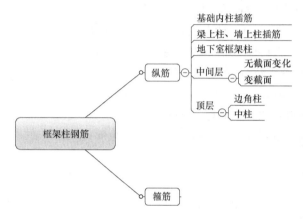

图 4-12 柱构件需要计算的钢筋

4.2 柱构件新旧平法对比

4.2.1 柱平法制图规则变化

（1）增加了框架节点核心区箍筋的标注方法

"$\phi10@100/250$（$\phi12@100$）"，表示柱中箍筋为 HPB300 级钢筋，直径 10mm，加密区间距为 100mm，非加密区间距为 250mm，框架、节点核心区箍筋为 HPB300 级钢筋，直径 12mm，间距为 100mm。

（2）11G101-1 中 2.1.3 条强调了应注明上部嵌固部位位置。

4.2.2 抗震柱 KZ 纵筋连接构造变化

在 11G101-1 第 57 页，第 58 页介绍了抗震柱 KZ 的纵筋构造，第 61 页介绍了抗震柱 KZ、QZ、LZ 的箍筋构造。第 63 页，第 66 页分别介绍了非抗震柱 KZ 的纵筋和箍筋构造。

（1）关于嵌固部位的描述

11G101-1 第 57 页"抗震 KZ 纵向钢筋连接构造"把 03G101-1 第 36 页图中的"基础顶面嵌固部位"改为"嵌固部位"。这个"嵌固部位"就是上部结构嵌固部位。在"柱平法施工图制图规则"2.1.3 条中规定："在柱平法施工图中，应按本规则第 1.0.8 条的规定注明各结构层的楼面标高、结构层高及相应的结构层号，尚应注明上部结构嵌固部位位置。"

关于"嵌固部位",在抗震和非抗震设计上的概念有所不同。对于非抗震设计,"嵌固部位"位于基础顶面,通常不需要格外注明;对于抗震设计,"嵌固部位"可位于埋深较浅的基础顶面,或位于刚度较大的箱形基础顶面,或位于地上结构的首层地面(即地下室顶面),或位于基础结构一层地下室的地面(但位于地下二层地面的意义不大),具体位于何部位,应根据实际受力状况,由设计者确定。

(2)抗震柱箍筋加密区范围

抗震柱箍筋加密区范围的变化主要来自于"嵌固部位"描述的变化 03G101 简单的把基础顶面作为嵌固部位,11G101 则更注重实际受力情况。按照 11G101-1 图集构造,柱箍筋加密区范围为:嵌固部位 $H_n/3$、柱框架节点范围内、节点上下 max($H_n/6$,h_c,500)、绑扎搭接范围 $1.3l_{lE}$。其余为非加密区范围。

对于地下室柱来说,一般地下室顶面为嵌固部位,因此地下顶面以上的 $H_n/3$ 为加密范围,基础顶面不是嵌固部位,基础顶面以上 max($H_n/6$,h_c,500)为加密范围。其余同上面描述。

(3)非抗震柱纵筋和箍筋

非抗震柱纵筋和箍筋构造基本和原 03G101 图集构造一致。

(4)不变截面柱纵筋变化

在 11G101-1 第 57 页给出了上柱钢筋根数比下柱多,下柱钢筋根数比上柱多,上柱钢筋直径比下柱大,下柱钢筋直径比上柱大四种情况。与地下一层多出的钢筋在嵌固部位的锚固有区别,见第四节柱地下室顶节点。

较 03G101-1 第 36 页多出"下柱钢筋直径比上柱大"的构造说明。

4.2.3 柱插筋在基础中锚固

对于柱插筋在基础中锚固,11G101-3 第 59 页给出了锚固构造四种,如图 4-13～图 4-16所示。相比 04G101-3 第 32 页的构造判断条件和构造形式,11G101-3 考虑得更为全面。

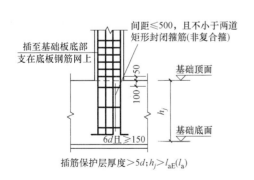

图 4-13 柱插筋在基础中的锚固构造(一)

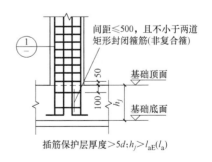

图 4-14 柱插筋在基础中的锚固构造(二)

其中 h_j 是基础底面至基础顶面的高度,对于带基础梁的基础为基础梁顶面至基础梁底面的高度;当柱两侧基础梁标高不同时取较低标高。d 为柱插筋直径。l_{abE}(l_{ab})为受拉钢筋的基本锚固长度,抗震设计时锚固长度用 l_{abE} 表示,非抗震设计用 l_{ab} 表示;l_{aE}

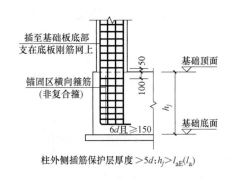
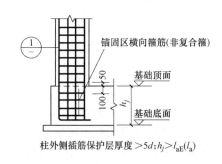

图 4-15 柱插筋在基础中的锚固构造（三）　　　　图 4-16 柱插筋在基础中的锚固构造（四）

（l_a）为受拉钢筋锚固长度，抗震设计时锚固长度用 l_{aE} 表示，非抗震设计用 l_a 表示；

柱纵筋插至基础底板支在底板钢筋网上，插筋的弯折长度，根据 h_j 与 l_{aE}（l_a）大小比较。若 $h_j > l_{aE}$（l_a），则弯折长度为 max（$6d$，150）；若 $h_j \leqslant l_{aE}$（l_a），则弯折长度为 $15d$。

柱在基础中的锚固除了插筋外，还有箍筋。柱在基础内的箍筋是非复合箍筋，其根数计算，需要根据柱插筋保护层厚度与 $5d$ 大小比较：当插筋保护层厚度 $> 5d$，则箍筋在基础高度范围的间距 $\leqslant 500mm$，且不少于 2 道。当插筋保护层厚度 $\leqslant 5d$，需要在基础锚固区设置横向箍筋。箍筋间距为 min（$10d$，100）（d 为插筋的最小直径）。

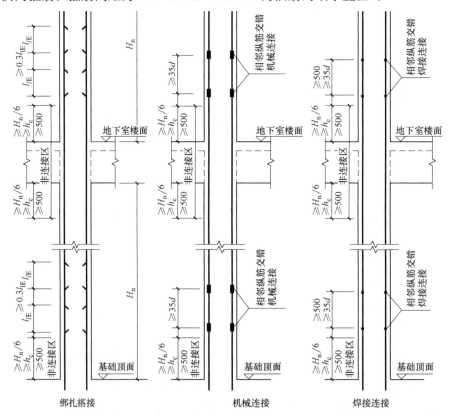

图 4-17 地下室抗震 KZ 构造

40

4.2.4 柱地下室节点

（1）地下室抗震 KZ 纵向钢筋连接构造的变化

11G101-1 将 08G101-5 关于地下室抗震框架柱 KZ 构造（一）（地下室顶板为上部结构的嵌固部位）和地下室抗震框架柱 KZ 构造（二）（地下一层楼面或基础顶面为上部结构的嵌固部位）合并统一，形成新的"地下室抗震 KZ 构造"，如图 4-17 所示。

本图与 11G101-1 第 57 页的"抗震 KZ 纵向钢筋连接构造"基本相似，只是将"嵌固部位"改成了"基础顶面"，这表明，地下室抗震 KZ 的构造表明，嵌固部位不在基础顶面，至于嵌固部位在何处，则由设计人员给出。新图集对于施工人员来说，看结构施工图的时候要轻松得多，只要设计人员明确嵌固部位的位置，除了嵌固部位的非连接区为 $H_n/3$，其余的非连接区都为 $\max(H_n/6, h_c, 500)$。

（2）地下一层增加钢筋在嵌固部位的构造

在 11G10-1 第 58 页新增了"地下一层增加钢筋在嵌固部位的构造"，如图 4-18 所示。适用于《建筑抗震设计规范》GB 50011-2011 第 6.1.14 条在地下一层增加的 10% 钢筋，设计未指定时表示地下一层比上层柱多出的钢筋。

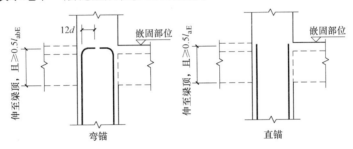

图 4-18 地下一层增加钢筋在嵌固部位的构造

此节点为 11G101 图集新增构造做法，主要是为了加强嵌固部位。当伸至柱顶 $> l_{aE}$ 时，则将柱纵筋伸至柱顶截断；当伸至柱顶 $< l_{aE}$ 时，则将柱纵筋伸至往顶弯折 $12d$ 即可。强调柱纵筋一定要伸至柱顶高度。

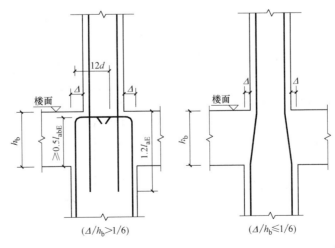

图 4-19 变截面一侧有梁钢筋构造

4.2.5 变截面节点

11G101-1 第 60 页介绍了柱变截面的节点（如图 4-19、图 4-20 所示），较 03G101-1 第 38 页有了很大变化。

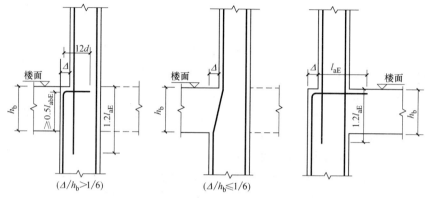

图 4-20　变截面一侧无梁钢筋构造

变截面一侧有梁时，下柱钢筋若弯折，则弯折长度为 12d（03G101-1 图集中是 C+200，其中 C 为变截面差值）；上柱纵筋下插长度为 1.2l_{aE}（03G101-1 图集是 1.5l_{aE}）。

新图集中增加了一侧无梁的变截面构造，下柱钢筋若弯折，则弯折长度为：变截面差值-bh_c+l_{aE}

4.2.6 顶层柱节点

（1）边角柱节点的变化

在 11G101-1 第 59 页边角柱构造中，介绍了 5 个节点（如图 4-22、图 4-24、图 4-26、图 4-28、图 4-30 所示），较 03G101-1 第 37 页有较大变化（如图 4-21、图 4-23、图 4-25、图 4-27、图 4-29 所示）。

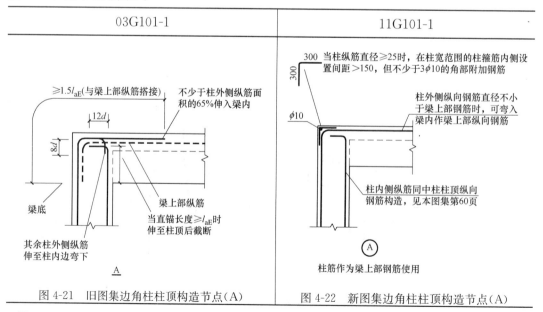

03G101-1	11G101-1
图 4-21　旧图集边角柱柱顶构造节点(A)	图 4-22　新图集边角柱柱顶构造节点(A)

03G101-1	11G101-1

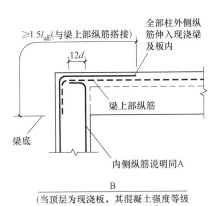

图 4-23　旧图集边角柱柱顶构造节点(B)

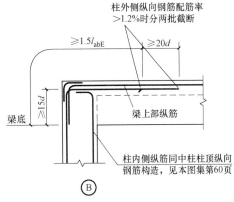

图 4-24　新图集边角柱柱顶构造节点(B)

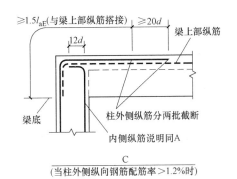

图 4-25　旧图集边角柱柱顶构造节点(C)

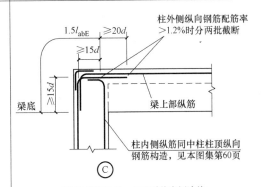

图 4-26　新图集边角柱柱顶构造节点(C)

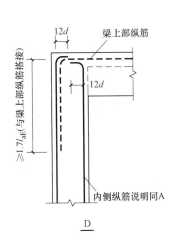

图 4-27　旧图集边角柱柱顶构造节点(D)

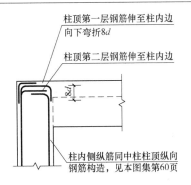

图 4-28　新图集边角柱柱顶构造节点(D)

03G101-1	11G101-1
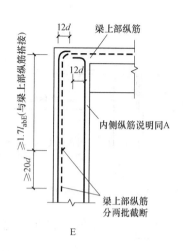	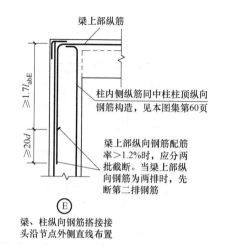
图 4-29 旧图集边角柱柱顶构造节点(E)	图 4-30 新图集边角柱柱顶构造节点(E)

在新图集中，节点 A，B，C，D 应配合使用，节点 D 不应单独使用（仅用于未伸入梁内的柱外侧纵筋锚固），伸入梁内的柱外侧纵筋不宜少于柱外侧全部纵筋面积的 65%。可以选择 B+D 或 C+D 或 A+B+D 或 A+C+D 的做法。

在承受以静力荷载为主的框架中，顶层端节点处的梁、柱端均主要承受负弯矩作用，相当于 90°的折梁。当梁上部钢筋和柱外侧钢筋数量匹配时，可将柱外侧处于梁截面宽度内的纵向钢筋直接弯入梁上部，作梁的负弯矩钢筋使用，如 A 节点。也可使梁上部钢筋与柱外侧钢筋在顶层端节点区域搭接，如 B，C 节点。

B，C 节点采用了从梁底算起 $1.5l_{aE}$ 是否超过柱内侧的判断条件。

节点 E 用于梁、柱纵向钢筋接头沿节点柱顶外侧直线布置的情况，可与节点 A 组合使用；由于设计、施工不便，取消《混凝土结构设计规范》GB 50010-2002 梁钢筋在中间节点中弯折锚固的做法。当梁纵筋与柱外侧钢筋竖向搭接 $1.7l_a$ 时，此时取消了《混凝土结构设计规范》GB 50010-2002 中将柱外侧纵筋伸至柱顶弯折 $12d$ 的做法，按照《混凝土结构设计规范》GB 50010-2010，只需将柱外侧纵筋伸至柱顶截断即可；当梁上部柱外侧钢筋数量较多时，该方案将造成节点顶部钢筋拥挤，不利于自上而下的浇筑混凝土。此时，宜改用梁、柱钢筋直线搭接，接头位于柱顶部外侧。《混凝土结构设计规范》GB 50010-2010 明确规定了什么时候采用柱纵筋和梁纵筋 90°弯折搭接 $1.5l_a$ 的构造，什么时候采用梁纵筋与柱纵筋竖直搭接 $1.7l_a$ 的构造，对于这点，《混凝土结构设计规范》GB 50010-2002 没有强制规定，只是说了可以采用这两种构造方式。

（2）中柱节点的变化

在 11G101-1 第 60 页中柱节点构造中，介绍了 4 个节点（如图 4-32、图 4-34、图 4-35、图 4-37 所示），较 03G101-1 第 38 页（如图 4-31、图 4-33、图 4-36 所示）有了变化：

03G101-1	11G101-1
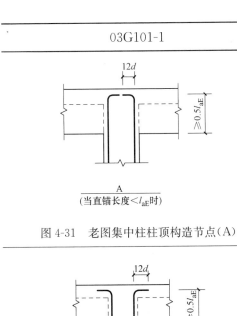 A (当直锚长度<l_{aE}时) 图 4-31　老图集中柱柱顶构造节点（A）	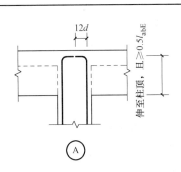 Ⓐ 图 4-32　新图集中柱柱顶构造节点（A）
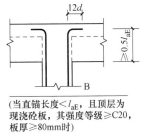 B (当直锚长度<l_{aE}，且顶层为现浇砼板，其强度等级≥C20，板厚≥80mm时) 图 4-33　老图集中柱柱顶构造节点（B）	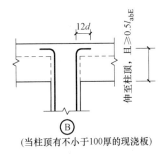 Ⓑ (当柱顶有不小于100厚的现浇板) 图 4-34　新图集中柱柱顶构造节点（B）
	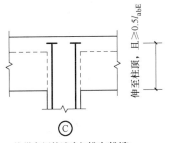 Ⓒ 柱纵向钢筋端头加锚头(锚板) 图 4-35　新图集中柱柱顶构造节点（C）
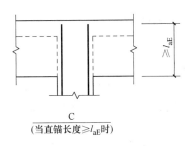 C (当直锚长度≥l_{aE}时) 图 4-36　旧图集中柱柱顶构造节点（C）	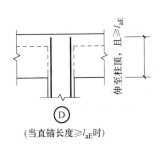 Ⓓ (当直锚长度≥l_{aE}时) 图 4-37　新图集中柱柱顶构造节点（D）

在新图集中，当顶层节点高度不足以容纳柱筋的直线锚固长度时，柱筋可在柱顶向节点内弯折，如 A 节点所示，或在有现浇板且板厚大于 100mm 时可向节点外弯折，锚固于板内，如 B 节点所示。实验研究表明，当充分利用柱筋的受拉强度时，其锚固条件不如水平钢筋，因此在柱筋弯折前的竖向锚固长度不应小于 $0.5l_{abE}$，弯折后的水平投影长度不宜小于 $12d$，以保证可靠受力。

D 节点，伸入顶层中间节点的全部柱筋及伸入顶层端节点的内侧柱筋应可靠锚固在节点内。规范强调柱筋应伸至柱顶。

C 节点，本次修订还增加了采用机械锚固锚头的方法，以提高锚固效果，减少锚固长度。但要求柱纵向钢筋应伸到柱顶以增大锚固力。有关的实验研究表明，这种做法有效，而且方便施工。

4.2.7 墙上柱、梁上柱节点

（1）墙上柱节点变化

11G101-1 和 03G101-1 关于墙上柱的构造详图如图 4-38、图 4-39 所示。

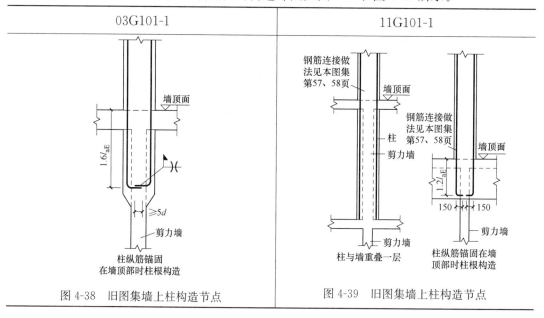

03G101-1	11G101-1
图 4-38 旧图集墙上柱构造节点	图 4-39 旧图集墙上柱构造节点

抗震和非抗震剪力墙上起柱指普通剪力墙上个别部位的少量起柱，不包括结构转换层上的剪力墙起柱。

新旧图集中，剪力墙上起柱按纵筋锚固情况分为柱与墙重叠一层和柱纵筋锚固在墙顶部两种类型。

新旧图集对于嵌固部位的描述一致，均指墙顶面，但是柱纵筋在墙内的锚固长度发生了变化，旧图集的锚固长度：弯至墙顶面以下 $1.6l_{aE}$，再向内弯折至中心线另一侧 $2.5d$ 处（即两侧弯折钢筋重叠 $5d$ 长度）；新图集的锚固长度：弯至墙顶面以下 $1.2l_{aE}$，再向内弯折 150mm。

另外，新图集增加了柱与墙重叠一层构造。从新图集中，我们可以判断，当抗震等级较高时，宜采用柱与墙重叠一层构造；当抗震等级较低时，可采用柱纵筋锚固在墙顶部构造。当采用"柱与墙重叠一层"方式时，在柱与墙重叠一层高度范围，柱截面尺寸比墙厚大，柱纵筋和箍筋凸出墙身之外，且墙竖向分布筋通常比柱纵筋配置小，此时在柱身宽度范围应配置柱纵筋并，但墙水平分布筋应贯穿柱截面，不可中断。

（2）梁上柱节点

11G101-1 和 03G101-1 关于墙上柱的构造详图如图 4-40、图 4-41 所示。

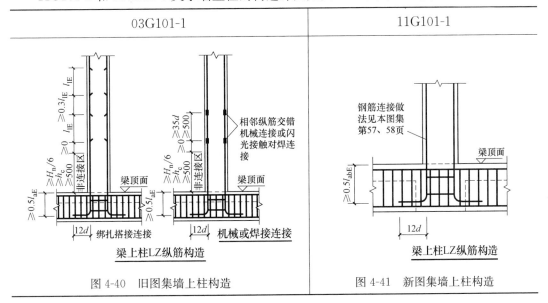

03G101-1	11G101-1
图 4-40　旧图集墙上柱构造	图 4-41　新图集墙上柱构造

梁上起柱一般是框架梁上的少量起柱，由于某些原因，建筑物的底部没有柱子，到了某一层又需要设置柱子，那么柱子只有从下一层的墙上生根了，这就是剪力墙上柱。框架梁上起柱，框架梁是柱的支撑，因此，当梁宽度大于柱宽度时，柱的钢筋能比较可靠的锚固到框架梁中，当梁宽度小于柱宽时，为使柱钢筋在框架梁中锚固可靠，应在框架梁上加侧腋以提高梁对柱钢筋的锚固性能。

新旧图集在构造上基本一致，新图集的表达更为精简，对图集中相同钢筋的连接做法并未重复给出，嵌固部位（梁顶面）、弯折长度和箍筋配置均与原图集一致。

4.3　柱纵筋和箍筋

从广义上讲，柱只有两种钢筋——纵筋和箍筋，不管柱处于何种位置，其箍筋的计算都是一致的，但根据所处的层数不同，柱的纵向筋的计算却不尽相同，柱的纵向筋分为基础插筋、地下室纵筋、底层纵筋、中间层纵筋、顶层纵筋，本节只讨论底层纵筋、中间层纵筋的连接构造和计算。

4.3.1　柱纵筋

1. 柱纵筋的一般规定

（1）钢筋的直径及构造要求

纵向受力钢筋的直径不宜小于 12mm；根数不宜少于 8 根，且不应少于 6 根。

当偏心受压柱的截面高度 $h > 600mm$ 时，在柱的侧面应配置直径为 $10 \sim 16mm$ 的纵向构造钢筋，并相应设置复合箍筋或拉筋。

柱中纵向受力钢筋的最小净间距不应小于 $50mm$；对水平浇筑的预制柱，其纵向钢筋的最小净间距可按梁的有关规定取用。柱中纵向钢筋的最大间距为其中距不宜大于 $300mm$。

（2）柱中纵向钢筋的接头

柱中纵向钢筋的接头，应优先采用焊接或机械连接。接头宜设置在柱的弯矩较小区段，并应符合下列规定：

1）柱每边钢筋不多于 4 根时，可在同一水平面上进行搭接，柱每边钢筋为 $5 \sim 8$ 根时，可在两个水平面上进行搭接。

2）下柱伸入上柱搭接钢筋的根数及直径应满足上柱受力的要求；当上下柱内钢筋直径不同时，搭设长度应按上柱内钢筋直径计算。

3）下柱伸入上柱的钢筋折角坡度不大于 1：6 时，下柱钢筋可不切断而弯伸至上柱搭接；否则应设置插筋或将上柱钢筋锚在下柱内。

2. 抗震框架柱纵筋连接构造

平法柱的节点构造图中，11G101-1 图集第 57 页"抗震 KZ 纵向钢筋连接构造"是平法柱节点构造的核心。

构造说明：

① h_c 为柱截面长边尺寸；H_n 为所在楼层的柱净高；d 为框架柱纵筋直径；l_{lE} 为抗震纵向受拉钢筋绑扎搭接长度，其按 11G101-1 给出的公式：（$l_{lE} = \zeta_l l_{aE}$）$l_l = \zeta_l l_a$ 计算。

② 基础顶面嵌固部位上 $\geqslant H_n/3$ 范围内，楼面以上和框架梁底以下 max（$1/6H_n$，h_c，500）高度范围内为抗震柱非连接区。

③ 柱相邻纵向钢筋连接接头要相互错开。在同一截面内钢筋接头面积百分率不宜大于 50%。绑扎搭接纵筋接头相互错开 $\geqslant 0.3l_{lE}$，机械连接纵筋接头相互错开 $\geqslant 35d$，焊接连接纵筋接头相互错开 $\geqslant 35d$，且 $\geqslant 500mm$。

④ 一般连接的连接要求：当受拉钢筋直径 $> 25mm$ 及受压钢筋直径 $> 28mm$ 时，不宜采用绑扎搭接；轴心受拉及小偏心受拉构件中纵向受力钢筋不应采用绑扎搭接接头，设计者应在柱平法结构施工图中注明其平面位置及层数；纵向受力钢筋连接位置宜避开梁端、柱端箍筋加密区，如必须在此连接时，应采用机械连接或焊接；绑扎搭接中，当某层连接区的高度小于纵筋分两批搭接所需的高度时，应改用机械连接或焊接连接；机械连接和焊接接头的类型及质量应符合国家现行有关标准的规定。非连接区是指柱纵筋不允许在这个区城之内进行连接，知道了纵筋非连接区的范围，就知道了纵筋切断点的位置，纵筋的切断点可以选在非连接区的边缘。而柱纵筋为什么要切断呢？因为工程施工是分楼层进行的，在进行每一楼层施工的时候，楼面上都要伸出柱的下一层纵筋，柱纵筋的"切断点"就是下一楼层伸出的插筋与上一楼层柱纵筋的连接点。

⑤ 绑扎搭接时，上下柱纵筋的连接有 4 种连接方式，如图 4-42 所示上柱钢筋比下柱多时见图 1，上层柱多出的钢筋伸入下层 $1.2l_{aE}$（注意起算位置）；上柱钢筋比下柱多时见图 2，下层柱多出的钢筋伸入上层 $1.2l_{aE}$（注意起算位置）；上柱钢筋直径比下柱钢筋直径大时见图 3，上层较大直径钢筋伸入下层的上端非连接区与下层较小直径的钢筋连

接；下柱钢筋比上柱多时见图4，下层较大直径钢筋伸入上层的上端非连接区与上层较小直径的钢筋连接。纵筋的连接也可采用机械连接和焊接连接，由于这两种连接比较简单，图集中没有给出其连接详图。

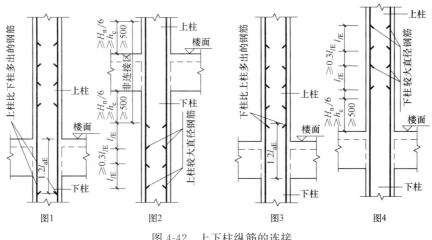

图 4-42　上下柱纵筋的连接

3. 抗震框架柱纵筋纵筋长度计算

（1）首层柱子纵筋长度计算

1）若采用绑扎搭接

搭接示意图如图 4-43 所示。

虽然首层纵筋在实际中会错层搭接，但是各纵筋只是在空间上错开了位置，在长度上是一致的，故首层纵筋长度只有一个表达式：

首层纵筋长度＝首层层高-首层非连接区 $H_n/3$＋伸出第 2 层非连接区 max（$H_n/6$, h_c, 500）＋伸出第 2 层的搭接长度 l_{lE}。

2）若采用机械连接或焊接连接

机械连接或焊接连接比绑扎搭接的计算要简单，连接处只有接头，无搭接长度：

首层纵筋长度＝首层层高-首层非连接区 $H_n/3$＋伸出第 2 层非连接区 max（$H_n/6$, h_c, 500）。

（2）中间层柱子纵筋长度计算

1）若采用绑扎搭接

搭接示意图如图 4-44 所示。

该层纵筋长度＝该中间层层高－该层非连接区 max（$H_n/6$, h_c, 500）＋伸出该层的非连接区 max（$H_n/6$, h_c, 500）＋伸出该层的搭接长度 l_{lE}。

2）若采用机械连接或焊接连接

机械连接或焊接连接，连接处只有接头，无搭接长度。

该层纵筋长度＝该中间层层高－该层非连接区 max（$H_n/6$, h_c, 500）＋伸出该层的非连接区 max（$H_n/6$, h_c, 500）。

【应用举例】

如图 4-45 所示，某大楼首层净高 4200mm，梁高 700mm，一级抗震，混凝土强度 C40，钢筋采用绑扎搭接，分别求首层柱和中间层纵筋长。

49

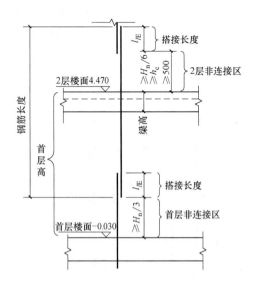

图 4-43 绑扎搭接首层柱纵筋计算示意图

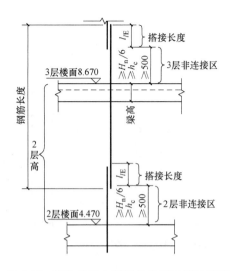

图 4-44 绑扎搭接中间层柱纵筋计算示意图

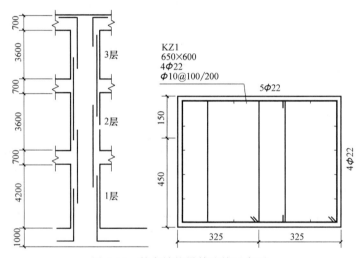

图 4-45 某大楼柱纵筋连接示意图

【解答】 $l_{aE}=\zeta_{aE}\times l_a=\zeta_{aE}\times \zeta_a\times l_{ab}=1.15\times 29\times 22=734$mm。

搭接长度 $l_{lE}=1.4l_{aE}=1.4\times 734=1027.6$mm。

首层柱纵筋长度计算：

首层柱纵筋长度：$4200+700-4200/3+\max(3600/6,650,500)+1027.6=5177.6$mm。

中间柱纵筋长度计算：

中间柱纵筋长度：$3600+700-\max(3600/6,650,500)+\max(3600/6,650,500)+1027.6=5327.6$mm。

4.3.2 箍筋

1. 箍筋的一般规定

（1）柱箍筋的形式

柱及其他受压构件中的箍筋应做成封闭式，对圆柱中的箍筋，搭接长度不应小于锚固长度 l_{aE}，且末端应做 135°弯钩，弯钩末端平直段长度不应小于箍筋直径的 5 倍。

柱箍筋一般分为两大类：非复合箍筋、复合箍筋，如图 4-46、图 4-47 所示。

1）非复合箍筋

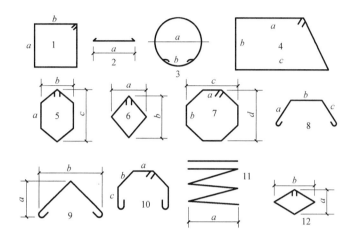

图 4-46　非复合箍筋

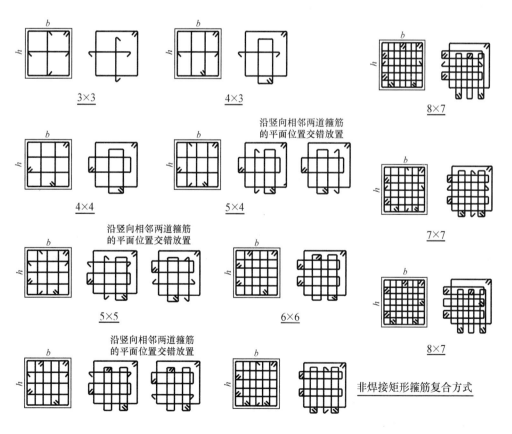

图 4-47　复合箍筋

2）复合箍筋

当柱截面短边尺寸大于 400mm 且各边纵向钢筋多于 3 根时，或柱截面短边尺寸不大于 400mm 但各边纵向钢筋多于 4 根时，应设置复合箍筋，复合箍筋类型见 11G101-1 第 67 页所示：

矩形复合箍筋的基本复合方式为：

① 都是采用大箍套小箍的形式，柱内复合箍筋可全部采用拉筋。

② 若在同一组复合箍筋各肢位置不能满足对称性要求时，沿柱竖向相邻两组箍筋应交错放置。

③ 矩形箍筋复合方式同样适用于芯柱。

（2）箍筋的间距

箍筋间距不应大于 400mm 及构件截面的短边尺寸，且不应大于 d 为纵向受力钢筋的最小直径。

（3）箍筋的直径

箍筋直径不应小于 $d/4$，且不应小于 6mm，d 为纵向钢筋的最大直径。

（4）箍筋间距

柱中纵向受力钢筋搭接长度范围内的箍筋间距应符合下列要求：

在纵向受力钢筋搭接长度范围内应配置箍筋，其直径不应小于搭接钢筋较大直径的 0.25 倍。当钢筋受拉时，箍筋间距不应大于搭接钢筋较小直径的 5 倍，且不应大于 100mm；当钢筋受压时，箍筋间距不应大于搭接钢筋较小直径的 10 倍，且不应大于 200mm。当受压钢筋直径 $d>25mm$ 时，尚应在搭接接头两个端面外 100mm 范围内各设置 2 个箍筋。

（5）框架节点一般配筋要求

在框架节点内设置水平箍筋，箍筋应符合对柱中箍筋的构造规定，但间距不宜大于 250mm。此规定主要是为了维持箍筋对节点核心区域混凝土的有效约束。

2. 箍筋加密区范围

（1）抗震框架柱、墙上柱、梁上柱箍筋加密区范围

抗震设计时，框架柱、墙上柱、梁上柱箍筋加密区范围与纵筋非连接区位置的要求相同，如图 4-48 所示。

（2）地下室抗震框架柱的箍筋加密区范围

抗震设计时，地下室框架柱箍筋加密区范围与纵筋非连接区位置的要求相同，如图 4-49 所示。

3. 箍筋计算

（1）柱箍筋根数计算

柱箍筋计算步骤：

第一步：先计算出柱子的"净高"，"净高"对于中间楼层来说，就是结构层高减去顶板梁的截面高度。

第二步：计算"加密区"的高度并按加密区间距计算箍筋根数。加密区为 max（1/6H_n，500，h_c）。每个楼层都有上、下各一个加密区。

第三步：计算"非加密区"的高度并按非加密区间距计算箍筋根数。

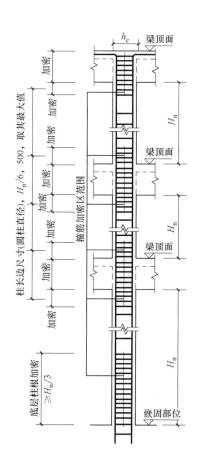
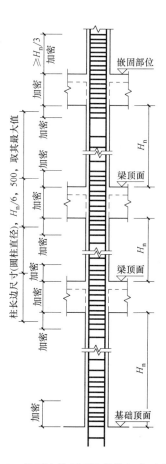

图 4-48　抗震 KZ、QZ、LZ 箍筋加密区范围　　　图 4-49　地下室抗震 KZ 箍筋加密区范围

箍筋加密区高度也可以通过 11G101-1 第 62 页查表（见表 4-1）得到：

抗震框架柱和小墙肢箍筋加密区高度选用表（mm）　　　表 4-1

柱净高 H_a(mm)	柱截面长边尺寸 h_a 或圆柱直径 D																		
	400	450	500	550	600	650	700	750	800	850	900	950	1000	1050	1100	1150	1200	1250	1300
1500																			
1800	500																		
2100	500	500	500																
2400	500	500	500	500															
2700	500	500	500	550	600	650					箍筋全高加密								
3000	500	500	500	550	600	650	700												
3300	550	550	550	550	600	650	700	750	800										
3600	600	600	600	600	600	650	700	750	800	850									
3900	650	650	650	650	650	650	700	750	800	850	900	950							
4200	700	700	700	700	700	700	700	750	800	850	900	950	1000						
4500	750	750	750	750	750	750	750	750	800	850	900	950	1000	1050	1100				

柱净高 H_a(mm)	柱截面长边尺寸 h_a 或圆柱直径 D																		
	400	450	500	550	600	650	700	750	800	850	900	950	1000	1050	1100	1150	1200	1250	1300
4800	800	800	800	800	800	800	800	800	800	850	900	950	1000	1050	1100	1150			
5100	850	850	850	850	850	850	850	850	850	900	950	1000	1050	1100	1150	1200	1250		
5400	900	900	900	900	900	900	900	900	900	950	1000	1050	1100	1150	1200	1250	1300		
5700	950	950	950	950	950	950	950	950	950	950	1000	1050	1100	1150	1200	1250	1300		
6000	1000	1000	1000	1000	1000	1000	1000	1000	1000	1000	1000	1000	1000	1050	1100	1150	1200	1250	1300
6300	1050	1050	1050	1050	1050	1050	1050	1050	1050	1050	1050	1050	1050	1050	1100	1150	1200	1250	1300
6600	1100	1100	1100	1100	1100	1100	1100	1100	1100	1100	1100	1100	1100	1100	1100	1150	1200	1250	1300
6900	1150	1150	1150	1150	1150	1150	1150	1150	1150	1150	1150	1150	1150	1150	1150	1150	1200	1250	1300
7200	1200	1200	1200	1200	1200	1200	1200	1200	1200	1200	1200	1200	1200	1200	1200	1200	1200	1250	1300

1）基础内箍筋根数计算

箍筋根数＝（基础高度－基础保护层－100）/间距＋1。

2）-1层箍筋根数计算

以绑扎连接为例，搭接示意图如图4-50所示。

本层箍筋根数是由上、下加密区和中间非加密区除以相应的间距得出的，所以要先计算上下加密区和非加密区的长度。

上部加密区箍筋根数＝（max（$1/6H_n$，500，h_c）＋梁高）/加密区间距＋1；

下部加密区箍筋根数＝（$1/3H_n$－50）/加密区间距＋1；

中间非加密区箍筋根数＝（层高－上下加密区）/非加密区间距－1。

3）1层箍筋根数计算

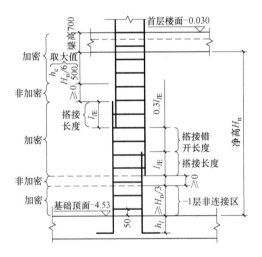

图4-50　基础内柱箍筋示意图

以焊接连接为例，连接示意图如图4-51所示。

根部根数＝（加密区长度－50）/加密间距＋1；

梁下根数＝加密区长度/加密间距＋1；

梁高范围根数＝梁高/加密间距；

非加密区根数＝非加密区长度/非加密间距－1。

4）中间层箍筋根数计算

以焊接连接为例，连接示意图如图4-52所示。

根部根数＝（加密区长度－50）/加密间距＋1；

梁下根数＝加密区长度/加密间距＋1；

梁高范围根数＝梁高/加密间距；

非加密区根数＝非加密区长度/非加密间距－1。

5）顶层箍筋根数计算

以焊接连接为例，连接示意图如图4-53所示。

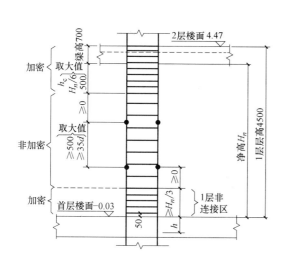

图4-51　1层柱箍筋示意图

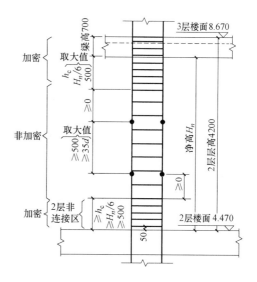

图4-52　中间层柱箍筋示意图

根部根数＝（加密区长度－50)/加密间距＋1；

梁下根数＝加密区长度/加密间距＋1；

梁高范围根数＝梁高/加密间距；

非加密区根数＝非加密区长度/非加密间距－1；

上部加密区根数＝[max（1/6H_n，500，h_c）＋梁高]/加密区间距＋1；

下部加密区根数＝max（1/6H_n，500，h_c）/加密区间距＋1；

非加密区根数＝（层高－上下加密区)/非加密区间距－1。

（注：当采用绑扎搭接时，搭接区需要加密。）

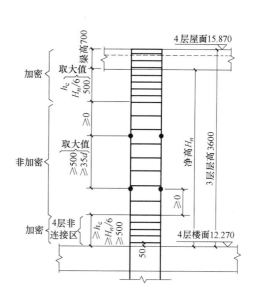

图4-53　顶层柱箍筋示意图

（2）柱箍筋长度计算

新规范和新图集中保护层的度量位置和厚度发生了变化，因而箍筋计算公式相较于老图集的计算公式有所改变。以下柱的箍筋长度以预算长度计算为例，即计算其按外皮长度，考虑2个弯钩，不考虑3个90°弯折。下面列举4种常用箍筋的计算方法。

1）1号箍筋如图4-54所示。

1号箍筋长度＝（b－2×保护层)×2＋（h－2×保护层)＋1.9d×2＋max(10d,75)×2。

2）2号箍筋如图4-55所示

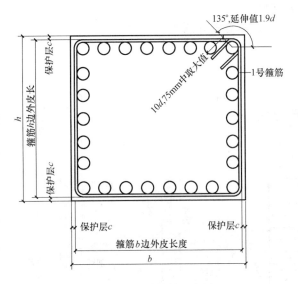

图 4-54 1 号箍筋示意图

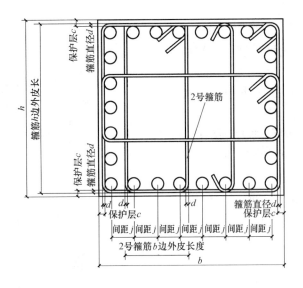

图 4-55 2 号箍筋示意图

2 号箍筋长度＝（间距 j＋1/2d×2）×2＋（h－保护层×2）×2＋1.9d×2＋max(10d, 75)×2。

3）3 号箍筋如图 4-56 所示

3 号箍筋长度＝（间距 j×2＋1/2d×2＋2d）×2＋（b－保护层×2）×2＋1.9d×2＋max(10d, 75)×2。

4）4 号箍筋如图 4-57 所示

当单支筋同时勾住纵筋和箍筋时：

4 号箍筋长度＝（h－保护层×2＋2d）＋1.9d×2＋max(10d, 75)×2。

当单支筋只勾住纵筋时：

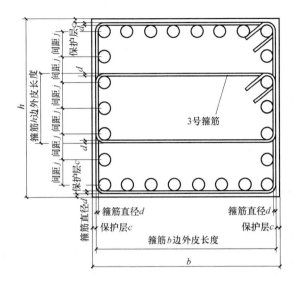

图 4-56　3 号箍筋示意图

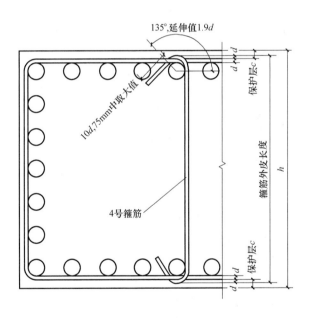

图 4-57　4 号箍筋示意图

4 号号箍筋长度＝(h－保护层×2)＋1.9d×2＋max(10d，75)×2。

【应用举例】　地下室框架柱箍筋根数和长度计算

如图 4-58 所示，筏形基础的基础梁高 900mm，基础板厚 500mm。筏形基础以上的地下室层高为 4.50m，抗震框架柱 KZL 的截面尺寸为 750mm×700mm，箍筋标注为 ϕ10@100/200，地下室顶板的框架梁截面尺寸为 300mm×700mm。求该地下室的框架柱箍筋根数。

【解答】　①基本数据计算

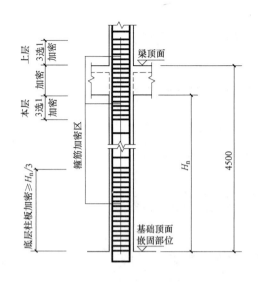

图 4-58 某地下室框架柱

框架柱的柱根就是基础主梁的顶面，因此，要计算框架柱净高度，还要减去基础梁顶面与筏板顶面的高差。

本楼层的柱净高：$H_n = 4500 - 700 - (900 - 500) = 3400mm$；

框架柱截面长边尺寸：$h_c = 750mm$；

$H_n/h_c = 3400/750 = 4.53 > 4$，所以该框架柱不是"短柱"。

② 上部加密区箍筋根数的计算

加密区的高度：$\max(H_n/6, h_c, 500) + 框架梁高度 = \max(3400/6, 750, 500) + 700 = 1450$；

加密区的高度/间距：$1450/100 = 14.5$，根据"有小数则进1"原则取定为15。

所以，上部加密区的箍筋根数为：15根。

按照这个箍筋根数重新计算，"上部加密区的实际长度"为：$100 \times 15 = 1500mm$。

③ 下部加密区箍筋根数的计算

加密区的高度为：$H_n/3 = 3400/3 = 1133mm$；

加密区的高度/间距：$1133/100 = 11.3$ 根据"有小数则进1"原则，取定为12。

所以，下部加密区的箍筋根数为：12根。

按照这个箍筋重新计算，"下部加密区的实际长度"为：$100 \times 12 = 1200mm$。

④ 中间非加密区箍筋根数的计算

按照上下加密区的实际长度来计算"非加密区的长度"的长度。

非加密区高度：$4500 - 1500 - 1200 - (900 - 500) = 1400mm$；

非加密区高度/间距：$1400/200 = 7$ 根。

所以，中间非加密区的箍筋根数为：7根。

⑤ 本楼层 KZL 箍筋根数的计算

本楼层 KZL 箍筋根数为：$15 + 12 + 7 = 34$ 根。

【应用举例】 首层柱箍筋根数和长度计算

如图 4-59 所示，混凝土等级 C30，保护层厚 30mm，一级抗震，采用电渣压力焊连接，求首层和2层箍筋长度和根数。

【解答】 ① 首层箍筋长度和根数

箍筋根数按柱箍筋的加密区和非加密区分别计算。

下部加密区长度：$H_n/3 = 1400mm$；

下部加密区箍筋根数：(加密长度-50)/间距$+1 = 1350/100 + 1 = 15$ 根；

上部加密区长度：$\max(1/6 H_n, h_c, 500) + 梁高$

$= \max(4200/6, 650, 500) + 700 = 1400mm$；

上部加密区箍筋根数：加密区长度/间距$+1 = 1400/100 + 1 = 16$ 根；

58

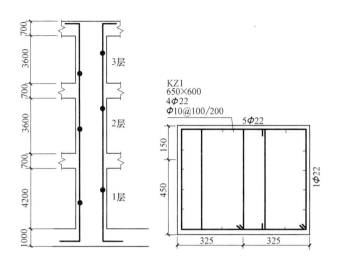

图 4-59　某大楼柱纵筋连接示意图

非加密区长度：$4200-1400-700=2100mm$；

非加密区箍筋根数：非加密区长度/间距$-1=2100/200-1=10$ 根；

总根数：$15+16+10=41$ 根。

② 2 层箍筋长度和根数

箍筋根数按柱箍筋的加密区和非加密区分别计算：

下部加密区长度：$\max(1/6H_n，h_c，500)=650mm$；

下部箍筋根数：加密长度/加密间距$+1=650/100+1=8$ 根；

上部加密区长度：$\max(1/6H_n，h_c，500)+$梁高

$=\max(3600/6，650，500)+700=1350mm$；

上部加密区箍筋根数：加密长度/间距$+1=1350/100+1=15$ 根；

非加密区长度：$3600-650-650=2300mm$；

非加密区箍筋根数：非加密区长度/间距$-1=2300/200-1=11$ 根；

总根数：$8+15+11=34$ 根。

4.4　柱基础插筋

　　一般基础和柱子是分开施工的，由于钢筋很长不方便施工，所以就甩出来一段钢筋用于柱子的钢筋搭接用，基础内的那部分纵筋就是柱基础插筋，其大小和根数和柱相同，至于基础内箍筋，一般是 2～3 道，用于固定插筋用，基础插筋现场施工如图 4-60 所示。

4.4.1　基础插筋的锚固构造

　　柱插筋及其箍筋在基础中的锚固构造，可根据基础类型、基础高度、基础梁与柱的相对尺寸等因素综合确定。柱插筋在基础中的锚固构造详见 11G101-3 第 59 页。

　　柱插筋在基础中锚固构造的构造要求：

图 4-60　基础插筋现场施工

图中 h_j 为基础底面至基础顶面的高度。对于带基础梁的基础为基础梁顶面至基础梁底面的高度。当柱两侧基础梁标高不同时取较低标高。

锚固区横向箍筋应满足直径≥为插筋最大直径，间距≤10d（d 为插筋最小直径）且≤100mm 的要求。

当插筋部分保护层厚度不一致情况下（如部分位于板中部分位于梁内），保护层厚度小于 5d 的部位应设置锚固区横向箍筋。

当柱为轴心受压或小偏心受压，独立基础、条形基础高度不小于 1200mm 时，或当柱为大偏心受压，独立基础、条形基础高度不小于 1400mm 时，可仅将柱四角插筋伸至底板钢筋网上（伸至底板钢筋网上的柱插筋之间间距不应大于 1000mm），其他钢筋满足锚固长度 l_{aE}（l_a）即可。

4.4.2　柱子基础插筋长度计算

基础插筋包括插筋的长度和根数的计算，插筋根数可根据柱截面按不同直径统计出来，本节主要介绍插筋长度的计算。

如果仅作为钢筋预算，可不考虑纵筋的错层搭接，因为对钢筋的总量没有影响。但尽可能考虑到实际情况，本教材所有纵筋长度计算均考虑了错层搭接，对于基础插筋，一般按一半短插筋，一半长插筋分别计算。这样的好处在于，计算钢筋下料时，只要每根钢筋的预算长度减去弯曲调整值即可，即：

下料尺寸＝外皮尺寸－弯曲调整值。

短插筋长度＝锚入基础内的长度＋基础外的长度。

长插筋长度＝短插筋长度＋接头错开长度。

锚入基础内的长度因基础厚度不同而不同，当基础较深时，下部弯折较短，当基础较浅时，下部弯折较长。

根据 11G101-3 第 59 页，柱插筋在基础里的锚固分为四种情况。

（1）当 $h_j > l_{aE}$ 时，中间暗柱插筋伸入到基础底板网片之上，弯折长度为 6d，且≥150，如图 4-13 所示。

1）若采用绑扎搭接：

短插筋长度＝锚入基础内的长度＋基础外的长度＝max(6d,150)＋h_j－保护层＋非连接区 max（$H_n/6, h_c$，500）＋l_{lE}。

［注：h_j 为基础底面至基础顶面的高度；H_n 为所在楼层的柱净高；h_c 为柱截面长边尺寸（圆柱为截面直径）］。

长插筋长度＝短插筋长度＋接头错开长度＝max(6d，150)＋h_j－保护层＋非连接区 max（$H_n/6, h_c$，500）＋l_{lE}＋0.3l_{iE}。

2）若采用机械连接：

短插筋长度＝锚入基础内的长度＋基础外的长度＝$\max(6d, 150)+h_j$－保护层＋非连接区 $\max(H_n/6, h_c, 500)$。

长插筋长度＝短插筋长度＋接头错开长度＝$\max(6d, 150)+h_j$－保护层＋非连接区 $\max(H_n/6, h_c, 500)+35d$。

3）若采用焊接：

短插筋长度＝锚入基础内的长度＋基础外的长度＝$\max(6d, 150)+h_j$－保护层＋非连接区 $\max(H_n/6, h_c, 500)$。

长插筋长度＝短插筋长度＋接头错开长度＝$\max(6d, 150)+h_j$－保护层＋非连接区 $\max(H_n/6, h_c, 500)+\max(500, 35d)$。

（2）当 $h_j \leqslant l_{aE}$ 时，中间暗柱插筋伸入到基础底板网片之上，弯折长度为 $15d$，如图 4-14 所示。

1）若采用绑扎搭接：

短插筋长度＝锚入基础内的长度＋基础外的长度＝$15d+h_j$－保护层＋非连接区 $\max(H_n/6, h_c, 500)+l_{lE}$。

长插筋长度＝短插筋长度＋接头错开长度＝$15d+h_j$－保护层＋非连接区 $\max(H_n/6, h_c, 500)+l_{lE}+0.3l_{lE}$。

2）若采用机械连接：

短插筋长度＝锚入基础内的长度＋基础外的长度＝$15d+h_j$－保护层＋非连接区 $\max(H_n/6, h_c, 500)$。

长插筋长度＝短插筋长度＋接头错开长度＝$15d+h_j$－保护层＋非连接区 $\max(H_n/6, h_c, 500)+35d$。

3）若采用焊接：

短插筋长度＝锚入基础内的长度＋基础外的长度＝$15d+h_j$－保护层＋非连接区 $\max(H_n/6, h_c, 500)$。

长插筋长度＝短插筋长度＋接头错开长度＝$15d+h_j$－保护层＋非连接区 $\max(H_n/6, h_c, 500)+\max(500, 35d)$。

（3）当外侧插筋保护层厚度 $\leqslant 5d$，$h_j > l_{aE}$ 时，边柱插筋伸入到基础底板网片之上，弯折长度为 $6d$，且 $\geqslant 150mm$，如图 4-15 所示。

锚固区横向箍筋应满足直径 $\geqslant d/4$（d 为插筋最大直径），间距 $\leqslant 10d$（d 为插筋最小直径）且满足 $\leqslant 100mm$。

基础插筋长度的计算公式同第一种锚固构造。

（4）当外侧插筋保护层厚度 $\leqslant 5d$，$h_j \leqslant l_{aE}$ 时，边柱插筋伸入到基础底板网片之上，弯折长度为 $15d$，如图 4-16 所示。

锚固区横向箍筋应满足直径 $\geqslant d/4$（d 为插筋最大直径），间距 $\leqslant 10d$（d 为插筋最小直径）且满足 $\leqslant 100mm$。

基础插筋长度的计算公式同第三种锚固构造。

【应用举例】 如图 4-45 所示，某框架中柱采用绑扎搭接，混凝土强度为 C40，基础保护层厚 40mm，一级抗震，求基础插筋的长度。

【解答】 $l_{aE}=\zeta_{aE}\times l_a=\zeta_{aE}\times\zeta_a\times l_{ab}=1.15\times29\times22=734$mm。

搭接长度 $l_{lE}=1.4l_{aE}=1.4\times734=1027.6$mm。

竖直长度 $h_j=1000-40=960$mm。

因为 960mm$>l_{aE}$，属于第一类情况，得：

短插筋长度为：$\max(6d，150)+h_j-$ 保护层 + 非连接区 $\max(H_n/6，h_c，500)+$
$l_{lE}=\max(6\times22，150)+1000-40+\max(4200/6，650，500)+1027.6=2837.6$mm。

长插筋长度为：短插筋长度 $+0.3l_{lE}=2837.6+0.3\times1027.6=3145.9$mm。

4.5 柱地下室纵筋

4.5.1 地下室抗震框架柱纵筋连接构造

地下室抗震框架柱纵向钢筋连接构造有三种方式：绑扎搭接、机械连接、焊接连接，如图 4-17 所示。

抗震设计时，柱相邻纵向钢筋连接接头相互错开。在同一截面内钢筋接头面积百分率不宜大于 50%。轴心受拉及小偏心受拉柱内的纵向钢筋不得采用绑扎搭接接头，设计者应在柱平法结构施工图中注明其平面位置及层数。

抗震设计时，抗震框架柱纵向钢筋连接构造的主要构造要求：

（1）非连接区范围

地下室楼面或基础顶面以上和地下室梁底以下 $\max(1/6H_n，500，h_c)$ 高度范围内，地下室嵌固部位以上 $\geqslant H_n/3$ 高度范围内，嵌固部位梁底以下 $\max(1/6H_n，500，h_c)$ 高度范围内为地下室抗震柱非连接区。

（2）接头错开布置

搭接接头错开的距离为 $0.3l_{aE}$；采用机械连接接头错开距离，$\geqslant35d$，焊接连接接头错开距离 $\max(35d，500)$。

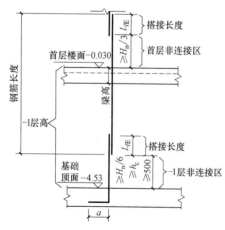

图 4-61 地下室纵筋绑扎连接示意图

4.5.2 地下室抗震框架柱纵筋长度计算

地下室纵筋长度的计算基本和中间层纵筋计算公式一致。地下室纵筋绑扎连接示意图如图 4-61 所示。

当首层楼面为嵌固部位时，计算公式如下：

地下 -1 层纵筋长度 $=(-1$ 层层高$)-1$ 层非连接区 $\max(H_n/3，h_c，500)+$ 首层层非连接区 $H_n/3+$ 搭接长度 l_{lE}。

如果出现多层地下室，只有嵌固部位顶面的非连接区是 $1/3H_n$，其余均为 $\max(H_n/3，h_c，500)$。

4.6 柱变截面纵筋

4.6.1 柱变截面纵筋连接构造

框架柱变截面位置纵向钢筋构造框架柱变截面位置纵向钢筋的构造要求通常是指当楼层上下柱截面发生变化时，其纵筋在节点的锚固方法和构造措施。纵向钢筋根据框架柱在上下楼层截面变化相对梁高数值的大小，有两种常用的锚固措施；纵筋在节点内贯通锚固（见图4-62）和非贯通锚固（见图4-63）。

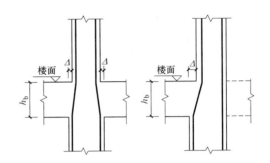

4.6.2 柱变截面纵筋长度计算

（1）当 $\Delta/h_b \leqslant 1/6$ 时，下柱纵筋连续通道上柱（其中 Δ 为上、下层柱截面变化尺寸，h_b 为梁高）。

图4-62 框架柱变截面位置纵向钢筋贯通锚固（$\Delta/h_b \leqslant 1/6$）

这种情况分绑扎连接和机械连接两种情况，如图4-64、4-65所示。

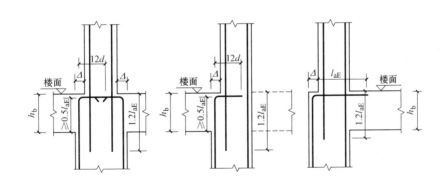

图4-63 框架柱变截面位置纵向钢筋非贯通锚固（$\Delta/h_b > 1/6$）

这种情况 Δ 值很小，斜长忽略不计，纵筋计算方法和中间层一样。

变截面纵筋计算示意图如图4-66所示。

某层变截面纵筋长度＝（某层层高）－（某层非连接区长度）＋（上层非连接区长度）＋（搭接长度 l_{lE}），（当机械或焊接连接时搭接长度 $l_{lE}=0$）。

（2）当 $\Delta/h_b > 1/6$ 时，上筋下插 $1.2l_{aE}$，下筋上弯折 $12d$。保证下柱纵筋直锚长度 $\geqslant 0.5l_{abE}$，保证上柱纵筋伸入下柱 $\geqslant 1.2l_{aE}$。

这种情况也分绑扎连接和机械连接两种情况，如图4-67、图4-68所示。

这种情况需要计算三种钢筋：变截面纵筋、不变截面纵筋、插筋。

变截面纵筋计算示意图如图4-69所示。

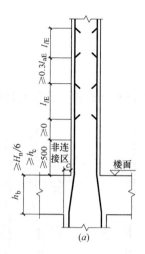

图 4-64 Δ/h_b≤1/6（绑扎连接）

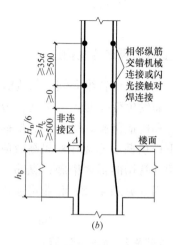

图 4-65 Δ/h_b≤1/6（机械或焊接连接）

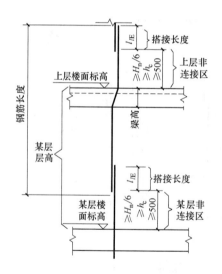

图 4-66 变截面纵筋计算示意图

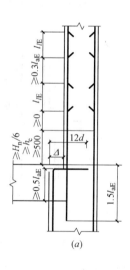

图 4-67 Δ/h_b>1/6（绑扎连接）

1）变截面处纵筋长度＝某层层高－某层非连接区长度－梁高＋（梁高－保护层）＋12d；

2）不变截面纵筋长度＝某层层高－某层非连接区长度＋上层非连接区长度＋（搭接长度 l_{lE}）；

3）不变截面直接锚入上层纵筋长度＝某层层高－某层非连接区长度＋1.2l_{aE}；

4）变截面上层插筋长度＝1.2l_{aE}＋上层非连接区长度＋（搭接长度 l_{lE}）

（注：当机械或焊接连接时搭接长度 l_{lE}＝0。）

64

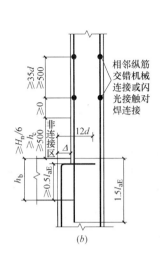

图 4-68　$\Delta/h_b > 1/6$
（机械或焊接连接）

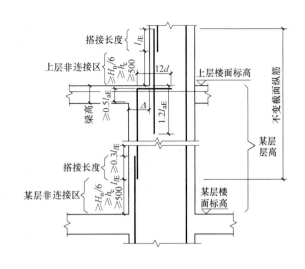

图 4-69　变截面纵筋计算示意图

4.7　柱顶层边角柱、中柱纵筋

顶层柱因其所处位置的不同，分为中柱、边柱和角柱，如图 4-70 所示，各类柱纵筋的顶层锚固长度不尽相同。本节主要讨论柱顶层纵筋处于不同位置时的连接构造和计算。

4.7.1　边角柱和中柱区别

中间层的纵筋计算对于边角柱和中柱是没有差别的，但是顶层纵筋的计算和柱所处的位置以及钢筋处于内侧还是外侧有关，根据框架柱中钢筋的位置，可以将框架柱中的钢筋分为框架柱内侧纵筋和外侧纵筋，其中中柱的纵筋均为内侧纵筋，边角柱既有内侧纵筋也有外侧纵筋。

外侧纵筋和内侧纵筋示意图如图 4-71 所示。

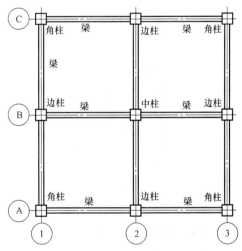

图 4-70　中柱、边柱和角柱区分示意图

4.7.2　顶层柱内侧纵筋

1.　顶层柱内侧纵筋构造

（1）柱纵筋直锚入梁中

当顶层框架梁的高度（减去保护层厚度）能满足框架柱纵向钢筋的最小锚固长度时，

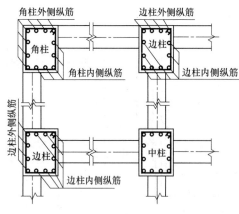

图 4-71　外侧纵筋和内侧纵筋示意图

框架柱纵筋伸入框架梁内，采取直锚的形式；当为非抗震设计时，其构造如图 4-72 所示；当为抗震设计时，其构造如图 4-73 所示，直锚伸至柱顶加锚板锚固。

（2）柱纵筋弯锚入梁中

当顶层框架梁的高度（减去保护层厚度）不能满足框架柱纵向钢筋的最小锚固长度时，框架柱纵筋伸入框架梁内，采取内弯折锚固的形式，如图 4-74 所示；当直锚长度小于最小锚固长度，且顶层为现浇混凝土板，其混凝土强度等级不小于 C20；板厚不小于 80mm 时，可采用向外弯折锚固的形式，如图 4-75 所示。

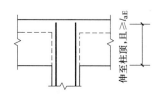

图 4-72　抗震框架柱中柱柱顶纵筋构造 A

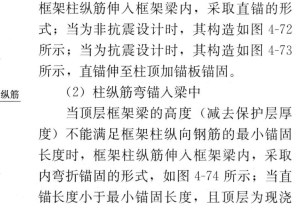

图 4-73　抗震框架柱中柱柱顶纵筋构造 B

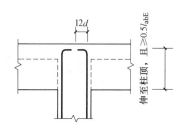

图 4-74　抗震框架柱中柱柱顶纵筋构造 C

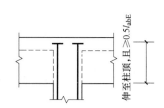

图 4-75　抗震框架柱中柱柱顶纵筋构造 D

2. 顶层柱内侧纵筋计算

（1）顶层内侧纵筋直锚或加锚头（锚板）

1）当梁高－保护层≥l_{aE}时，中柱可直锚，如图 4-72 所示；

顶层中柱连接示意图如图 4-76、图 4-77 所示。

① 若为绑扎搭接，搭接长度 l_{lE}，接头错开长度为 $0.3l_{lE}$，即：

顶层柱内侧长筋＝顶层层高－保护层厚度－顶层非连接区长度 $\max(1/6H_n，500，h_c)$；

顶层柱内侧短筋＝顶层高度－保护层厚度－顶层非连接区长度 $\max(1/6H_n，500，h_c)$－顶层搭接长度（l_{lE}）－接头错开长度（$0.3l_{lE}$）。

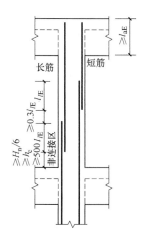

图 4-76　顶层中柱绑扎连接示意图

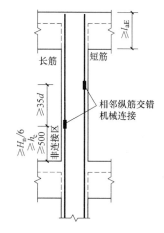

图 4-77　顶层中柱机械连接示意图

② 若为机械连接，搭接长度取 0，接头错开长度为 $35d$，即：

顶层柱内侧长筋＝顶层层高－保护层厚度－顶层非连接区长度 $\max(1/6H_n$，500，$h_c)$；

顶层柱内侧短筋＝顶层高度－保护层厚度－顶层非连接区长度 $\max(1/6H_n$，500，$h_c)$－接头错开长度 $35d$。

③ 若为焊接连接，搭接长度取 0，接头错开长度为 $\max(500，35d)$，即：

顶层柱内侧长筋＝顶层层高－保护层厚度－顶层非连接区长度 $\max(1/6H_n$，500，$h_c)$；

顶层柱内侧短筋＝顶层高度－保护层厚度－顶层非连接区长度 $\max(1/6H_n$，500，$h_c)$－接头错开长度 $\max(500，35d)$。

2）当梁高－保护层＜l_{aE} 时，中柱可用加锚头（锚板）如图 4-73 所示，其中纵筋的计算和①中一样。

（2）顶层内侧纵筋弯锚

1）当梁高－保护层＜l_{aE} 时，顶层中柱纵筋可向内弯折 $12d$，如图 4-74 所示。

① 若为绑扎搭接，搭接长度 l_{lE}，接头错开长度为 $0.3l_{lE}$，即：

顶层柱内侧长筋＝顶层层高－保护层厚度＋弯折 $12d$－顶层非连接区长度 $\max(1/6H_n$，500，$h_c)$；

顶层柱内侧短筋＝顶层高度－保护层厚度＋弯折 $12d$－顶层非连接区长度 $\max(1/6H_n$，500，$h_c)$－顶层搭接长度（l_{lE}）－接头错开长度（$0.3l_{lE}$）。

② 若为机械连接，搭接长度取 0，接头错开长度为 $35d$，即：

顶层柱内侧长筋＝顶层层高－保护层厚度＋弯折 $12d$－顶层非连接区长度 $\max(1/6H_n$，500，$h_c)$；

顶层柱内侧短筋＝顶层高度－保护层厚度＋弯折 $12d$－顶层非连接区长度 $\max(1/6H_n$，500，$h_c)$－接头错开长度 $35d$。

③ 若为焊接连接，搭接长度取 0，接头错开长度为 $\max(500，35d)$，即：

顶层柱内侧长筋＝顶层层高－保护层厚度＋弯折 $12d$－顶层非连接区长度 $\max(1/$

$6H_n$，500，h_c）；

顶层柱内侧短筋＝顶层高度－保护层厚度＋弯折$12d$－顶层非连接区长度$\max(1/6H_n$，500，h_c）－接头错开长度$\max(500，35d)$。

2）当梁高－保护层$<l_{aE}$时，且柱顶有不小于100mm厚的现浇板时，顶层中柱纵筋可向外弯折$12d$，如图4-75所示。

其中纵筋的计算和"1）"中一样。

【应用举例】 如图4-45所示，混凝土强度C30，柱保护层厚30mm，一级抗震，采用绑扎，求顶层中柱纵筋的长度。

【解答】 $l_{aE}=\zeta_{aE}\times l_a=\zeta_{aE}\times\zeta_a\times l_{ab}=1.15\times29\times22=734$mm；

搭接长度$l_{lE}=1.4l_{aE}=1.4\times734=1027.6$mm；

顶层中柱长筋长度为：顶层层高－保护层厚度＋弯折$12d$－顶层非连接区长度$\max(1/6H_n$，500，h_c）＝$(3600+700)-30+12\times22-\max(3600/6，650，500)3884$mm；

顶层中柱短筋长度为顶层中柱长筋长度－顶层搭接长度（l_{lE}）－接头错开长度$(0.3l_{lE})=3884-1027.6-0.3\times1027.6=2548.1$mm。

4.7.3 顶层柱外侧纵筋

1. 顶层柱外侧纵筋构造

顶层柱外侧纵筋节点构造如图4-78所示。

其中节点a、b、c、d应配合使用，节点d不应单独使用（仅用于未伸入梁内的柱外侧纵筋锚固），伸入梁内的柱外侧纵筋不宜少于柱外侧纵筋面积的65％。可选择b＋d(或c)＋d(或a)＋b＋d(或a)＋c＋d的做法。

节点e用于梁、柱纵向钢筋接头沿节点柱顶外侧直线布置的情况，可与节点a组合使用

2. 顶层柱外侧纵筋计算

（1）当顶层梁宽小于柱宽，又没有现浇板时，边柱外侧纵筋只有65％锚入梁内，如图4-79所示。

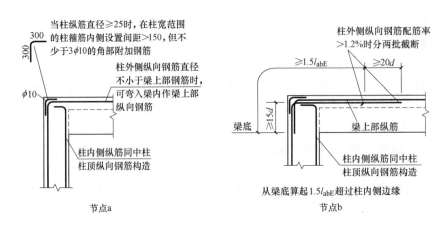

图4-78　边角柱顶纵向钢筋构造

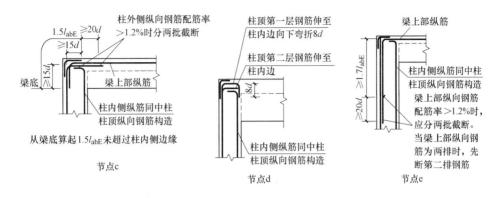

图 4-78　边角柱顶纵向钢筋构造（续）

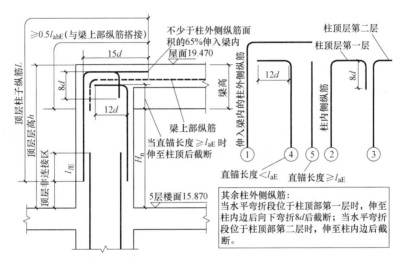

图 4-79　顶层主筋计算图（65％锚入梁内）

边柱外侧纵筋根数的 65％为 1 号钢筋，外侧纵筋根数 35％为 2 号或 3 号钢筋（当外侧钢筋太密需要出现第二层用 3 号钢筋），其余为 4 号钢筋或 5 号钢筋（当直锚长度≥l_{aE} 时为 5 号钢筋）。

由图 4-79 可知，边柱顶层 1～5 号纵筋长度计算如下（以绑扎搭接为例）：

1 号纵筋长度计算分两种情况：

情况一：从梁底算起 1.5l_{abE}超过柱内侧边缘

1 号长纵筋长度＝顶层层高－顶层非连接区 max(1/6H_n，500，h_c)－梁高＋与梁上部搭接长度(1.5)l_{aE}；

1 号短纵筋长度＝顶层层高－顶层非连接区 max(1/6H_n，500，h_c)－梁高＋与梁上部搭接长度 (1.5l_{aE})－顶层搭接长度 (l_{lE})－接头错开长度 (0.3l_{lE})。

情况二：从梁底算起 1.5l_{aE}未超过柱内侧边缘

1 号长纵筋长度＝顶层层高－顶层非连接区 max(1/6H_n，500，h_c)－梁高＋max(1.5l_{aE}，梁高－保护层＋15d)；

1 号短纵筋长度＝顶层层高－顶层非连接区 max(1/6H_n，500，h_c)－梁高＋max

（$1.5l_{aE}$，梁高－保护层＋$15d$）－顶层搭接长度（l_{lE}）－接头错开长度（$0.3l_{lE}$）；

2 号长纵筋长度＝顶层层高－顶层非连接区 $\max(1/6H_n，500，h_c)$－梁高＋（梁高－保护层）＋（与弯折平行的柱宽－$2×$保护层）＋（$8d$）；

2 号短纵筋长度＝顶层层高－顶层非连接区 $\max(1/6H_n，500，h_c)$－梁高＋（梁高－保护层）＋（与弯折平行的柱宽－$2×$保护层）＋（$8d$）－顶层搭接长度（l_{lE}）－接头错开长度（$0.3l_{lE}$）；

3 号长纵筋长度＝顶层层高－顶层非连接区 $\max(1/6H_n，500，h_c)$－梁高＋（梁高－保护层）＋（与弯折平行的柱宽－$2×$保护层）；

3 号短纵筋长度＝顶层层高－顶层非连接区 $\max(1/6H_n，500，h_c)$－梁高＋（梁高－保护层）＋（与弯折平行的柱宽－$2×$保护层）－顶层搭接长度（l_{lE}）－接头错开长度（$0.3l_{lE}$）；

4 号长纵筋长度＝顶层层高－顶层非连接区 $\max(1/6H_n，500，h_c)$－梁高＋（梁高－保护层）＋弯折 $12d$；

4 号短纵筋长度＝顶层层高－顶层非连接区 $\max(1/6H_n，500，h_c)$－梁高＋（梁高－保护层）＋弯折 $12d$－顶层搭接长度（l_{lE}）－接头错开长度（$0.3l_{lE}$）；

5 号长纵筋长度＝顶层层高－顶层非连接区 $\max(1/6H_n，500，h_c)$－梁高＋锚固长度 l_{aE}；

5 号短纵筋长度＝顶层层高－顶层非连接区 $\max(1/6H_n，500，h_c)$－梁高＋锚固长度 l_{aE}－顶层搭接长度（l_{lE}）－接头错开长度（$0.3l_{lE}$）。

（2）当柱外侧纵向钢筋配率大于 1.2%时，边柱外侧纵筋分两批锚入梁内，50%根数锚入长度为 $1.5l_{aE}$，50%根数锚入长度为 $1.5l_{aE}+20d$，如图 4-80 所示。

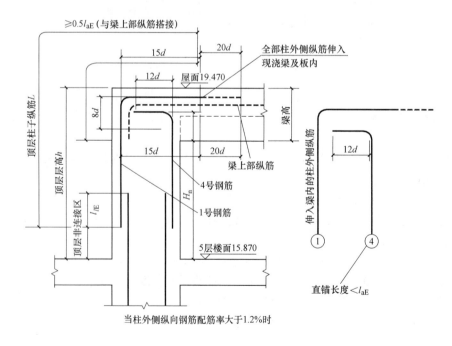

图 4-80　顶层主筋计算图（当柱外侧纵向钢筋配筋大于 1.2%）

这种情况计算如下：

1 号长纵筋长度（外侧根数 25%）＝顶层层高－顶层非连接区 $\max(1/6H_n，500，h_c)$－梁高＋锚固长度 $1.5l_{aE}$；

1 号短纵筋长度（外侧根数 25%）＝顶层层高－顶层非连接区 $\max(1/6H_n，500，h_c)$－梁高＋锚固长度 $1.5l_{aE}$－顶层搭接长度（l_{lE}）－接头错开长度（$0.3l_{lE}$）；

1 号长纵筋长度（外侧根数 25%）＝顶层层高－顶层非连接区 $\max(1/6H_n，500，h_c)$－梁高＋锚固长度$1.5l_{aE}$＋增加长度 $20d$；

1 号短纵筋长度（外侧根数 25%）＝顶层层高－顶层非连接区 $\max(1/6H_n，500，h_c)$－梁高＋锚固长度 $1.5l_{aE}$＋增加长度 $20d$－顶层搭接长度（l_{lE}）－接头错开长度（$0.3l_{lE}$）；

4 号长纵筋长度＝顶层层高－顶层非连接区 $\max(1/6H_n，500，h_c)$－梁高＋（梁高－保护层）＋弯折 $12d$；

4 号短纵筋长度＝顶层层高－顶层非连接区 $\max(1/6H_n，500，h_c)$－梁高＋（梁高－保护层）＋弯折 $12d$－顶层搭接长度（l_{lE}）－接头错开长度（$0.3l_{lE}$）。

4.8 墙上柱、梁上柱

4.8.1 墙上柱

1. 墙上柱节点构造

剪力墙上柱是指普通剪力墙上个别部位的少量起柱，不包括结构转换层上的剪力墙起柱。剪力墙上柱按柱纵筋的锚固情况分为：柱与墙重叠一层和柱纵筋锚固在墙顶部时柱根构造两种类型。

（1）柱与墙重叠一层

柱与墙重叠一层的墙上柱的构造要求：柱的纵筋直通下层剪力墙底部下层楼面；在剪力墙顶面以下锚固范围内的柱箍筋按上柱箍筋非加密区要求配置，如图 4-81 所示。

（2）柱纵筋锚固在墙顶部

当柱下三面或四面有剪力墙时，柱下所有纵筋自楼板顶面向下锚固长度为 $1.2l_{aE}$，箍筋配置同上柱箍筋非加密区的复合箍筋设置，其构造要求如图 4-82 所示。

12G901-1 第 3-32，3-33 页对抗震剪力墙的 QZ 的构造更为详细，如图 4-83～4-86 所示。

字母释义：

h_c——柱截面长边尺寸（圆柱为直径）；

H_n——所在楼层的柱净高；

d——柱纵筋直径；

l_{lE}（l_l）受拉钢筋绑扎搭接长度，抗震设计时搭接长度用 l_{lE} 表示，非抗震设计时搭接长度用 l_l 表示；

l_{aE}（l_a）受拉钢筋锚固长度，抗震设计时锚固长度用 l_{aE} 表示，非抗震设计时锚固长度用 l_a 表示。

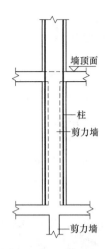

图 4-81 抗震剪力墙上柱 QZ 纵筋构造
（柱与墙重叠一层）

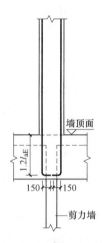

图 4-82 抗震剪力墙上柱 QZ 纵筋构造
（柱纵筋锚固在墙顶部）

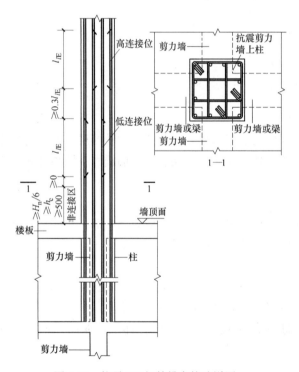

图 4-83 抗震 QZ 钢筋排布构造详图一

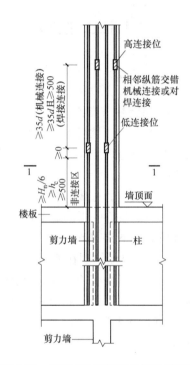

图 4-84 抗震 QZ 钢筋排布构造详图二

构造说明：

① 柱纵向钢筋连接，相邻接头相互错开，在同一截面内的钢筋接头百分率：绑扎搭接和机械连接不宜大于 50%；焊接连接不应大于 50%。

② 柱纵向钢筋直径大于 25mm 时，不宜采用绑扎搭接接头。

③ 机械连接和焊接接头的类型及质量应符合国家现行有关标准的规定。

④ 墙上起柱，在墙顶面标高以下锚固范围内的柱箍筋按上柱非加密区箍筋要求配置。

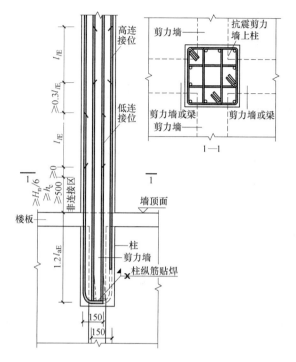

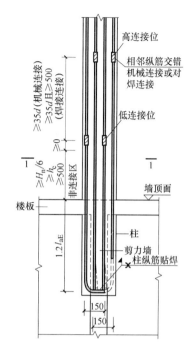

图 4-85　抗震 QZ 钢筋排布构造详图三　　　　图 4-86　抗震 QZ 钢筋排布构造详图四

⑤ 上图柱的纵筋连接及锚固构造除柱根部外,往上均与框架柱的纵筋连接及锚固构造相同。

非抗震剪力墙的 QZ 的构造和抗震剪力墙的 QZ 的构造类似,在此不做赘述。

2. 墙上柱插筋计算

墙上柱插筋可分为三种构造形式:绑扎搭接、机械连接、焊接连接,示意图如图 4-87 所示。

(1) 绑扎搭接

墙上柱短插筋长度 = $1.2l_{aE}$ + 弯折 150 + max($H_n/6$, h_c, 500) + l_{lE};

墙上柱长插筋长度 = 短插筋长度 + 接头错开长度 = $1.2l_{aE}$ + 弯折 150 + max($H_n/6$, h_c, 500) + l_{lE} + $1.3l_{lE}$。

以上为预算长度,如果计算下料长度,则每根插筋扣除一个 90° 弯曲调整值即可。

(2) 机械连接

墙上柱短插筋长度 = $1.2l_{aE}$ + 弯折 150 + max($H_n/6$, h_c, 500);

墙上柱长插筋长度 = 短插筋长度 + 接头错开长度 = $1.2l_{aE}$ + 弯折 150 + max($H_n/6$, h_c, 500) + 35d。

(3) 焊接连接

墙上柱短插筋长度 = $1.2l_{aE}$ + 弯折 150 + max($H_n/6$, h_c, 500);

墙上柱长插筋长度 = 短插筋长度 + 接头错开长度 = $1.2l_{aE}$ + 弯折 150 + max($H_n/6$, h_c, 500) + max(500, 35d)。

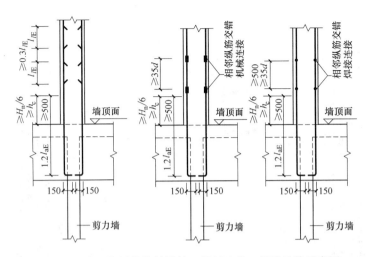

图 4-87　墙上柱插筋绑扎搭接、机械连接、焊接连接示意图

4.8.2　梁上柱

1. 梁上柱节点构造

梁上柱，指一般抗震或非抗震框架梁的少量起柱，其构造不适用于结构转换层的转换大梁起柱。

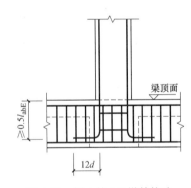

图 4-88　梁上柱 LZ 纵筋构造

梁上柱，框架梁时柱的支撑，因此，当梁宽度大于柱宽度时，柱的钢筋能比较可靠地锚固到框架梁中，当梁宽度小于柱宽时，为使柱钢筋在框架梁中锚固可靠，应在框架梁上加侧腋以提高梁对柱钢筋的锚固性能。梁上柱 LZ 在梁上的锚固构造如图 4-88 所示。

柱插筋深入梁中竖直锚固长度应 $\geqslant 0.5 l_{abE}$，水平弯折 $12d$，d 为柱插筋的直径。

梁上起柱时，在梁内设两道柱箍筋；墙体和梁的平面外方向应设梁，以平衡柱脚在该方向的弯矩。

12G901-1 第 2-50、2-51 页对框架梁的 LZ 的构造更为详细，如图 4-89～图 4-92 所示。

字母释义：

h_c——柱截面长边尺寸（圆柱为直径）；

H_n——所在楼层的柱净高；

d——柱纵筋直径；

l_{lE}（l_l）受拉钢筋绑扎搭接长度，抗震设计时搭接长度用 l_{lE} 表示，非抗震设计时搭接长度用 l_l 表示；

l_{aE}（l_a）受拉钢筋锚固长度，抗震设计时锚固长度用 l_{aE} 表示，非抗震设计时锚固长度用 l_a 表示。

构造说明：

① 柱纵向钢筋连接，相邻接头相互错开，在同一截面内的钢筋接头百分率：绑扎搭

接和机械连接不宜大于 50%；焊接连接不应大于 50%。

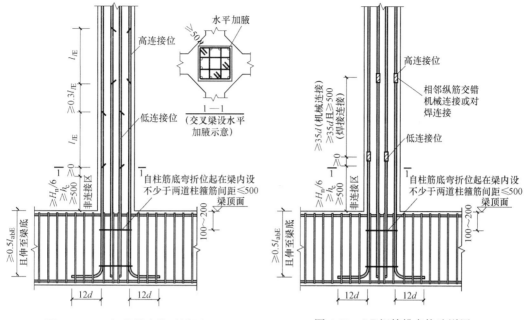

图 4-89　LZ 钢筋排布构造详图一　　　　　图 4-90　LZ 钢筋排布构造详图二

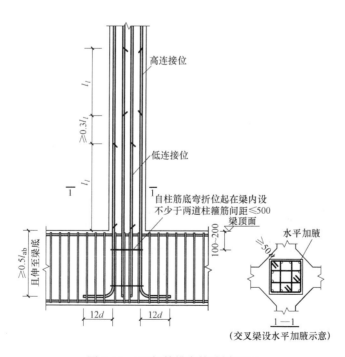

图 4-91　LZ 钢筋排布构造详图三

② 柱纵向钢筋直径大于 25mm 时，不宜采用绑扎搭接接头。

③ 梁上起柱，在梁内设两道柱箍筋。

④ 在柱平法施工图中所注写的非抗震柱的箍筋间距，是指非搭接区的箍筋间距，在

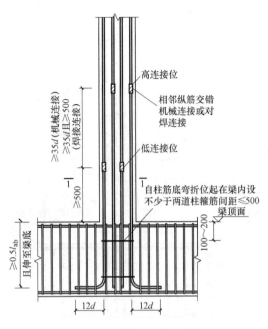

图 4-92 LZ 钢筋排布构造详图四

柱纵筋搭接区的箍筋间距设置详见具体工程的设计说明。

⑤ 交叉梁上柱截面尺寸大于所在梁的对应宽度尺寸时，该交叉梁应按设计要求设置相应的水平加腋，该柱纵筋在梁内的锚固以设计构造为准。

2. 梁上柱插筋计算

梁上柱插筋可分为三种构造形式：绑扎搭接、机械连接、焊接连接，如图 4-93 所示。

（1）绑扎搭接

梁上柱短插筋长度＝梁高－梁保护层厚度＋弯折 $12d$max（$H_n/6$，h_c，500）＋l_{lE}；

梁上柱长插筋长度＝梁高－梁保护层厚度＋弯折 $12d$max（$H_n/6$，h_c，500）＋l_{lE}＋$1.3l_{lE}$。

（2）机械连接

梁上柱短插筋长度＝梁高－梁保护层厚度＋弯折 $12d$max（$H_n/6$，h_c，500）；

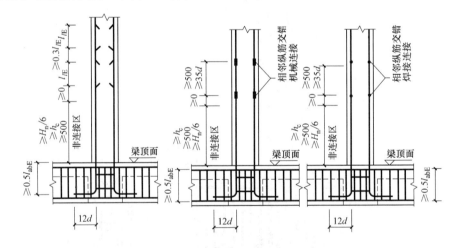

图 4-93 梁上柱插筋构造示意图

梁上柱长插筋长度＝梁高－梁保护层厚度＋弯折 $12d$max（$H_n/6$，h_c，500）＋max（500，$35d$）。

（3）焊接连接

梁上柱短插筋长度＝梁高－梁保护层厚度＋弯折 $12d$max（$H_n/6$，h_c，500）；

梁上柱长插筋长度＝梁高－梁保护层厚度＋弯折 $12d$max（$H_n/6$，h_c，500）＋max（500，$35d$）。

5 剪力墙钢筋计算

5.1 剪力墙平法概述

5.1.1 剪力墙平法施工图制图规则

在高层钢筋混凝土结构房屋建筑中，有框架结构和剪力墙结构，剪力墙结构又可以细分为剪力墙结构、框架-剪力墙结构、框支剪力墙结构、筒体结构等。剪力墙是现浇钢筋混凝土墙片，一般墙体厚度在200mm以上，用以加强空间刚度和抗剪能力，剪力墙的主要作用是抵抗水平地震力。

1. 剪力墙构件的组成

（1）剪力墙结构构件包括墙身、墙柱、墙梁。

（2）剪力墙在平面上有直角、丁字角、十字角、斜交角等各种转角形式。

（3）剪力墙在立面上还有各种洞口。

剪力墙构件的组成，见表5-1。

剪力墙构件的组成及编号 表5-1

构件名称		构建代号
墙身		Q
剪力墙构件的组成	墙柱	约束边缘构件	YBZ
		构造边缘构件	GBZ
		非边缘暗柱	AZ
		扶壁柱	FBZ
	墙梁	连梁	LL
		暗梁	AL
		边框梁	BKL

（4）名词意义：

约束边缘构件包括约束边缘暗柱、约束边缘端柱、约束边缘翼墙、约束边缘转角墙四种，如图5-1所示。

构造边缘构件包括构造边缘暗柱、构造边缘端柱、构造边缘翼墙、构造边缘转角墙四种，如图5-2所示。

1）暗柱：暗柱的横截面宽度与剪力墙厚度相同，从外观看与墙厚度平齐，一般设在洞口两侧，按照受力状况分为约束边缘暗柱 YAZ 和构造边缘暗柱 GAZ。

2）端柱：端柱的横截面宽度比剪力墙厚度大，从外观看凸出剪力墙厚度，一般设在

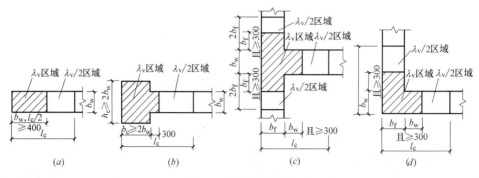

图 5-1 约束边缘构件

(a) 约束边缘暗柱；(b) 约束边缘端柱；(c) 约束边缘翼墙；(d) 约束边缘转角墙

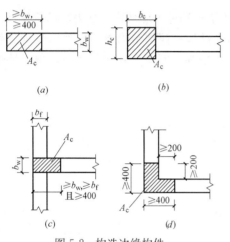

图 5-2 构造边缘构件

(a) 构造边缘暗柱；(b) 构造边缘端柱；
(c) 构造边缘翼墙；(d) 构造边缘转角墙

洞口两侧，按照受力状况分为约束边缘端柱 YDZ 和构造边缘端柱 GDZ。

3）翼柱：也称翼墙，其横截面宽度与剪力墙厚度相同，从外观看与墙厚度平齐，一般设在纵横墙相交处，按照受力状况分为约束边缘构件 YBZ 和构造边缘构件 GBZ。

4）转角柱：也称转角墙，其横截面宽度与剪力墙厚度相同，从外观看与墙厚度平齐，一般设在纵横墙相交处，按照受力状况分为约束边缘转角柱 YJZ 和构造边缘转角柱 GJZ。

5）扶壁柱：扶壁柱的横截面宽度比剪力墙厚度大，从外观看凸出剪力墙厚度，一般在墙体长度较长时，按设计要求每隔一定的距离设置一个。

6）连梁：连梁位于洞口上方，其横截面宽度与剪力墙厚度相同，从外观看与墙厚度平齐。分为无交叉暗撑及无交叉钢筋的连梁 LL、有交叉暗撑连梁 LL（JC）和有交叉钢筋的连梁 LL（JG）。

7）暗梁：暗梁位于剪力墙顶部（类似于砌体结构中的圈梁），其横截面宽度与剪力墙厚度相同，从外观看与墙厚度平齐。

8）边框梁：边框梁位于剪力墙顶部，其横截面宽度比剪力墙厚度大，从外观看凸出剪力墙厚度。

2. 剪力墙构件钢筋骨架的组成

（1）剪力墙墙身钢筋网包括水平分布钢筋、竖向分布钢筋（即垂直分布筋）、拉筋和洞口加强筋。有单排、双排、多排钢筋网，且可能每排钢筋不同，一般配置两排钢筋网，如图 5-3 所示。

（2）计算剪力墙钢筋需要考虑的因素：

抗震等级、混凝土等级、钢筋直径、钢筋级别、搭接形式、保护层厚度、基础形式、中间层和顶层构造、墙柱、墙梁对墙身钢筋的影响等因素。

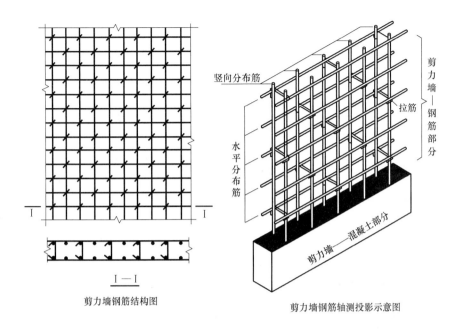

竖向分布筋

水平分布筋

剪力墙——钢筋部分

拉筋

剪力墙——混凝土部分

剪力墙钢筋结构图

剪力墙钢筋轴测投影示意图

图 5-3　剪力墙钢筋示意图

剪力墙构件钢筋骨架的组成　　　　　　　　　　　表 5-2

剪力墙构件钢筋骨架	墙身钢筋	水平钢筋	外侧钢筋
			内侧钢筋　端柱
			内侧钢筋　暗柱
		竖向钢筋	基础层钢筋
			中间层钢筋
			顶层钢筋
		拉筋	
	墙柱钢筋	端柱钢筋	纵筋
			箍筋
		暗柱钢筋	纵筋
			箍筋
	墙梁钢筋	连梁钢筋	纵筋
			箍筋
		暗梁钢筋	纵筋
			箍筋
		边框梁钢筋	纵筋
			箍筋

3. 剪力墙平法施工图的表示方法

（1）剪力墙平法施工图系在剪力墙平面布置图上采用列表注写方式或截面注写方式表达。

1）列表注写方式

列表注写方式，系分别在剪力墙柱表、剪力墙身表和剪力墙梁表中，对应于剪力墙平面布置图上的编号，用绘制截面配筋图并注写几何尺寸与配筋具体数值的方式，来表达剪力墙平法施工图，如表5-3所示。

剪力墙柱表 表5-3

截面				
编号	YBZ1	YBZ2	YBZ3	YBZ4
标高	−0.030～12.270	−0.030～12.270	−0.030～12.270	−0.030～12.270
纵筋	24ϕ20	22ϕ20	18ϕ22	20ϕ20
箍筋	ϕ10@100	ϕ10@100	ϕ10@100	ϕ10@100
截面				
编号	YBZ5	YBZ6		YBZ7
标高	−0.030～12.270	−0.030～12.270		−0.030～12.270
纵筋	20ϕ20	23ϕ20		16ϕ20
箍筋	ϕ10@100	ϕ10@100		ϕ10@100

注：−0.030～12.270剪力墙平法施工图（部分剪力墙柱表）

2）截面注写方式

截面注写方式，系在分标准层绘制的剪力墙平面布置图上，以直接在墙身、墙柱、墙梁上注写截面尺寸和配筋具体数值的方式来表达剪力墙平法施工图，如图5-4所示。

（2）剪力墙洞口的表示方法

1）无论采用列表注写方式还是截面注写方式，剪力墙上的洞口均可在剪力墙平面布置图上原位表达，如图5-4中的YD1所示。

2）洞口的具体表示方法

在剪力墙平面布置图上绘制洞口示意，并标注洞口中心的平面定位尺寸。

在洞口中心位置引注共四项内容，具体规定如下：

① 洞口编号：矩形洞口为JDXX（XX为序号），

　　　　　　　圆形洞口为YDXX（XX为序号）；

② 洞口几何尺寸：矩形洞口为洞宽×洞高（$b \times h$），

　　　　　　　圆形洞口为洞口直径D；

③ 洞口中心相对标高，系相对于结构层楼（地）面标高的洞口中心高度。当其高于结构层楼面时为正值，低于结构层楼面时为负值。

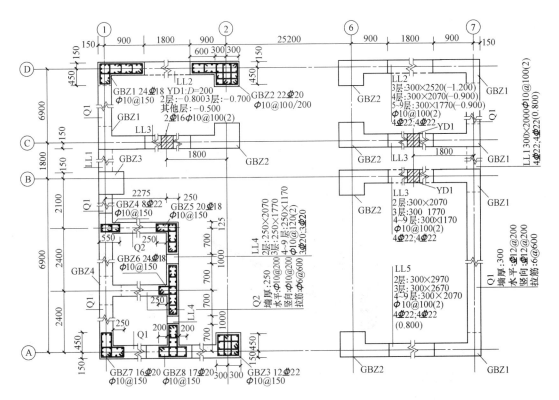

图 5-4　剪力墙平法施工图截面注写方式（12.270—30.270）

④ 洞口每边补强钢筋，根据洞口尺寸分 5 种情况。

5.1.2　剪力墙边缘构件钢筋构造

1. 剪力墙边缘构件纵筋连接构造

剪力墙边缘构件相邻纵筋应交错连接，分为绑扎搭接、机械连接、焊接三种情况，如图 5-5 所示。三种连接方式的连接点都在楼板顶面或者基础顶面以上≥500mm。

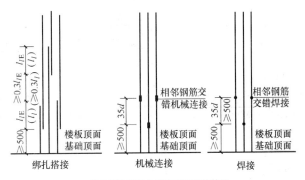

剪力墙边缘构件纵向钢筋连接构造
适用于约束边缘构件阴影部分和构造边缘构件的纵向钢筋

图 5-5　剪力墙柱纵筋连接示意图

当纵筋采用绑扎搭接连接时，搭接长度应≥l_{lE}(l_l)，相邻纵筋搭接范围错开≥0.3l_{lE}（0.3l_l）；当采用机械连接时，相邻纵筋连接点错开 35d；当采用焊接连接时，相邻纵筋连接点错开 35d 且≥500mm。

l_{lE} 为抗震搭接长度，l_l 为非抗震搭接长度。

如图 5-6 所示，为机械连接轴测示意图。

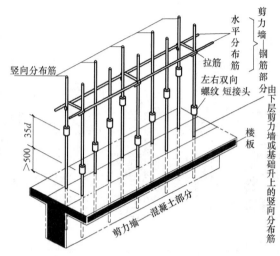

图 5-6　机械连接轴测示意图

2. 剪力墙边缘构件箍筋和拉筋构造

（1）约束边缘构件 YBZ 构造做法

1）约束边缘暗柱、端柱

阴影部分纵筋、箍筋或拉筋详见设计标注，非阴影区设置拉筋，在 l_c 范围内加密拉筋，即每根竖向分布筋都设置拉筋，如图 5-7 所示，约束边缘暗柱（一）、约束边缘端柱（一）所示；非阴影区外围设置封闭箍筋，如图 5-7 所示，约束边缘暗柱（二）、约束边缘端柱（二）所示。

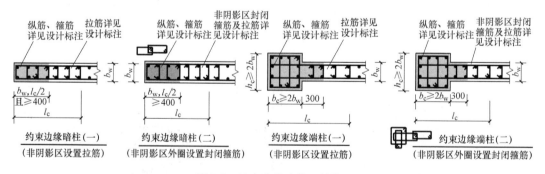

图 5-7　约束边缘暗柱、端柱

如图 5-8 所示，约束边缘暗柱轴测示意图。

如图 5-9 所示，约束边缘端柱轴测示意图。

2）约束边缘翼墙、转角墙

阴影部分纵筋、箍筋或拉筋详见设计标注，非阴影区设置拉筋，在 l_c 范围内加密拉筋，即每根竖向分布筋都设置拉筋，如图 5-10 和图 5-11 所示，约束边缘翼墙、转角墙（一）所示；非阴影区外围设置封闭箍筋，如图 5-10 和图 5-11 所示，约束边缘翼墙、转

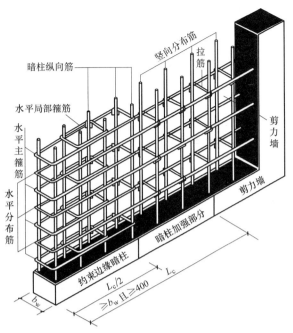

图 5-8　约束边缘暗柱轴测示意图

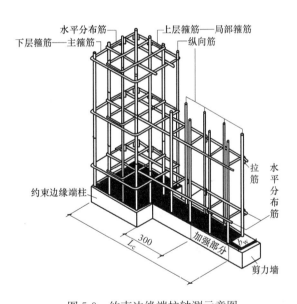

图 5-9　约束边缘端柱轴测示意图

角墙（二）所示。约束边缘翼墙轴测示意图如图 5-12 所示，约束边缘转角墙轴测示意图如图 5-13 所示。

（2）剪力墙水平钢筋计入约束边缘构件体积配箍率的构造做法

1）约束边缘暗柱

阴影部分为配箍区域，其纵筋、箍筋或拉筋详见设计标注，在 l_c 范围内加密拉筋，即每根竖向分布筋都设置拉筋。

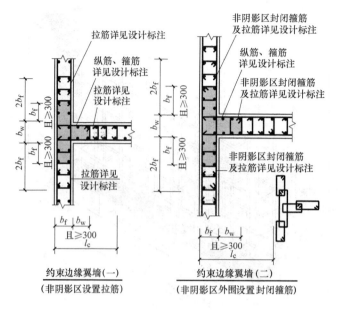

图 5-10　约束边缘翼墙

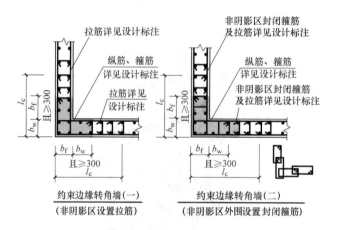

图 5-11　约束边缘转角墙

墙身水平分布筋的连接区域在 l_c 范围以外，搭接长度为 $l_{lE}(l_l)$，如图 5-14 所示，约束边缘暗柱（一）；或者，墙身水平分布筋的连接点在暗柱端部，如图 5-14 所示，约束边缘暗柱（二）。

2）约束边缘转角墙

阴影部分为配箍区域，其纵筋、箍筋或拉筋详见设计标注，在 l_c 范围内加密拉筋，即每根竖向分布筋都设置拉筋。转角墙内侧，墙身水平分布筋的连接点在转角处，如图5-15所示。

3）约束边缘翼墙

阴影部分为配箍区域，其纵筋、箍筋或拉筋详见设计标注，在 l_c 和 $2b_f$ 范围内加密拉筋，即每根竖向分布筋都设置拉筋。剪力墙墙身水平分布筋的连接点在丁字相交处，或在 l_c 范围以外，如图 5-16 所示。

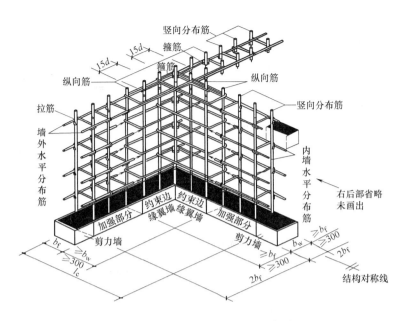

图 5-12　约束边缘翼墙轴测示意图

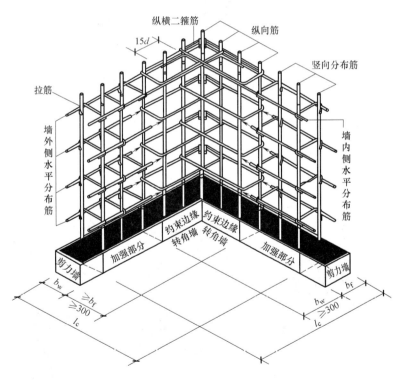

图 5-13　约束边缘转角墙轴测示意图

5.1.3　剪力墙身钢筋构造

剪力墙墙身的钢筋设置包括水平分布钢筋、竖向分布筋和拉筋，如表 5-4 所示。

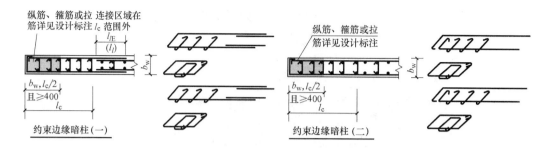

图 5-14　约束边缘暗柱及钢筋分离图

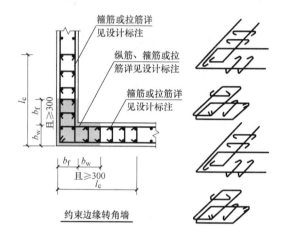

图 5-15　约束边缘转角墙及钢筋分离图

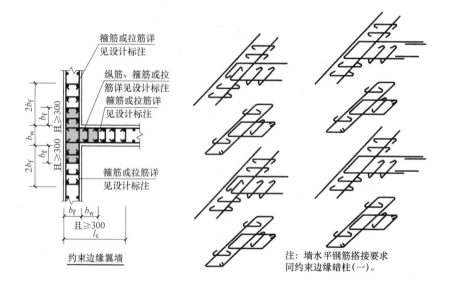

注：墙水平钢筋搭接要求同约束边缘暗柱(一)。

图 5-16　约束边缘翼墙及钢筋分离图

剪力墙身表   表5-4

编号	标 高	墙厚	水平分布筋	垂直分布筋	拉筋(双向)
Q1	−0.030~30.270	300	ϕ12@200	ϕ12@200	ϕ6@600@600
	30.270~59.070	250	ϕ10@200	ϕ10@200	ϕ6@600@600
Q2	−0.030~30.270	250	ϕ10@200	ϕ10@200	ϕ6@600@600
	30.270~59.070	200	ϕ10@200	ϕ10@200	ϕ6@600@600

一般剪力墙墙身钢筋设置两排或两排以上的钢筋网,各排钢筋网的钢筋直径和间距是一致的。剪力墙墙身采用拉筋把外侧钢筋网和内侧钢筋网连接起来,如果剪力墙墙身设置三层或者更多层的钢筋网,拉筋把内外侧和中间层钢筋网同时固定起来。凡是拉筋都应该拉住纵横两个方向的钢筋。

1. 剪力墙身水平分布钢筋构造

剪力墙墙身水平钢筋包括:剪力墙墙身水平分布钢筋、暗梁和边框梁的纵筋。剪力墙墙身的主要受力钢筋是水平分布钢筋。

(1) 端部无暗柱时剪力墙墙身水平钢筋构造

1) 当墙厚度较小时,端部无暗柱时剪力墙身水平钢筋构造,如图5-17(一)所示,端部U形钢筋与墙身水平分布钢筋搭接长度应≥l_{lE}(l_l),墙端部设置双列拉筋,l_{lE}(l_l)的长度计算同剪力墙边缘构件纵向钢筋绑扎搭接长度计算。其墙身水平分布钢筋端部搭接轴测图如图5-18所示。

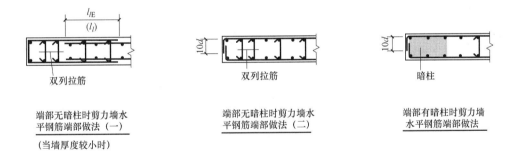

| 端部无暗柱时剪力墙水平钢筋端部做法(一) | 端部无暗柱时剪力墙水平钢筋端部做法(二) | 端部有暗柱时剪力墙水平钢筋端部做法 |

(当墙厚度较小时)

图5-17 剪力墙端部墙身水平钢筋构造

2) 端部无暗柱时剪力墙身水平钢筋构造,如图5-17(二)所示,墙身内外侧水平钢筋伸至墙端部后做90°弯钩,长度10d,墙端部设置双列拉筋。

(2) 端部有暗柱时剪力墙墙身水平钢筋构造

端部有暗柱时剪力墙身水平钢筋从暗柱纵筋外侧伸至暗柱端部后做90°弯钩,长度10d。

(3) 剪力墙身水平钢筋斜交转角墙构造

剪力墙身水平钢筋斜交转角墙构造,如图5-19所示,剪力墙身内侧水平钢筋伸至另一侧墙外侧纵筋的内侧,平行于外侧水平钢筋弯折,锚固长度15d。

(4) 剪力墙身水平钢筋转角墙构造

1) 上下相邻两排水平筋在转角一侧交错搭接

如图5-19转角墙(一)所示,剪力墙墙身外侧水平分布钢筋从转角墙暗柱纵筋的外

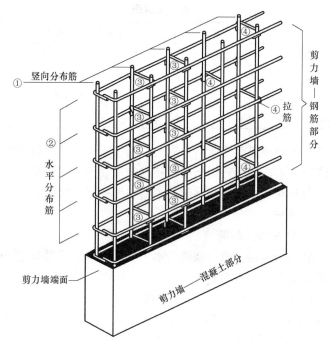

图 5-18 剪力墙端部无暗柱时墙身水平分布钢筋端部搭接轴测图

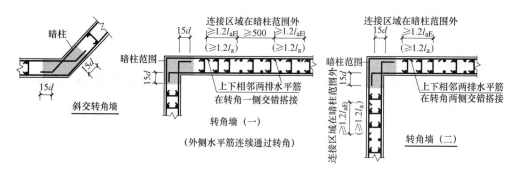

图 5-19 斜交转角墙、转角墙（一）和（二）

侧连续通过转弯，绕到转角墙暗柱的另一侧后，同另一侧水平分布钢筋搭接$\geq 1.2l_{aE}(l_a)$，上下相邻两排水平筋在转角一侧交错搭接，错开距离≥ 500mm，$l_{aE}(l_a)$的长度计算同剪力墙边缘构件纵向钢筋绑扎搭接长度计算中的$l_{aE}(l_a)$。

连接区域在暗柱范围外，在水平分布钢筋搭接一侧墙体的暗柱外，设置三列拉筋，另一侧墙体的暗柱外，设置两列拉筋。

剪力墙墙身内侧水平分布钢筋伸至转角墙暗柱外侧纵筋的内侧，平行于外侧水平钢筋弯折，锚固长度15d。

2）上下相邻两排水平筋在转角两侧交错搭接

如图5-19转角墙（二）所示，剪力墙墙身外侧水平分布钢筋从转角墙暗柱纵筋的外侧连续通过转弯，绕到转角墙暗柱的另一侧后，同另一侧水平分布钢筋搭接$\geq 1.2l_{aE}(l_a)$，上下相邻两排水平筋在转角两侧交错搭接，$l_{aE}(l_a)$的长度计算同剪力墙边缘构件纵向钢筋绑扎搭接长度计算中的 $l_{aE}(l_a)$。

连接区域在暗柱范围外，在暗柱外，设置三列拉筋。

剪力墙墙身内侧水平分布钢筋伸至转角墙暗柱外侧纵筋的内侧，平行于外侧水平钢筋弯折，锚固长度 $15d$。

3）外侧水平筋在转角处搭接

如图 5-20 转角墙（三）所示，剪力墙墙身外侧水平分布钢筋从转角墙暗柱纵筋的外侧连续通过转弯，绕到转角墙暗柱的另一侧后，同另一侧水平分布钢筋在转角墙暗柱搭接 $\geqslant l_{lE}$（l_l）。

剪力墙墙身内侧水平分布钢筋伸至转角墙暗柱外侧纵筋的内侧，平行于外侧水平钢筋弯折，锚固长度 $15d$。

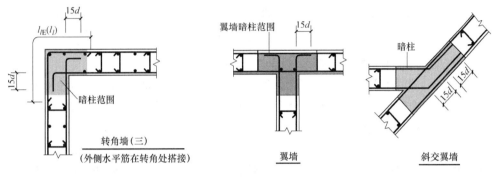

图 5-20　转角墙（三）　　　　　　　图 5-21　翼墙、斜交翼墙

（5）剪力墙身水平钢筋翼墙、斜交翼墙构造

如图 5-21 翼墙、斜交翼墙所示，剪力墙墙身水平分布钢筋伸至另一侧墙体暗柱外侧纵筋的内侧，平行于外侧水平钢筋弯折，长度 $15d$。

在暗柱外，第一排竖向分布筋设置拉筋。

（6）剪力墙身水平钢筋端柱转角墙构造

1）如图 5-22 端柱转角墙（一）所示，墙体与端柱外平齐，剪力墙墙身水平分布钢筋伸入端柱长度 $\geqslant 0.6l_{abE}$（$\geqslant 0.6l_{ab}$）后，向另一侧墙体方向做 90° 弯钩，长度 $15d$。

在端柱外，第一排竖向分布筋设置拉筋。

l_{abE} 为抗震锚固长度，l_{ab} 为非抗震锚固长度。

2）如图 5-22 端柱转角墙（二）所示，一侧墙体与端柱外平齐，该侧墙体墙身水平分布钢筋伸入端柱长度 $\geqslant 0.6l_{abE}$（$\geqslant 0.6l_{ab}$）后，向另一侧墙体方向做 90° 弯钩，锚固长度 $15d$；另一侧墙体中心线与端柱中心线重合，该侧墙体墙身水平分布钢筋，伸入端柱外侧纵筋内侧后，向两侧做 90° 弯钩，长度 $15d$。

在端柱外，第一排竖向分布筋设置拉筋。

l_{abE} 为抗震锚固长度，l_{ab} 为非抗震锚固长度。

3）如图 5-22 端柱转角墙（三）所示，一侧墙体与端柱外平齐，该侧墙体墙身水平分布钢筋伸入端柱长度 $\geqslant 0.6l_{abE}$（$\geqslant 0.6l_{ab}$）后，向另一侧墙体方向做 90° 弯钩，锚固长度 $15d$；另一侧墙体与端柱内平齐，该侧墙体墙身水平分布钢筋，伸入端柱外侧纵筋内侧后，向两侧做 90° 弯钩，长度 $15d$。

在端柱外，第一排竖向分布筋设置拉筋。

l_{abE} 为抗震锚固长度，l_{ab} 为非抗震锚固长度。

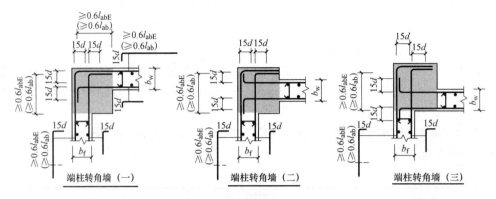

图 5-22　端柱转角墙

（7）剪力墙身水平钢筋端柱翼墙构造

1）如图 5-23 端柱翼墙（一）所示，翼墙与端柱外平齐，墙体中心线与端柱中心线重合，墙身水平分布钢筋，伸入端柱外侧纵筋内侧后，向两侧做 90°弯钩，长度 15d。

在端柱外，第一排竖向分布筋设置拉筋。

2）如图 5-23 端柱翼墙（二）所示，翼墙中心线与端柱中心线重合，墙体中心线也与端柱中心线重合，墙身水平分布钢筋，伸入端柱外侧纵筋内侧后，向两侧做 90°弯钩，长度 15d。

在端柱外，第一排竖向分布筋设置拉筋。

3）如图 5-23 端柱翼墙（三）所示，翼墙中心线与端柱中心线重合，墙体一侧与端柱一侧平齐，墙身水平分布钢筋，伸入端柱外侧纵筋内侧后，向另一侧做 90°弯钩，长度 15d。

在端柱外，第一排竖向分布筋设置拉筋。

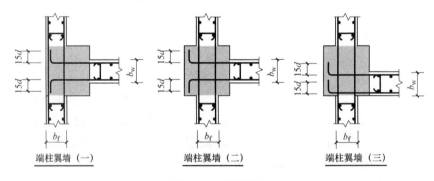

图 5-23　端柱翼墙

2. 剪力墙身竖向钢筋构造

剪力墙竖向钢筋包括剪力墙身竖向分布钢筋和墙柱（暗柱和端柱）的纵向钢筋。

（1）剪力墙身竖向分布钢筋构造

1）剪力墙身竖向分布钢筋搭接构造

如图 5-24 所示，一、二级抗震等级剪力墙底部加强部位竖向分布钢筋搭接构造：搭接长度≥1.2l_{aE}（l_a），l_{aE} 为抗震锚固长度，l_a 为非抗震锚固长度。相邻纵筋搭接范围错开 500mm。

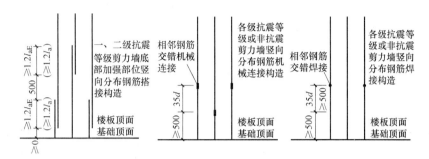

图 5-24　剪力墙竖向分布钢筋连接构造

连接点在楼板顶面或者基础顶面以上。

2）剪力墙身竖向分布钢筋机械连接构造

如图 5-24 所示，各级抗震等级或非抗震剪力墙竖向分布钢筋机械连接构造：相邻纵筋连接点错开 35d。

连接点在楼板顶面或者基础顶面以上≥500mm。

3）剪力墙身竖向分布钢筋焊接构造

如图 5-24 所示，各级抗震等级或非抗震剪力墙竖向分布钢筋焊接构造：相邻纵筋连接点错开 35d 且≥500mm。

连接点在楼板顶面或者基础顶面以上≥500mm。

4）剪力墙身竖向分布钢筋在同一部位搭接构造

如图 5-25 所示，一、二级抗震等级剪力墙底部加强部位，或三、四级抗震等级，或非抗震剪力墙竖向分布钢筋可在同一部位搭接：搭接长度≥1.2l_{aE}（l_a），l_{aE} 为抗震锚固长度，l_a 为非抗震锚固长度。

连接点在楼板顶面或者基础顶面以上。

（2）剪力墙变截面处竖向分布钢筋构造

1）上下层墙体外平齐

下层墙体内侧钢筋伸到楼板顶部以下，然后向对边做 90°弯钩，长度 12d。

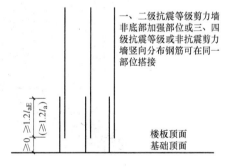

图 5-25　剪力墙身竖向分布钢筋
在同一部位搭接构造

上层墙体内侧钢筋插入下层楼板顶部以下 1.2l_{aE}（l_a），l_{aE} 为抗震锚固长度，l_a 为非抗震锚固长度。

2）上下层墙体中心线重合，下层墙体厚度大

下层墙体竖向分布钢筋伸到楼板顶部以下，然后向对边做 90°弯钩，长度 12d。

上层墙体竖向分布钢筋插入下层楼板顶部以下 1.2l_{aE}（l_a），l_{aE} 为抗震锚固长度，l_a 为非抗震锚固长度。

3）上下层墙体中心线重合，下层墙体厚度大，且△≤30mm

下层墙体竖向分布钢筋不切断，而是以小于 1/6 斜率的方式弯曲伸到上一楼层墙体。

4）上下层墙体内平齐

下层墙体内侧的竖向分布钢筋垂直的通到上一楼层。

下层墙体外侧钢筋伸到楼板顶部以下，然后向对边做 90°弯折，锚固长度 12d。

上层墙体外侧钢筋插入下层楼板顶部以下 $1.2l_{aE}$（l_a），l_{aE} 为抗震锚固长度，l_a 为非抗震锚固长度。

剪力墙变截面处竖向分布钢筋构造如图 5-26 所示，剪力墙变截面轴测示意图如图 5-27 所示。

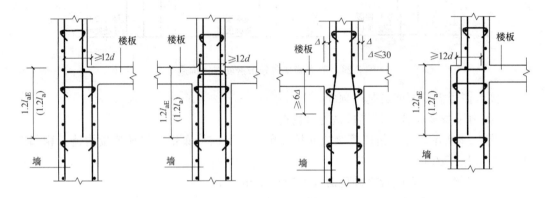

图 5-26　剪力墙变截面处竖向分布钢筋构造

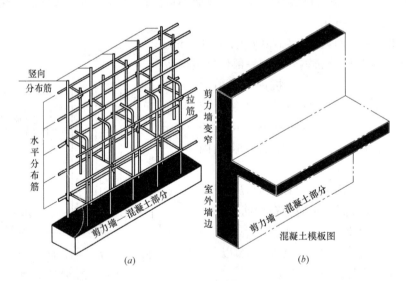

图 5-27　剪力墙变截面轴测示意图

（3）剪力墙竖向钢筋顶部构造

剪力墙竖向钢筋顶部构造包含墙柱和墙身的竖向钢筋顶部构造。

墙柱和墙身的竖向钢筋伸到屋面板或楼板顶部以下，然后做 90°弯钩，长度 12d，如图 5-28 所示。

墙柱和墙身的竖向钢筋伸到边框梁内 l_{aE}（l_a），l_{aE} 为抗震锚固长度，l_a 为非抗震锚固长度。

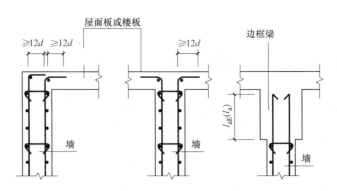

图 5-28　剪力墙竖向钢筋顶部构造

3. 剪力墙墙身拉筋构造

拉筋应注明布置方式"双向"或"梅花双向"，如图 5-29 所示。

图中 a 为竖向分布钢筋间距，b 为水平分布钢筋间距。

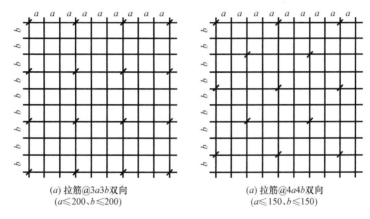

(a) 拉筋@3a3b双向　　　　　　　　(a) 拉筋@4a4b双向
($a\leqslant200,b\leqslant200$)　　　　　　　　($a\leqslant150,b\leqslant150$)

图 5-29　双向拉筋与梅花双向拉筋示意图

（1）剪力墙拉筋位置应在竖向分布钢筋和水平分布钢筋的交叉点，同时拉住竖向分布钢筋和水平分布钢筋。

图集 12G901-1 第 3～22 页，剪力墙身拉筋排布图，如图 5-30 所示。

（2）拉筋注写方式：如表 5-4 所示 $\phi6@600@600$（双向或梅花双向）。

5.1.4　剪力墙梁钢筋构造

1. 剪力墙连梁钢筋构造

剪力墙连梁 LL 钢筋包括：上部纵筋、下部纵筋、箍筋、拉筋、侧面纵筋，如表 5-5 所示。

（1）剪力墙连梁纵筋构造

1）剪力墙连梁端部洞口纵筋构造

① 当端部洞口连梁的纵向钢筋在端支座的直锚长度≥l_{aE}（l_a），且≥600mm 时，可不必往上（下）弯折，l_{aE} 为抗震锚固长度，l_a 为非抗震锚固长度。

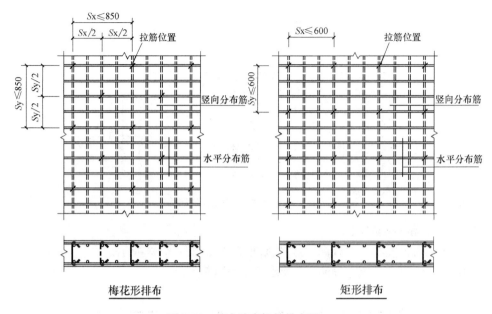

梅花形排布　　　　　　　　　　　矩形排布

图 5-30　剪力墙身拉筋排布图

剪力墙梁表　　　　　　　　　　　　　表 5-5

编号	所在楼层号	梁顶相对标高高差	梁截面 $b \times h$	上部纵筋	下部纵筋	箍　筋
LL1	2～9	0.800	300×2000	4Φ22	4Φ22	ϕ10@100(2)
	10～16	0.800	250×2000	4Φ20	4Φ20	ϕ10@100(2)
	屋面1		250×1200	4Φ20	4Φ20	ϕ10@100(2)
LL2	3	−1.200	300×2520	4Φ22	4Φ22	ϕ10@150(2)
	4	−0.900	300×2070	4Φ22	4Φ22	ϕ10@150(2)
	5～9	−0.900	300×1770	4Φ22	4Φ22	ϕ10@150(2)
	10～屋面1	−0.900	250×1770	3Φ22	3Φ22	ϕ10@150(2)
LL3	2		300×2070	4Φ22	4Φ22	ϕ10@100(2)
	3		300×1770	4Φ22	4Φ22	ϕ10@100(2)
	4～9		300×1170	4Φ22	4Φ22	ϕ10@100(2)
	10～屋面1		250×1170	3Φ22	3Φ22	ϕ10@100(2)
LL4	2		250×2070	3Φ20	3Φ20	ϕ10@120(2)
	3		250×1770	3Φ20	3Φ20	ϕ10@120(2)
	4～屋面1		250×1170	3Φ20	3Φ20	ϕ10@120(2)
AL1	2～9		300×600	3Φ20	3Φ20	ϕ10@150(2)
	10～16		250×500	3Φ18	3Φ18	ϕ10@150(2)
BKL1	屋面1		500×750	4Φ22	4Φ22	ϕ10@150(2)

② 当端部墙肢较短时，如图 5-31 所示，当端部墙肢的长度≤l_{aE}（l_a），或≤600mm

时，连梁纵筋伸至墙外侧纵筋内侧后弯折15d。

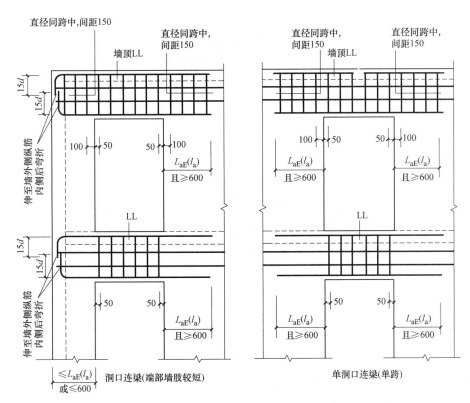

图 5-31　端部墙肢较短时洞口连梁和单洞口连梁配筋构造

2）剪力墙连梁中间支座纵筋构造

剪力墙连梁中间支座纵筋，伸入中间支座的长度为 l_{aE}（l_a），且≥600mm。

3）双洞口连梁纵筋构造

如果为双洞口连梁，如图5-32所示，连梁纵筋连续跨过双洞口，在两洞口两端伸入中间支座的长度为 l_{aE}（l_a），且≥600mm。

（2）剪力墙连梁箍筋构造

1）顶层连梁箍筋构造

顶层连梁箍筋在全梁范围内布置。洞口范围内的第一根箍筋，在距离支座边缘50mm处设置；支座范围内的第一根箍筋，在距离支座边缘100mm处设置。在"连梁表"中表示的箍筋间距指的是跨中间距，而在顶层支座范围内箍筋间距是150mm固定值，设计时不必进行标注。

2）中间层连梁箍筋构造

中间层连梁箍筋只在洞口范围内布置。洞口范围内的第一根箍筋，在距离支座边缘50mm处设置。

如果为双洞口连梁，在两洞口之间的连梁也要布置箍筋。

（3）剪力墙连梁拉筋构造

拉筋直径：当梁宽≤350mm时为6mm；当梁宽＞350mm时为8mm。拉筋间距为2

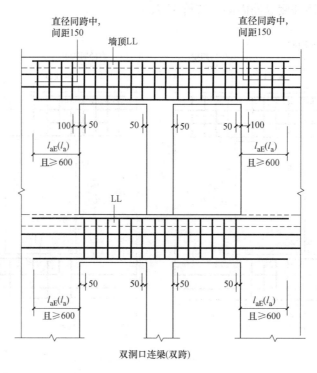

图 5-32　双洞口连梁配筋构造

倍箍筋间距，竖向沿侧面水平筋隔一拉一。

（4）剪力墙连梁侧面纵筋构造

剪力墙连梁是上下楼层门窗洞口之间的那部分墙体，是一种特殊的墙身，连梁的侧面钢筋详见具体工程设计，当设计未注写时，即为剪力墙水平分布钢筋。

2. 剪力墙暗梁钢筋构造

剪力墙暗梁 AL 钢筋包括：上部纵筋、下部纵筋、箍筋、拉筋、侧面纵筋，如图 5-33 所示。

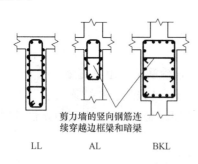

剪力墙的竖向钢筋连续穿越边框梁和暗梁

LL　　AL　　BKL

图 5-33　连梁、暗梁、边框梁截面

暗梁一般设置在靠近楼板底部的位置，就像砖混结构的圈梁一样，增强剪力墙的整体刚度和抗震能力。

（1）暗梁纵筋构造

暗梁纵筋是布置在剪力墙身上的钢筋，因此执行剪力墙水平钢筋构造。

（2）暗梁箍筋构造

暗梁的箍筋沿墙肢全长均匀布置，不存在箍筋加密区和非加密区。

由于暗梁的宽度与剪力墙厚度相同，所以，暗梁箍筋外侧宽度尺寸：

$$b＝墙厚－2×保护层－2×墙身水平分布钢筋直径$$

（3）暗梁拉筋构造

拉筋直径：当梁宽≤350mm 时为 6mm；当梁宽＞350mm 时为 8mm。拉筋间距为 2

倍箍筋间距，竖向沿侧面水平筋隔一拉一。

（4）暗梁侧面纵筋构造

暗梁的侧面钢筋详见具体工程设计，当设计未注写时，即为剪力墙水平分布钢筋，其布置在暗梁箍筋外侧。在暗梁上部纵筋和下部纵筋的水平位置处不布置水平分布钢筋。

3. 剪力墙边框梁钢筋构造

边框梁与暗梁有许多共同点，都是剪力墙的一部分，一般设置在靠近屋面板底部的位置，也像砖混结构的圈梁一样，但其宽度比剪力墙厚度大，如图 5-33 所示，其钢筋构造与暗梁基本相同。

剪力墙边框梁 BKL 钢筋包括：上部纵筋、下部纵筋、箍筋、拉筋、侧面纵筋，如表 5-5 所示。

5.1.5 剪力墙洞口补强构造

剪力墙洞口构造分为矩形洞口和圆形洞口构造。

1. 矩形洞口构造

（1）矩形洞宽和洞高均不大于 800mm 时，洞口补强钢筋构造，如图 5-34 所示。

（2）矩形洞宽和洞高均大于 800mm 时，洞口补强钢筋构造，如图 5-34 所示。

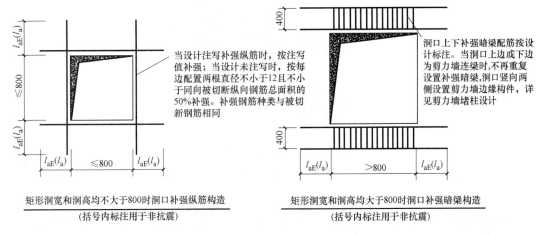

矩形洞宽和洞高均不大于800时洞口补强纵筋构造

（括号内标注用于非抗震）

矩形洞宽和洞高均大于800时洞口补强暗梁构造

（括号内标注用于非抗震）

图 5-34　矩形洞口补强钢筋构造

2. 圆形洞口构造

（1）剪力墙圆形洞口直径不大于 300mm 时，洞口补强钢筋构造，如图 5-35a 所示。

（2）剪力墙圆形洞口直径大于 300mm 且小于等于 800mm 时，洞口补强钢筋构造，如图 5-35b 所示。

（3）剪力墙圆形洞口直径大于 800mm 时，洞口补强钢筋构造，如图 5-35c 所示。

5.1.6 剪力墙计算中应注意的问题

在剪力墙的计算中，有许多概念容易混淆，在这里逐一分析说明。

（1）剪力墙是竖向受弯构件，抵抗水平地震力。

（2）剪力墙的暗柱并不是剪力墙墙身的支座，暗柱本身是剪力墙的一部分。

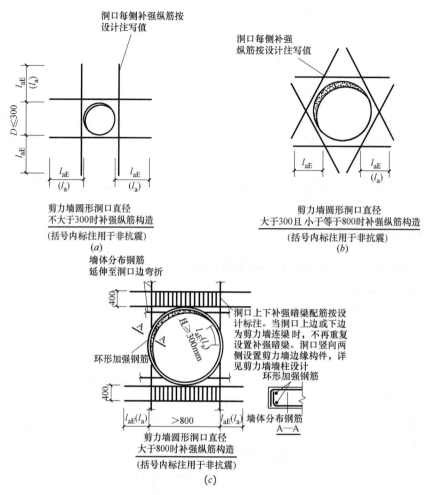

图 5-35　圆形洞口补强钢筋构造

剪力墙尽端不存在水平钢筋的支座，只存在"收边"的问题。所以"剪力墙水平分布筋伸入暗柱一个锚固长度"的说法是错误的。

剪力墙的水平分布筋从暗柱纵筋的外侧通过暗柱，这就是说，墙的水平分布筋与暗柱的箍筋平行，与箍筋在同一个垂直层面上通过暗柱。

（3）剪力墙的水平分布钢筋不是抗弯的，而是抗剪的；而暗柱箍筋没有能力抵杭横向水平力。剪力墙水平分布筋配置按总墙肢长度考虑，并未扣除暗柱长度。计算钢筋下料时，应特别注意两个问题：①"剪力墙墙肢"就是一个剪力墙的整个直段，其长度算至墙外皮（包括暗柱）；②剪力墙的水平分布钢筋要伸至柱对边，其构造在 11G101-1 中已表达清楚，其原理就是剪力墙暗柱与墙身，剪力墙端柱与墙身本身是一个共同工作的整体，不是几个构件的连接组合，不能套用梁与柱两种不同构件的连接概念，这在计算钢筋下料时也是一个特别需要区别清楚的问题。

（4）暗梁并不是梁（梁定义为受弯构件），它是剪力墙的水平线性"加强带"，暗梁是剪力墙的一部分，大量的暗梁在实墙中，暗梁纵筋也是"水平筋"。

剪力墙顶部有暗梁时，剪力墙身竖向分布钢筋不能锚入暗梁，而应该穿越暗梁锚入现浇板内。

剪力墙水平分布筋从暗梁或连梁箍筋的外侧通过暗梁或连梁。

（5）剪力墙竖向分布钢筋弯折伸入板内的构造不是"锚入板中"（因板不是墙的支座），而是完成墙与板的相互连接。

（6）相对于剪力墙（含墙柱、墙身、墙梁）而言，基础是其支座，但相对连梁而言，其支座就是墙柱和墙身。

（7）如果框架梁延伸入剪力墙内其性质就发生了改变，成为"剪力墙的边框梁BKL"，下料时一定要对号入座，按边框梁 BKL 的配筋构造下料，边框梁不是梁，它只是剪力墙的"边框"，有了边框梁就可以不设暗梁。

（8）钢筋的"直通原则"："能直通则直通"是结构配筋的重要原则，这个原则也会给我们在实际施工及钢筋下料中产生很大的影响。

5.2 柱构件新旧平法对比

5.2.1 剪力墙平法制图规则的变化

（1）11G101-1 第 3.1.3 条强调了应注明上部结构嵌固部位位置；

（2）对墙柱编号进行了简化整合。

在 11G101-1 第 13 页，剪力墙墙身编号有：约束边缘构件 YBZ、构造边缘构件 GBZ、非边缘暗柱 AZ、扶壁柱 FBZ 四类。约束边缘构件包括约束边缘暗柱、约束边缘端柱、约束边缘翼墙、约束边缘转角墙四种。构造边缘构件包括构造边缘暗柱、构造边缘端柱、构造边缘翼墙、构造边缘转角墙四种。较 03G101 墙柱类型进行了归类，编号进行了精简，便于记忆。

03G101-1 和 11G101-1 关于墙柱编号如图 5-36、图 5-37 所示。

03G101-1	11G101-1

墙柱编号

墙柱类型	代号	序号
约束边缘暗柱	YAZ	××
约束边缘暗柱	YDZ	××
约束边缘翼墙（柱）	YYZ	××
约束边缘转角墙（柱）	YJZ	××
构造边缘端柱	GDZ	××
构造边缘暗柱	GAZ	××
构造边缘翼墙（柱）	GYZ	××
构造边缘转角墙（柱）	GJZ	××
非边缘暗柱	AZ	××
扶壁柱	FBZ	××

图 5-36　旧图集墙柱编号

墙柱编号

墙柱类型	代号	序号
约束边缘构件	YBZ	××
构造边缘构件	GBZ	××
非边缘暗柱	AZ	××
扶壁柱	FBZ	××

图 5-37　新图集墙柱编号

（3）墙梁编号发生变化

墙梁增加连梁（集中对角斜筋配筋）LL（DX）。

在 11G101-1 第 15 页，墙梁编号中，增加了连梁（集中对角斜筋配筋）代号为 LL（DX），其他几类的类型名称与 03G101 有些变化。

LL——连梁；

LL（JC）——连梁（对角暗撑配筋）；

LL（JX）——连梁（交叉斜筋配筋）；

LL（DX）——连梁（集中对角斜筋配筋）；

BKL——边框梁；

AL——暗梁。

03G101-1 和 11G101-1 关于墙梁编号如图 5-38、图 5-39 所示。

03G101-1	11G101-1

墙梁编号

墙 梁 类 型	代号	序号
连梁(无交叉暗撑及无交叉钢筋)	LL	××
连梁(有交叉暗撑)	LL(JC)	××
连梁(有交叉钢筋)	LL(JG)	××
暗梁	AL	××
边框梁	BKL	××

图 5-38　旧图集墙梁编号

墙梁编号

墙 梁 类 型	代号	序号
连梁	LL	××
连梁(对角暗撑配筋)	LL(JC)	××
连梁(交叉斜筋配筋)	LL(JX)	××
连梁(集中对角斜筋配筋)	LL(DX)	××
暗梁	AL	××
边框梁	BKL	××

图 5-39　新图集墙梁编号

（4）墙身排数为 2 可不注

在 11G101-1 第 14 页，墙身编号的规定中注 2："当墙身所设置的水平与竖向分布钢筋的排数为 2 时可不注"。

在今后的图纸中，不注写排数的剪力墙，钢筋默认是 2 排（需要注意）。

（5）11G101-1 综合了 03G101-1 和 08G101-5 关于剪力墙拉筋的布置方式和标注说明，在图集第 3.2.4 节中强调了拉筋应注明布置方式，明确了墙拉筋的双向和梅花双向构造。双向拉筋与梅花双向拉筋示意图如图 5-29 所示。

（6）11G101-1 强调了约束边缘构件需要注明阴影部分尺寸。

（7）墙梁侧面纵向钢筋的注写变化：

11G101-1：当墙身分布钢筋不能满足连梁、暗梁及边框梁的梁侧面纵向构造钢筋的要求时，应补充注明梁侧面纵筋的具体数值；注写时，以大写字母 N 打头，接续注写直径与间距，其在支座内的锚固要求同连梁中受力钢筋。

【例】　NC10@150，表示墙梁两个侧面纵筋对称配置为：HRB400 级钢筋，直径 10mm，间距为 150mm。

03G101-1：当墙身水平分布钢筋不能满足连梁、暗梁及边框梁的梁侧面纵向构造钢筋的要求时，应补充注明梁侧面纵筋的具体数值，注写时，以大写字母 G 打头，接续注写直径与间距。

【例】　GA10@150，表示墙梁两个侧面纵筋对称配置为：HPB300 级钢筋，直径

10mm，间距为 150mm。

（8）墙洞补强的注写变化

11G101-1 第 3.4.2 条关于洞口每边补强钢筋当洞宽、洞高方向补强筋不一致时，分布注写洞宽方向、洞高方向补强钢筋，以"/"分隔。并给出了具体的例子。

【例】 JD 2　400×300＋3.100　3C14，表示 2 号矩形洞口，洞宽 400mm，洞高 300mm，洞口中心距本结构层楼面 3100mm，洞口每边补强钢筋为 3C14。

【例】 JD 3　400×300＋3.100，表示 3 号矩形洞口，洞宽 400mm，洞高 300mm，洞口中心距本结构层楼面 3100mm，洞口每边补强钢筋按构造配置。

【例】 JD 4　800×300＋3.100　3C18/3C14，表示 4 号矩形洞口，洞宽 800mm，洞高 300mm，洞口中心距本结构层楼面 3100mm，洞宽方向补强钢筋为 3C18，洞高方向补强钢筋为 3C14。

（9）11G101-1 中增加了 3.5 地下室外墙的表示方法。地下室外墙仅适用于起挡土作用的地下室外围护墙。地下室外墙编号，由墙身代号、序号组成。表达为 DWQXX。原位标注主要表示外墙外侧配置的水平非贯通筋或竖向非贯通筋。

集中标注，规定如下：

① 注写地下室外墙编号，包括代号、序号、墙身长度（注为 xx～xx 轴）；

② 注写地下室外墙厚度 b_w＝xxx；

③ 注写地下室外墙的外侧、内侧贯通筋和拉筋。

以 OS 代表外墙外侧贯通筋。其中，外侧水平贯通筋以 H 打头注写，外侧竖向贯通筋以 V 打头注写。

以 IS 代表外端内侧贯通筋。其中，内侧水平贯通筋以 H 打头注写，内侧竖向贯通筋以 V 打头注写。

以 tb 打头注写拉筋直径、强度等级及间距，并注明"双向"或"梅花双向"。

【例】 DWQ（①～⑥），b_w＝300

OS：HC18@200，VC20@200；

IS：HC16@200，VC18@200；

Tb $A6@400@400$ 双向。

表示 2 号外墙，长度范围为①～⑥，墙厚为 300mm；外侧水平贯通筋为 $C18@200$，竖向贯通筋为 $C20@200$；内侧水平贯通筋为 $C16@200$，竖向贯通筋为 $C18@200$；双向拉筋为 A6，水平间距为 400mm，竖向间距为 400mm。

5.2.2　剪力墙水平筋构造变化

剪力墙身水平筋构造详图分为端部无暗柱、端部有暗柱、斜交转角墙、转角墙、翼墙、端柱转角墙、端柱翼墙、端柱端部墙、墙水平筋搭接、水平变截面构造等几部分。剪力墙端部墙身水平钢筋构造如图 5-17 所示。

11G101 第 68、第 69 页较 03G101 变化较多的是数值的变化。

（1）端部无暗柱

11G101 第 68 页中，剪力墙水平筋端部无暗柱时，两种构造，配置双列拉筋，端部弯折为 10d，其中，第一种做法需要注明水平筋端部距离墙端部的距离，根据规范规定，钢筋搭接位置距离钢筋弯折位置要大于等于 $10d$。在 03G101 中，端部弯折是 $15d$。

（2）端部有暗柱

11G101 第 68 页中，剪力墙水平筋端部有暗柱时，弯折为 $10d$。

（3）斜交转角墙

11G101 第 68 页，剪力墙内侧水平筋伸至对边弯折 $15d$；外侧连续通过。（03G101-1 中，规定内侧水平筋伸入墙内一个 l_{aE} 即可），旧图集无此标注（斜交转角墙如图 5-19 所示）。

（4）转角墙

在 11G101-1 第 68 页中给出了转角墙三种构造方式，外侧连续通过或外侧钢筋在转角处搭接，内侧钢筋伸至对边弯折 $15d$，并给出水平筋在转角一侧还是两侧交错搭接。其中外侧钢筋在转角处搭接，是 11G101 中新增的节点。搭接通过的做法是 00G101 图集的规定，03G101-1 修订时曾取消该节点，原因是水平钢筋都在拐角处搭接，同时箍筋也会在此处交叉，这样会导致拐角处钢筋密集，无法保证钢筋四周均有混凝土包围，降低混凝土对钢筋的粘结强度，同时造成混凝土的浇筑质量无法得到保障（新增转角墙如图 5-20 所示）。

（5）翼墙、斜交翼墙

在 11G101-1 第 69 页中介绍了剪力墙翼墙的水平筋构造，其中翼墙的构造同 03G101，水平筋弯折 $15d$。增加了斜交翼墙的构造形式，弯折 $15d$（斜交翼墙如图 5-21 所示）。

（6）端柱翼墙

在 11G101 中新增了端柱翼墙构造，较 03G101 将构造进行了细化，对不同形式的情况都给出了构造说明。翼墙水平筋伸至端柱对边，能直锚则直锚，不能直锚弯折 $15d$（端柱翼墙如图 5-23 所示）。

（7）端柱转角墙

11G101 中将端柱转角墙构造也进行了细化，03G101 中仅给出了一种转角有端柱的情况，和 11G101 中端柱转角墙（一）类似，但是水平钢筋伸入端柱内长度不同，新图集为 $\geqslant 0.6l_{abE}$（$\geqslant 0.6l_{ab}$），老图集为 $\geqslant 0.4l_{aE}$。

在 03G101 中，端柱转角墙水平筋外侧连续通过，内侧钢筋能直锚则直锚（直锚长度 l_{aE}），否则伸到对边弯折 $15d$。

在 11G101 中考虑了端柱与墙边的位置关系，进行了构造细化。剪力墙与端柱平齐一侧，且无墙约束时，水平筋必须伸至端柱对边弯折 $15d$，平直段长度还要满足 $0.6l_{abE}$ 的设计要求；剪力墙与端柱不平齐一侧，水平筋满足直锚时，则到对边不弯折，不满足直锚，则弯折 $15d$（端柱转角墙如图 5-22 所示）。

（8）端柱端部墙

在 11G101-1 第 69 页增加了端柱端部墙的构造，剪力墙一字端头有端柱时，水平钢筋伸至端柱对边，能直锚则直锚，不能直锚弯折 $15d$。

（9）剪力墙水平筋交错搭接

11G101-1 第 68 页中介绍了剪力墙墙身水平钢筋交错搭接，老图集外墙转角处为 $1.2l_{aE}$，其他位置为 l_{lE}，新图集统一为 $1.2l_{aE}$（剪力墙水平筋交错搭接如图 5-40 所示）。

（10）剪力墙水平变截面

在 11G101-1 第 69 页增加了水平变截面剪力墙水平筋构造，老图集则没有此构造。平齐一侧钢筋连续通过，不平齐一侧，窄的墙水平筋伸入墙内长度 $1.2l_{aE}$，宽的墙水平筋伸至对边弯折 $15d$（剪力墙水平变截面如图 5-41 所示）。

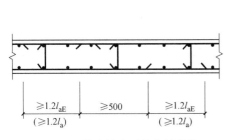

图 5-40　剪力墙水平筋交错搭接

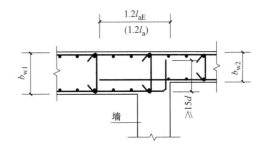

图 5-41　变截面墙水平筋构造

（11）构造边缘构件

在 11G101-1 第 73 页中介绍了构造边缘翼墙，如图 5-42 所示，老图集长度方向扣除一侧墙厚标注为 300mm，新图集长度方向总体标注为大于等于 b_w，b_f 且大于等于 400mm。

在 11G101-1 第 73 页中介绍了构造边缘转角墙，如图 5-43 所示，老图集双向均扣除一侧墙厚标注为 300mm，新图集两方向总体分别标注大于等于 400mm，且两方向分别扣除一侧墙厚标注为大于等于 200mm。

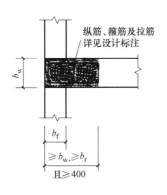

图 5-42　构造边缘翼墙

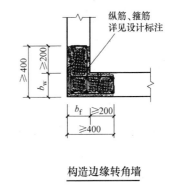

图 5-43　构造边缘转角墙

11G101-1 在第 72 页，增加了剪力墙水平钢筋计入约束边缘构件体积配箍率的构造做法，而老图集无此构造做法。

5.2.3　剪力墙竖向筋构造变化

在 11G101-1 第 70、73 页中详细介绍了剪力墙墙身竖向钢筋连接构造、墙身竖向钢筋变截面构造、竖向钢筋封顶构造、竖向钢筋锚入边框梁（连梁、框支梁）构造、剪力墙边缘构件的竖向钢筋构造。

（1）墙身竖向钢筋连接构造

在 11G101-1 第 70 页中，剪力墙竖向钢筋的连接构造按照不同的连接方式，竖向钢筋露出长度不一样。该构造与 03G101 一致，只是各种连接的适用情况与原图集略有调整。

绑扎连接时，竖向钢筋露出长度 $1.2l_{aE}$；机械连接和焊接，露出长度均为 $500mm$；竖向钢筋可以在同一个截面搭接时，露出长度也为 $1.2l_{aE}$。

（2）墙身竖向钢筋变截面构造

在 11G101-1 第 70 页中，剪力墙墙身变截面竖向钢筋构造共 4 种构造形式，如图 5-26 所示，较 03G101 新增了变截面一侧无楼板的构造，同时竖向钢筋变截面处弯折和插筋长度值均变化。

变截面钢筋可以采用弯折或连续通过的做法，当采用连续通过时，需要保证钢筋的坡度按照 1/6 进行调整。当采用弯折时，则变截面一侧钢筋下层弯折 $12d$，上层下插 $1.2l_{aE}$（03G101 中要弯折的钢筋是伸入节点 l_{aE}，插筋长度是 $1.5l_{aE}$）

11G101-1 新增了变截面一侧无楼板的构造节点，如图 5-44 所示。

（3）竖向钢筋封顶构造

在 11G101-1 第 70 页中，剪力墙墙身竖向钢筋封顶构造，如图 5-45 所示，钢筋伸至楼板或屋面板顶弯折 $12d$，03G101 中剪力墙竖向钢筋锚入板中 l_{aE}。

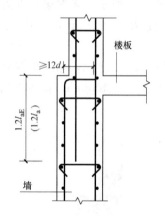

图 5-44　剪力墙变截面处竖向分布筋构造

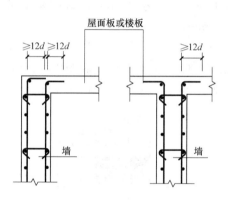

图 5-45　剪力墙竖向钢筋顶部构造

（4）竖向钢筋锚入边框梁（连梁、框支梁）构造

在 11G101 中，剪力墙竖向钢筋锚入边框梁、连梁、框支梁都有详细的构造要求。剪力墙竖向钢筋伸入边框梁 l_{aE}，该做法为 11G101-1 新增内容，如图 5-28 所示；当边框梁配置了侧面纵筋时，则墙身水平筋在锚固范围就不再配置水平筋；当边框梁没有配置侧面纵筋时，则墙身水平筋应连续配置，在边框梁高度范围内的水平筋绑扎到边框梁箍筋内侧。

剪力墙竖向钢筋锚入连梁 l_{aE}，如图 5-46 所示，该做法为 11G101-1 新增内容；主要针对下层有门洞口，上层该门洞口取消，变成剪力墙的时候，上层剪力墙的垂直钢筋下插做法。

框支梁上起剪力墙时，剪力墙竖向钢筋锚入框支梁构造在 11G101 中也做了详细说明，与 03G101 有变化。

剪力墙墙身竖向钢筋锚入框支梁 l_{aE}，03G101 中要求剪力墙竖向钢筋伸到框支梁底。

剪力墙边缘构件插筋伸入框支梁 $1.2l_{aE}$，如图 5-47 所示，

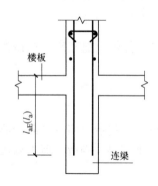

图 5-46　剪力墙竖向钢筋锚入连梁

03G101中边缘构件同剪力墙墙身竖向钢筋。

（5）剪力墙边缘构件的竖向钢筋构造

在11G101-1第73页中，剪力墙边缘构件竖向钢筋连接构造，无论是绑扎、机械连接、焊接，边缘构件露出长度均为500mm，绑扎搭接长度为l_{lE}，适用于约束边缘构件阴影部分和构造边缘构件的纵向钢筋。

在03G101中，边缘构件竖向钢筋绑扎连接时，露出长度为$1.2l_{aE}$，其余是500mm。绑扎搭接长度为$1.2l_{aE}$。与剪力墙墙身竖向钢筋相同，剪力墙边缘构件纵向钢筋连接构造如图5-5所示。

在11G101-1第73页中，还明确了在剪力墙上起边缘构件时，边缘构件的竖向钢筋构造（如图5-48所示）——边缘构件的竖向钢筋从楼板插入$1.2l_{aE}$。

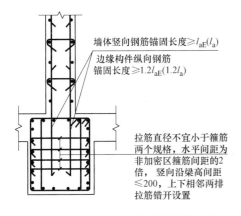

图5-47 框支梁上边缘构件插筋锚固构造

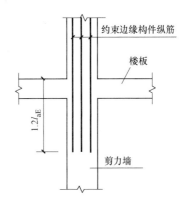

图5-48 剪力墙上起约束边缘构件纵筋构造

5.2.4 剪力墙基础插筋构造变化

在11G101-3第58页中，给出了剪力墙在基础插筋的三种构造，见图5-49、图5-50、图5-51所示，较04G101，06G101中墙插筋构造发生了很大变化。

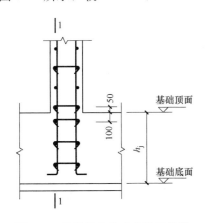

图5-49 墙插筋在基础中锚固构造一

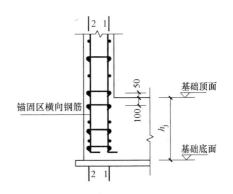

图5-50 墙插筋在基础中锚固构造二

（1）墙插筋均要伸至基础底板钢筋网上。

（2）墙插筋弯折长度与基础厚度h_j，锚固长度l_{aE}大小有关，而且与墙外侧插筋保护

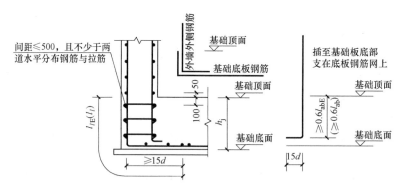

图 5-51 墙插筋在基础中锚固构造三

层厚度有关。

墙插筋保护层厚度 $>5d$，$h_j > l_{aE}$，插筋弯折长度 $6d$；$h_j \leq l_{aE}$，插筋弯折长度 $15d$；

墙插筋保护层厚度 $\leq 5d$，插筋弯折长均为 $15d$。

（3）在基础内墙水平分布筋与拉筋构造与墙插筋保护层厚度有关。

墙插筋保护层厚度 $>5d$，基础内布置不少于两道水平分布筋与拉筋，间距不大于 500mm；

墙插筋保护层厚度 $\leq 5d$，基础内插筋外侧需要设置锚固区横向钢筋，横向钢筋应满足直径不小于插筋直径的 $1/4$，间距为 $\min$（$10d$，100）。

（4）增加了墙外侧纵筋与底板纵筋搭接的构造。基础底板钢筋伸至墙边，弯折至基础顶面；剪力墙外侧钢筋伸至基础底弯折，总搭接长度大于 l_{lE}，且在基础底弯折长度大于等于 $15d$。

5.2.5 地下室外墙钢筋构造变化

在 11G101-1 第 77 页中，地下室外墙 DWQ 钢筋构造，介绍了转角墙、顶板构造、水平非贯通筋、竖向非贯通筋构造。

当转角两边墙体外侧钢筋直径及间距相同时可连通设置，在转角处搭接 l_{lE}。内侧钢筋伸至对边弯折 $15d$；

当顶板作为外墙的简支支承时，外墙内外侧纵筋伸至板顶弯折 $12d$；

当顶板作为外墙的弹性嵌固支承时，外墙外侧钢筋与顶板钢筋搭接 l_{lE}，外墙内侧钢筋伸至板顶弯折 $15d$，顶板底筋伸至外墙外侧弯折 $15d$。

地下室外墙外侧在基础顶、地下室楼板处、地下室顶板处设置竖向非贯通筋；地下室外墙在转角处、扶壁柱或内墙交接处设置水平非贯通筋。

5.2.6 剪力墙连梁、暗梁、边框梁构造变化

（1）11G101 第 74 页中，端部洞口连梁上下钢筋，在端支座直锚长度满足 $\max$（l_{aE}，600），可以直锚，否则，伸至墙外侧弯折 $15d$。

而在 03G101 中，端部洞口连梁上下钢筋，在端支座直锚长度满足大于等于 l_{aE}，可以直锚。否则，伸至墙外侧弯折 $15d$。但当端部支座为小墙肢时，连梁纵筋与框架梁相同。

（2）11G101-1 第 74 页中，双洞口连梁中间支座内设置箍筋，如图 5-32 所示，旧图集未规定，新图集规定设置箍筋。

（3）连梁端部支座为边框柱节点：

11G101-1 第 75 页中，新增了连梁端部支座为边框柱时的节点，如图 5-52 所示。

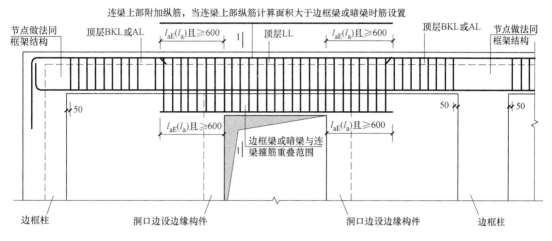

图 5-52　连梁端部支座为边框柱时节点构造

（4）在 11G101-1 第 76 页中，新增连梁交叉斜筋构造，如图 5-53 所示，连梁交叉斜筋、对角斜筋、对角暗撑钢筋锚固条件均为 max（l_{aE}，600），而 03G101 中，均是满足大于 l_{aE}。

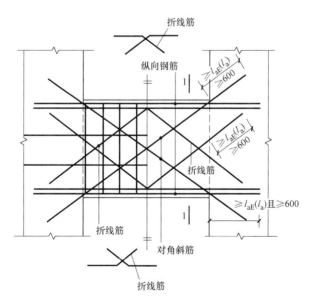

图 5-53　连梁交叉斜筋配筋构造

（5）在 11G101-1 第 75 页中，剪力墙边框梁、暗梁与连梁重叠配筋构造。边框梁和暗梁的端部和中间支座节点同框架结构，这点与 08G101-5 第 74 页构造有变化。

（6）边框梁、暗梁与连梁重叠时，连梁钢筋均锚固 max（l_{aE}，600）。在 08G101-5 中连梁纵筋和边框梁、暗梁纵筋都是按搭接计算。

（7）边框梁、暗梁与连梁重叠时，边框梁上部钢筋可以替代连梁上部钢筋。

5.2.7 其他构造

（1）剪力墙洞口补强

旧图集圆洞只有大于 300mm 的节点构造，新图集变化为 300～800mm，800mm 以上两个构造，如图 5-35 所示。

（2）小墙肢的概念

旧图集为墙肢长度不大于墙厚 3 倍，新图集应新版《高层建筑混凝土结构技术规程》之新规定，为墙肢长度不大于墙厚 4 倍（短肢剪力墙概念，旧版规范为截面高厚比为 5～8 范围内，新版规范为截面高厚比为 4～8 范围内，且墙厚不大于 300mm）。

5.3 剪力墙水平筋

5.3.1 基础层水平筋计算

1. 基础层水平筋长度计算

（1）墙端为暗柱，外侧钢筋连续通过时，如图 5-54 所示。

外侧钢筋＝墙长－保护层×2（当不能满足通常要求时，须搭接 $1.2l_{aE}$）；

内侧钢筋＝墙长－保护层×2＋15d。

（2）墙端为暗柱，外侧钢筋不连续通过时，如图 5-55 所示。

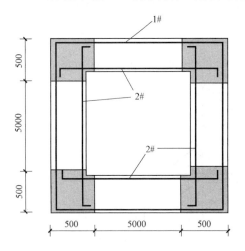

图 5-54　墙端为暗柱且外侧钢筋
连续通过的剪力墙平面示意图

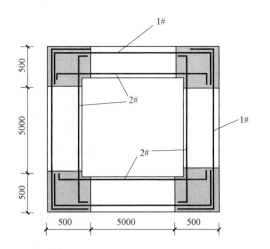

图 5-55　墙端为暗柱且外侧钢筋
不连续通过的剪力墙平面示意图

外侧钢筋＝墙长－保护层×2＋0.8l_{aE}；

内侧钢筋＝墙长－保护层×2＋15d×2。

（3）墙端为端柱时，如图 5-56 所示。

外侧钢筋＝墙长－保护层×2＋15d×2；

内侧钢筋＝墙长－保护层×2＋15d×2。

（注：当剪力墙端部既无暗柱也无端柱时，钢筋长度＝墙长－保护层×2＋10d×2）。

2. 基础层水平筋根数计算

基础层剪力墙水平筋根数计算示意图如图 5-57 所示。

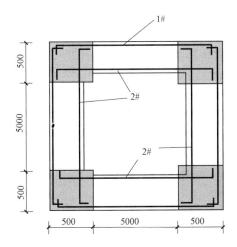

图 5-56　墙端为端柱时剪力墙平面示意图　　图 5-57　基础层剪力墙水平筋根数计算示意图

基础层剪力墙水平筋根数＝{[（基础高度－100－150）/间距 500]＋1}×排数。

3. 基础层剪力墙拉筋长度计算

拉筋弯钩构造示意图如图 5-58 所示。

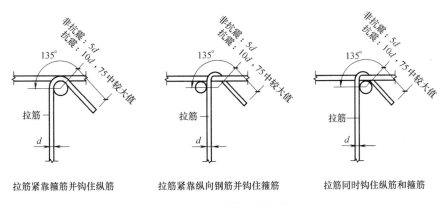

图 5-58　拉筋弯钩构造示意图

基础层剪力墙拉筋长度计算示意图如图 5-59 所示。

单个拉钩长度＝墙厚－保护层×2＋1.9d×2＋max（10d，75）×2；

拉筋根数＝墙净面积/拉筋的布置面积。

（注：墙净面积是指要扣除暗（端）柱、暗（连）梁，即：墙面积－门洞总面积－暗柱剖面积－暗梁面积；拉筋的布置面积是指拉筋水平间距×竖向间距）。

4. 基础层剪力墙拉筋根数计算

基础层剪力墙拉筋根数计算示意图如图 5-60 所示。

基础层拉筋根数和水平钢筋的排数有关。

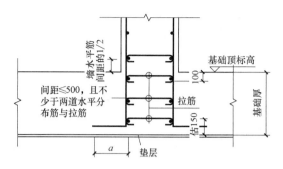

图 5-59 基础层剪力墙拉筋长度计算示意图

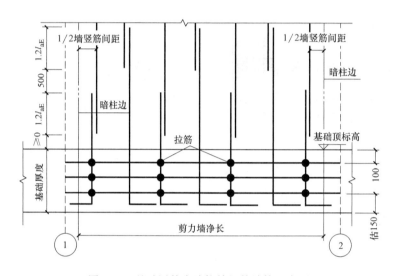

图 5-60 基础层剪力墙拉筋根数计算示意图

基础层拉筋根数＝{[（墙净长－剪力墙竖向筋间距）/拉筋水平间距]＋1}×基础水平筋排数。

其中,基础水平筋排数＝（基础厚度－150－100）/拉筋竖向间距＋1。

5.3.2 中间层和顶层水平钢筋计算

1. 中间层和顶层水平钢筋长度计算

（1）剪力墙无洞口时,中间层剪力墙水平筋长度计算方法和顶层、基础层一样,这里不再重复。

（2）剪力墙墙身有洞口时:

当剪力墙墙身有洞口时,墙身水平筋在洞口左右两边截断,分别向一侧弯折$10d$,如图 5-61 所示。

2. 中间层及顶层水平筋根数计算

顶层与中间层的剪力墙水平筋根数计算方法一致。

根据 12G901 图集,如图 5-62 所示,剪力墙水平钢筋距离楼板面起始距离为 50mm,可推出:中间层及顶层水平筋根数＝[（层高－50×2)/间距＋1]×排数。

【应用举例】 如图 5-63 所示,混凝土等级 C30,一级抗震,层高 3m,采用绑扎搭

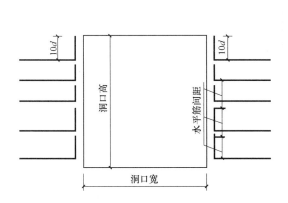

图 5-61　剪力墙洞口水平筋构造

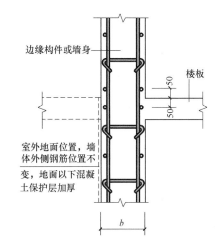

图 5-62　中间层水平筋根数计算示意图

接，水平钢筋和垂直钢筋分别为 $2\phi14@200$，求水平钢筋的长度及根数。

【解答】　水平钢筋长度：

$l_{aE}=\zeta_{aE}\times l_a=\zeta_{aE}\times\zeta_a\times l_{ab}=1.15\times1\times29d=1.15\times29\times14=466.9\text{mm}$；

1♯水平钢筋长度＝墙长－保护层×2＝（5000＋500＋500－15×2）5＋1.2l_{aE}×2＝25000.56mm；

2♯（内侧筋）水平钢筋长度＝墙长－保护层×2＋15d×2＝5000＋500＋500－15×2＋15×14×2＝6390mm；

根数＝[（3000－100）/200＋1]×2＝32 根。

3. 中间层和顶层剪力墙拉筋长度计算

中间层、顶层剪力墙拉筋长度计算方法和基础层一样，这里不再重复。

4. 中间层和顶层剪力墙拉筋根数计算

中间层和顶层剪力墙拉筋根数计算示意图如图 5-64 所示。

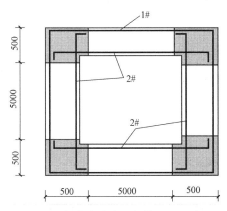

图 5-63　某剪力墙水平钢筋平面示意图

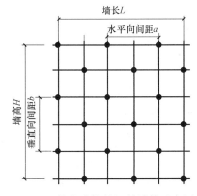

图 5-64　剪力墙拉筋根数计算示意图

拉筋根数＝净墙面积/（拉筋水平向间距 a×拉筋垂直向间距 b）

＝（墙总面积－门洞面积－窗洞面积－窗下面积－连梁面积－暗柱面积）/（拉筋水平向间距 a×拉筋垂直向间距 b）。

111

5.3.3 水平变截面钢筋计算

水平变截面钢筋计算示意图如图 5-41 所示。

墙身外侧水平筋连续通过；

截面宽的墙身内侧水平筋伸至变截面端弯折，弯折长度 $\geqslant 15d$；

截面窄的墙身内侧水平筋伸入变截面长度要 $\geqslant 1.2l_{aE}(l_a)$。

5.4 剪力墙竖向筋计算

剪力墙的竖向构件包括墙身、暗柱、边框柱。本节只讨论墙身中间层和顶层纵筋的计算，基础插筋的计算参看本章第 5.5 节。

5.4.1 墙身纵向钢筋长度计算

（1）墙中间层竖筋长度

剪力墙身竖向分布钢筋连接构造如图 5-34、图 5-25 所示。

$$中间层竖筋＝层高＋搭接长度 1.2l_{aE}$$

（备注：由于中间层的下部连接点距离楼地面的高度与伸入上层预留长度相同，所以计算长度是层高＋搭接长度，如果是机械或焊接连接时，不计算搭接长度）。

（2）墙顶层竖筋长度

如果竖筋锚入屋面板或楼板，如图 5-45 所示，顶层纵筋＝层高－保护层＋12d；

如果竖筋锚入边框梁或者连梁，如图 5-28（竖筋锚入边框梁）、图 5-46（竖筋锚入连梁）所示，纵筋的长度应相应调整。

（3）墙身竖向钢筋根数计算

墙身竖向钢筋分布示意图如图 5-65 所示。

墙身竖向分布钢筋根数＝（墙身净长－2 个竖向间距）/竖向布置间距＋1。

（注：墙身竖筋是从暗柱或端柱边开始布置。竖筋到暗柱或端柱的距离遵循具体设计，12G901-1 中 3-2 的规定是一个竖向间距）。

（4）剪力墙墙身有洞口时

当剪力墙墙身有洞口时，墙身竖向筋在洞口左右两边截断，分别向一侧弯折 10d，如图 5-66 所示。

5.4.2 剪力墙变截面处竖向分布筋计算

剪力墙变截面处竖向分布钢筋构造如图 5-26 所示。

（1）变截面差值 $\Delta \leqslant 30$ 时，竖向钢筋连续通过。

1）绑扎连接时，暗柱变截面纵筋图，暗柱下部钢筋斜插上层示意图（绑扎连接）如图 5-67 所示。

$$暗柱变截面处纵筋长度＝层高－本层非连接区 500＋斜度延伸值＋上层非连接区 500＋$$
$$搭接长度 l_{lE}$$
$$＝层高＋斜度延伸值＋搭接长度 l_{lE}。$$

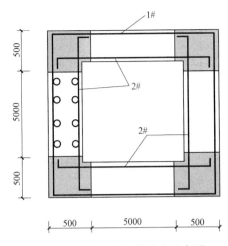

图 5-65 墙身竖向钢筋分布示意图

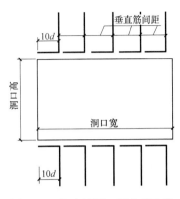

图 5-66 剪力墙洞口竖向筋构造

暗柱纵筋根数按图纸数出，不用计算。

2）机械连接情况时，暗柱变截面纵筋布置图，暗柱下部钢筋斜插上层示意图（机械连接）如图 5-68 所示。

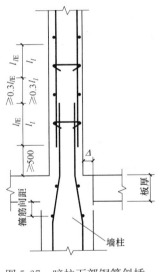

图 5-67 暗柱下部钢筋斜插
上层示意图（绑扎连接）

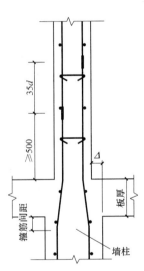

图 5-68 暗柱下部钢筋斜插
上层示意图（机械连接）

$$暗柱变截面处纵筋长度＝层高－本层非连接区 500＋斜度延伸值＋上层非连接区 500$$
$$＝层高＋斜度延伸值。$$

暗柱根数按图纸数出，不用计算。

（2）变截面差值 $\Delta＞30$ 时，下部钢筋伸至板顶向内弯折 $12d$，上部钢筋伸入下部墙内 $1.2l_{aE}$（l_a）。

1）绑扎连接时，暗柱变截面纵筋布置，暗柱截面变化垂直筋构造示意图（绑扎连接）如图 5-69 所示。

上部暗柱变截面插筋长度＝层高－本层非连接区 500－保护层＋$12d$；

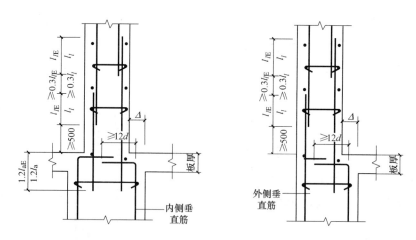

图 5-69 暗柱截面变化垂直筋构造示意图（绑扎连接）

下部暗柱变截面插筋长度＝锚入长度 $1.2l_{aE}$＋本层非连接区 500＋搭接长度 l_{lE}。

暗柱变截面纵筋根数和插筋根数根据图纸判断，不用计算。

2）机械连接时，暗柱变截面纵筋布置，如图 5-70 所示。

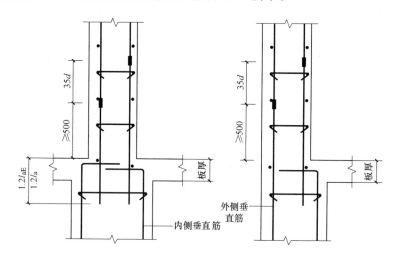

图 5-70 暗柱截面变化垂直筋构造（机械连接）

上部暗柱变截面插筋长度＝层高－本层非连接区 500－保护层＋12d；

下部暗柱变截面插筋长度＝锚入长度 $1.2l_{aE}$＋本层非连接区 500。

暗柱变截面纵筋根数和插筋根数根据图纸判断，不用计算。

（3）当剪力墙为一面存在变截面差值时，另一面可连续通过，其计算同非变截面暗柱纵筋。

5.4.3 暗柱纵筋计算

这里只讨论中间层和顶层暗柱纵筋的计算，暗柱基础插筋的计算参看本章第 5 节。

（1）中间层暗柱纵筋计算

① 绑扎连接时，中间层暗柱，如图 5-71 所示。

中间层暗柱纵筋长度计算如下：

中间层暗柱纵筋长度＝中间层层高－本层非连接区 500＋上一层非连接区 500＋搭接长度 l_{lE}

＝中间层层高＋搭接长度 l_{lE}。

② 机械连接情况时，中间层暗柱纵筋，如图 5-72 所示。

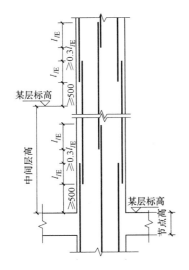

图 5-71　暗柱中间层纵筋计算图（绑扎连接）

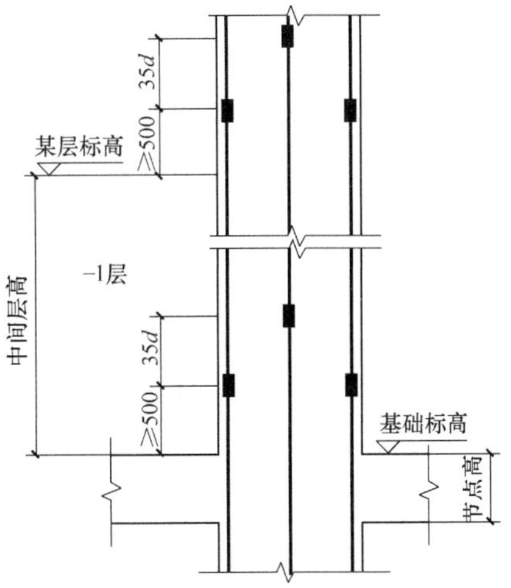

图 5-72　中间层暗柱纵筋计算（机械连接）

中间层暗柱纵筋长度计算如下：

中间层暗柱纵筋长度＝中间层层高－本层非连接区 500＋上一层非连接区 500

＝中间层层高。

（2）中间层暗柱纵筋根数计算

中间层暗柱纵筋根数根据实际图纸数出，不用计算，如图 5-73 所示。

本图中，暗柱一共有 12 根 ϕ20 的插筋。

（3）顶层暗柱纵筋长度计算

① 绑扎连接时，顶层暗柱纵筋构造，如图 5-74 所示。

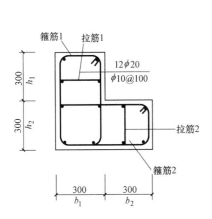

图 5-73　中间层暗柱插筋根数示意图

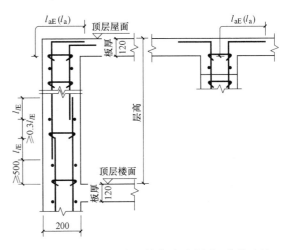

图 5-74　顶层暗柱竖向钢筋构造示意图（绑扎连接）

顶层暗柱长纵筋长度＝顶层层高－本层非连接区500－板厚＋锚固长度 l_{aE}；

顶层暗柱短纵筋长度＝顶层暗柱长纵筋长度－接头错开长度 $0.3l_{lE}$

＝顶层层高－本层非连接区500－板厚＋锚固长度 l_{aE}－接头错开长度 $0.3l_{lE}$。

② 机械连接情况时，顶层暗柱纵筋构造，如图5-75所示。

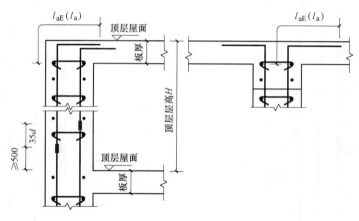

图5-75 顶层暗柱竖向钢筋构造示意图（机械连接）

顶层暗柱长纵筋长度＝顶层层高－本层非连接区500－板厚＋锚固长度 l_{aE}；

顶层暗柱短纵筋长度＝顶层暗柱长纵筋长度－接头错开长度 $0.3l_{lE}$

＝顶层层高－本层非连接区500－板厚＋锚固长度 l_{aE}－接头错开长度 $0.3l_{lE}$。

（4）顶层暗柱纵筋根数计算

同中间层一样，顶层暗柱纵筋根数根据实际图纸数出，不用计算。

【应用举例】 中间层竖向钢筋长度及根数计算

如图5-63所示，混凝土等级C30，一级抗震，层高3m，采用绑扎搭接，水平钢筋和垂直钢筋分别为2A14@200，求垂直钢筋（中间层）的长度及根数。

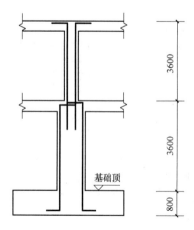

图5-76 某变截面剪力墙竖向
分布筋示意图

【解答】 竖向钢筋长度：

$l_{aE} = \zeta_{aE} \times l_a = \zeta_{aE} \times \zeta_a \times l_{ab} = 1.15 \times 1 \times 29d = 1.15 \times 29 \times 14 = 466.9$mm；

中间层竖向钢筋长度为：层高＋$1.2l_{aE} = 3000 + 1.2566.9 = 3560.28$mm；

根数为：（净长－间距×2）/间距＋1＝（5000－400）/200＋1＝24 根。

【应用举例】 变截面处竖向分布筋长度计算

如图5-76所示，混凝土强度为C30，一级抗震，剪力墙竖向钢筋为直径12mm的HRB400钢筋，环境类别为一类，柱顶为中柱，求一层竖筋和顶层竖筋长。

【解答】 一层竖筋长度为：层高－保护层＋12d

＝3600－15＋12×12＝3729mm；

顶层竖筋长度为：层高－保护层厚度＋$1.2l_{aE}$＋$12d$＝3600－15＋1.2583＋12×12＝4308.6mm。

5.5 剪力墙基础插筋计算

剪力墙基础插筋包括暗柱基础插筋和墙身竖向分布钢筋基础插筋。

5.5.1 暗柱基础插筋

（1）暗柱基础插筋长度计算

暗柱基础插筋实际下料时考虑到连接错开50%，需分长短插筋。

1）绑扎连接时，基础层暗柱插筋构造如图5-77所示。

要求暗柱纵筋"坐底"，即伸至基础底部钢筋网片位置，其弯折长度 a 的取值：

当竖直长度 $h > l_{aE}$（l_a）时，弯钩长度＝max（$6d$，150）；当竖直长度 $h \leqslant l_{aE}$（l_a）时，弯钩长度＝$15d$。

基础层暗柱插筋长度计算公式如下：

短插筋长度＝弯折长度 a＋锚固竖直长度 h_1＋基础非连接区500＋插筋搭接长度 l_{lE}；

长插筋长度＝短插筋长度＋接头错开长度 $0.3l_{lE}$＝弯折长度 a＋锚固竖直长度 h_1＋基础非连接区500＋插筋搭接长度 l_{lE}＋$0.3l_{lE}$。

2）机械连接时，基础层暗柱插筋构造如图5-78所示。

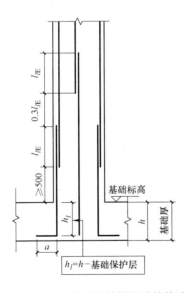

图5-77 暗柱基础插筋绑扎连接构造

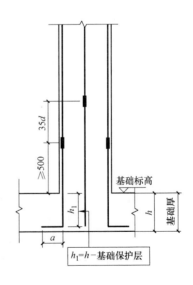

图5-78 暗柱基础插筋机械连接构造

弯折长度 a 的取值：

当竖直长度 $h > l_{aE}$（l_a）时，弯钩长度＝max（$6d$，150）；当竖直长度 $h \leqslant l_{aE}$（l_a）时，弯钩长度＝$15d$。

基础层暗柱插筋长度计算公式如下：

短插筋长度＝弯折长度 a＋锚固竖直长度 h_1＋基础非连接区500；

117

长插筋长度＝短插筋长度＋接头错开长度 $35d$

＝弯折长度 a ＋锚固竖直长度 h_1 ＋基础非连接区 500 ＋接头错开长度 $35d$。

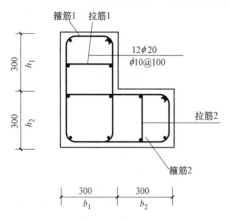

图 5-79　基础层暗柱插筋根数示意图

（2）暗柱基础插筋根度计算

基础层暗柱插筋根数根据实际图纸数出，不用计算，如图 5-79 所示。

本图中，暗柱一共有 12 根 $B20$ 的插筋。

5.5.2　墙身竖向分布钢筋基础插筋

（1）墙基础插筋计算 A（以下考虑绑扎搭接，如果是机械连接，接头错开高度取 $35d$），如图 5-80 所示。

当 h_j（基础底面至基础顶面高度）大于 l_{aE}（l_a）时：

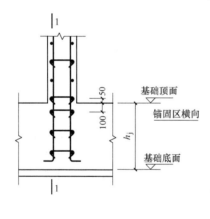
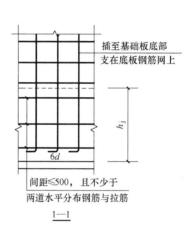

图 5-80　墙插筋在基础中锚固构造（一）墙外侧插筋保护层厚度＞5d

基础短插筋长度＝弯折长度 $6d$ ＋ h_j －保护层－底层钢筋直径＋搭接长度 $1.2l_{aE}$；

基础长插筋长度＝基础短插筋长度＋接头错开高度 500

＝弯折长度 $6d$ ＋ h_j －保护层－底层钢筋直径＋搭接长度 $1.2l_{aE}$ ＋接头错开高度 500。

（2）墙基础插筋计算 B（以下考虑绑扎搭接，如果是机械连接，接头错开高度取 $35d$），如图 5-81 所示。

当 h_j 小于等于 l_{aE}（l_a）时：

基础短插筋长度＝弯折长度 $15d$ ＋ h_j －保护层－底层钢筋直径搭接长度 $1.2l_{aE}$；

基础长插筋长度＝基础短插筋长度＋接头错开高度 500

＝弯折长度 $15d$ ＋ h_j －保护层－底层钢筋直径搭接长度 $1.2l_{aE}$ ＋接头错开高度 500。

（3）墙基础插筋计算 C（以下考虑绑扎搭接，如果是机械连接，接头错开高度取

118

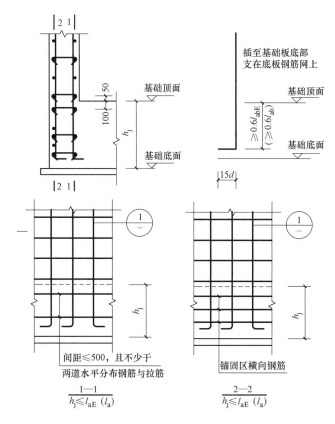

图 5-81　墙插筋在基础中锚固构造（二）墙外侧插筋保护层厚度≤5d

35d），如图 5-82 所示。

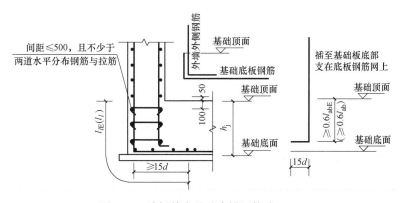

图 5-82　墙插筋在基础中锚固构造（三）

外侧短钢筋＝h_j－保护层－底层钢筋直径＋弯折长度＋（h_j－保护层）＋1.2l_{aE}；

外侧长钢筋＝外侧短钢筋＋接头错开高度 500

　　　　＝h_j－保护层－底层钢筋直径＋弯折长度＋（h_j－保护层）＋1.2l_{aE}＋接头

　　　错开高度 500；

内侧短钢筋＝h_j－保护层－底层钢筋直径＋弯折长度 15d＋1.2l_{aE}；

内侧长钢筋＝外侧短钢筋＋接头错开高度 500＝h_j－保护层－底层钢筋直径＋弯折长

度 $15d+1.2l_{aE}+$接头错开高度 500。

当选用"墙插筋在基础中锚固构造（三）时，设计人员应在图纸上注明"。

（4）剪力墙基础插筋根数计算

剪力墙基础插筋根数计算示意图如图 5-83 所示。

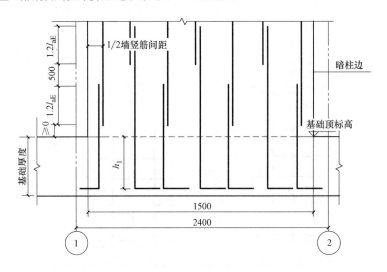

图 5-83 剪力墙基础插筋根数计算示意图

剪力墙基础插筋根数＝{[（剪力墙净长－竖向筋间距）/间距]＋}×排数。

【应用举例】 如图 5-76 所示，混凝土强度为 C30，一级抗震，剪力墙竖向钢筋为直径 12mm 的 HRB400 钢筋，环境类别为一类，柱顶为中柱，求基础插筋长。

【解答】 $l_{aE}=\zeta_{aE}\times l_a=\zeta_{aE}\times\zeta_a\times l_{ab}=1.15\times1\times35d=1.15\times35\times12=483mm<$基础厚；

基础插筋长度为：$6d+$基础厚$-40+1.2l_{aE}=6\times12+800-40+1.2583=1411.6mm$。

5.6 地下室外墙钢筋计算

剪力墙地下室外墙需要计算的钢筋有垂直筋、内侧水平筋、外侧水平筋、拉筋。

5.6.1 地下室外墙垂直筋计算

地下—1 层外墙垂直筋分布连接构造示意图如图 5-84 所示（以搭接连接为例）。

地下室－1 层外墙垂直筋长度＝－1 层层高＋搭接长度 l_{aE}；

地下室－1 层外墙垂直筋根数＝{[（剪力墙净长－1/2 墙竖筋间距×2）/墙竖筋间距]＋1}×排数。

5.6.2 地下室外墙水平筋计算

如图 5-85 所示，地下室外墙水平筋有 4 种钢筋——1 号、2 号、3 号、4 号钢筋。

（1）1 号钢筋计算

120

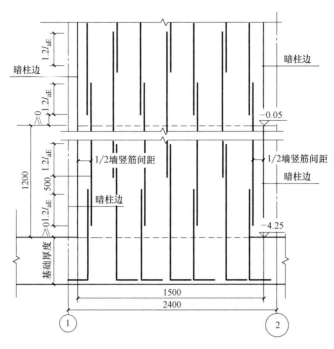

图 5-84 地下一1层外墙垂直筋分布连接构造示意图

1 号钢筋是外侧钢筋连续通过时的钢筋，1 号水平筋分布连接构造示意图如图 5-85 所示，1 号钢筋长度计算示意图如图 5-86 所示。

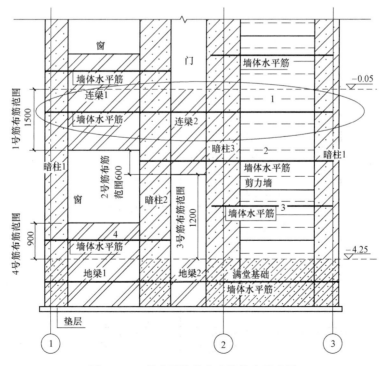

图 5-85 1 号水平筋分布连接构造示意图

1 号钢筋长度＝墙外侧长度－保护层×2＋弯折×2；

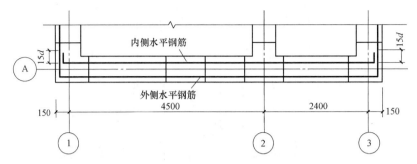

图 5-86　1 号钢筋长度计算示意图

1 号钢筋根数计算示意图如图 5-87 所示。

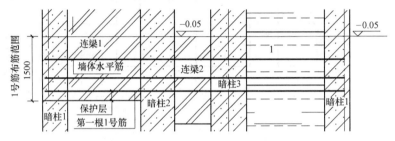

图 5-87　1 号钢筋根数计算示意图

1 号钢筋根数＝[(1 号筋布筋范围－墙保护层)/水平筋间距]＋1。

（2）2 号钢筋计算

2 号钢筋是外侧钢筋不连续通过时的钢筋，2 号水平筋分布连接构造示意图如图 5-88 所示，2 号钢筋长度计算示意图如图 5-89 所示。

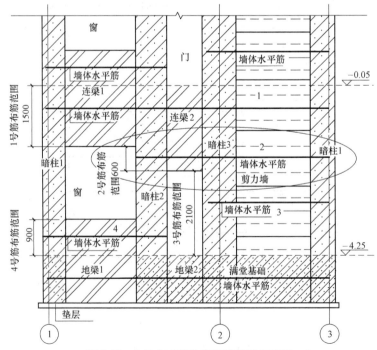

图 5-88　2 号水平筋分布连接构造示意图

122

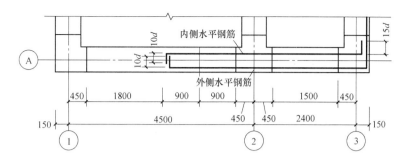

图 5-89 2 号钢筋长度计算示意图

2 号钢筋内侧长度＝图视长度－保护层×2＋左弯折＋右弯折；

2 号钢筋外侧长度＝图视长度－保护层×2＋弯折；

2 号钢筋根数计算示意图如图 5-90 所示；

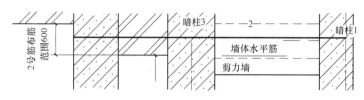

图 5-90 2 号钢筋根数计算示意图

2 号钢筋根数＝（2 号筋布筋范围－墙保护层）/水平筋间距。

（3）3 号钢筋计算

3 号钢筋是外侧钢筋不连续通过时的钢筋，3 号水平筋分布连接构造示意图如图 5-91 所示，3 号钢筋长度计算示意图如图 5-92 所示。

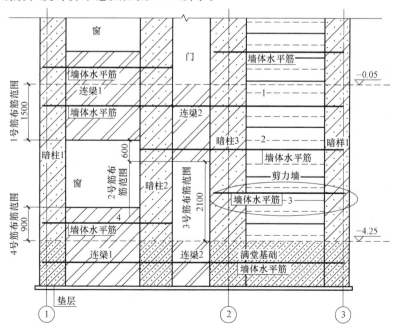

图 5-91 3 号水平筋分布连接构造示意图

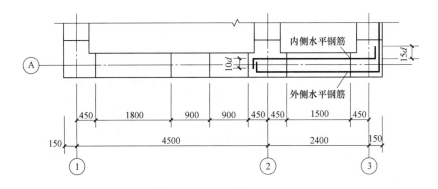

图 5-92　3 号钢筋长度计算示意图

3 号钢筋内侧长度＝图视长度－保护层×2＋左弯折＋右弯折；

3 号钢筋外侧长度＝图视长度－保护层×2＋弯折；

3 号钢筋根数计算示意图如图 5-93 所示。

3 号钢筋根数＝（3 号筋布筋范围－1/2 水平筋间距)/水平筋间距。

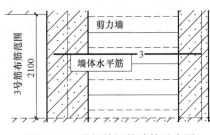

图 5-93　3 号钢筋根数计算示意图

（4）4 号钢筋计算

4 号钢筋是外侧钢筋不连续通过时的钢筋，4 号水平筋分布连接构造示意图如图 5-94 所示，4 号钢筋长度计算示意图如图 5-95 所示。

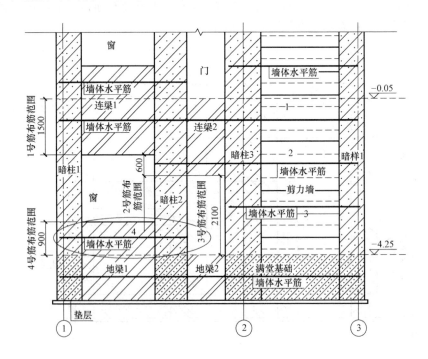

图 5-94　4 号水平筋分布连接构造示意图

124

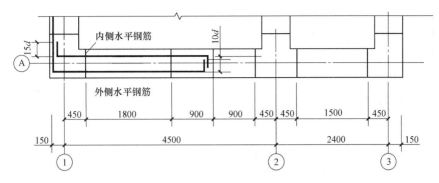

图 5-95　4 号钢筋长度计算示意图

4 号钢筋内侧长度＝图视长度－保护层×2＋左弯折＋右弯折；

4 号钢筋外侧长度＝图视长度－保护层×2＋弯折；

4 号钢筋根数计算示意图如图 5-96 所示。

4 号钢筋根数＝（离地高度－间距/2－保护层）/间距＋1。

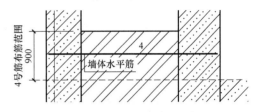

图 5-96　4 号钢筋根数计算示意图

5.6.3　地下室外墙拉筋计算

拉筋长度＝$(b-2c+2d)+1.9d×2+\max(10d,75)×2$；

拉筋根数＝净墙面积/（间距×间距）

　　　　＝（墙总面积－门洞面积－窗洞面积－窗下面积－连梁面积－暗柱面积）/（间距×间距）。

5.7　剪力墙连梁、暗梁、边框梁钢筋计算

5.7.1　剪力墙连梁

剪力墙连梁是剪力墙的一个组成部分，准确地说是和剪力墙浇筑成一体的门窗钢筋过梁。位于墙顶的，又叫墙顶连梁，它由纵向钢筋、箍筋、拉筋、墙身水平钢筋组成。连梁与暗柱或端柱相连接，连梁主筋锚固起点应当从暗柱或端柱的边缘算起。连梁箍筋的计算与框架梁相似，只不过梁高比一般框架梁高得多，箍筋长度计算可根据"连梁表"中的"梁高"减去两倍保护层；箍筋宽度的计算方法为：墙厚－墙保护层×2－墙水平筋的直径×2。

连梁主筋锚入暗柱或端柱的长度取值为：$\max(l_{aE},600)$。

1. 中间层连梁

（1）墙端部洞口连梁，如图 5-97 所示。

连梁纵筋长度＝洞口宽＋墙端支座锚固＋中间支座锚固 $\max(l_{aE},600)$；

端部墙肢较短时：

125

端部锚入取值＝墙厚－墙保护层－墙水平筋直径－竖向筋直径＋15d；
当端部直锚长度$\geqslant l_{aE}(l_a)$，且$\geqslant600$时，可不比弯折。
箍筋根数＝(洞口宽－50×2)/间距＋1。
箍筋长度的计算同柱箍筋长度计算。
（2）墙中部洞口连梁，如图5-98所示。

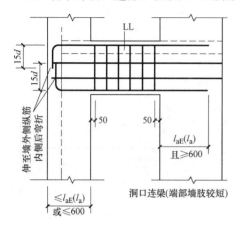

图5-97　中间层墙端部洞口连梁节点构造

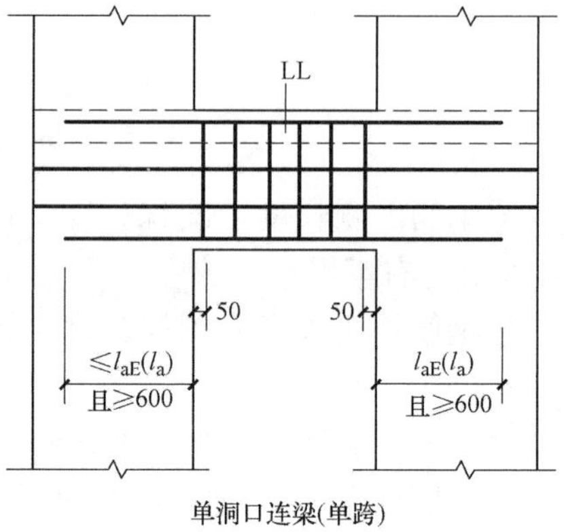

图5-98　中间层墙中部洞口连梁节点构造

中间支座纵筋长度＝洞口宽＋锚固$[\max(l_{aE}，600)]\times2$。
箍筋长度的计算同柱箍筋长度计算：
箍筋根数＝(洞口宽－50×2)/间距＋1。

2. 顶层连梁

顶层连梁端部和中部节点构造如图5-99所示。

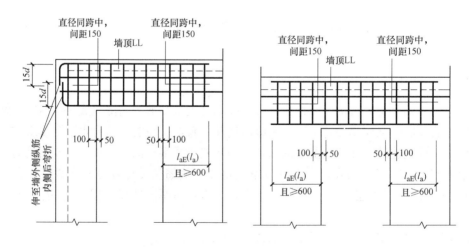

图5-99　顶层连梁端部和中部节点构造

纵筋的长度计算同中间层连梁，箍筋长度计算同梁。
箍筋根数＝(洞口宽－50×2)/间距＋1＋(伸入端墙内平直长度－100)/150＋1＋(锚入墙内长度－100)/150＋1；

锚固长度＝max(l_{aE},600)。

【应用举例】 如图5-100所示，中间层连梁，混凝土等级为C30，一级抗震，环境类别为一类，求连梁内钢筋长度。

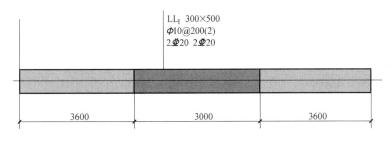

图5-100 某中间层连梁钢筋示意图

【解答】 $l_{aE}＝\zeta_{aE}\times l_a＝\zeta_{aE}\times\zeta_a\times l_{ab}＝1.15\times1\times35d＝1.15\times35\times20＝805$mm。

上部纵筋长为：洞口宽＋max(600,l_{aE})×2＝3000＋max(600,805)×2＝4610mm；

下部纵筋长为：洞口宽＋max(600,l_{aE})×2＝3000＋max(600,805)×2＝4610mm。

箍筋长为：周长－保护层厚度×8＋$1.9d$×2＋max(10d,75)＝(300＋500)×2－8×15＋$1.9\times10\times2＋10\times10＝1618$mm。

箍筋根数为：(洞口宽－50×2)/200＋1＝(3000－100)/200＋1＝16根。

5.7.2 剪力墙暗梁

1. 剪力墙暗梁构造

剪力墙暗梁的配筋由纵向钢筋、箍筋、拉筋、墙身水平筋组成。

暗梁是剪力墙的一部分，在计算时，特别需注意的是"暗梁"不存在"锚固"问题，只有"收边"问题。

暗梁虽然是剪力墙的一部分，但它的作用却不是抗剪的，而是对剪力墙有阻止开裂的作用，就像贴了胶带纸一样。暗梁一般设置在剪力墙靠近楼板底部的位置，就像砖混结构的圈梁一样，连梁构造详图对暗梁不适用。

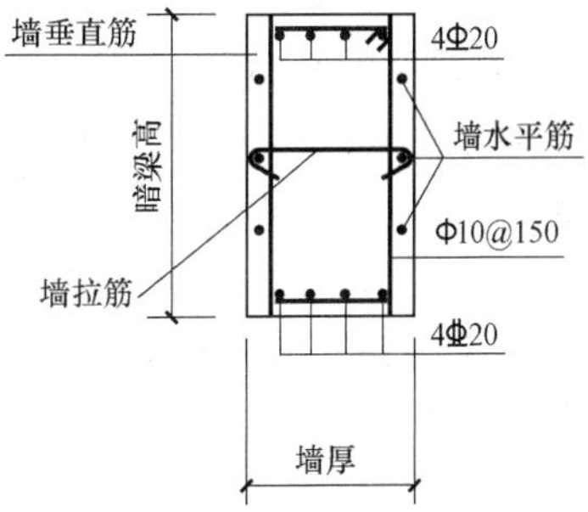

2. 剪力墙暗梁钢筋计算

剪力墙暗梁的配筋示意图如图5-101所示。

图5-101 暗梁的配筋示意图

（1）纵筋

暗梁纵筋是布置在剪力墙身上的钢筋，因此执行剪力墙水平钢筋构造。

1）暗梁纵筋连续情况（当暗梁纵筋遇到纯剪力墙或跨层连梁时），如图5-102所示。

暗梁纵筋长度＝暗梁净长 L＋锚固长度 l_{aE}(l_a)（可弯锚也可以直锚）×2。

2）暗梁纵筋不连续情况（当暗梁遇到非跨层连梁时），如图5-103所示。

暗梁纵筋总长度＝（暗梁总长－左右两端墙厚）＋左右两端锚固长度 l_{aE}(l_a)＋与非跨层连梁搭接长度 l_{lE}(l_l)×搭接个数。

（2）箍筋

127

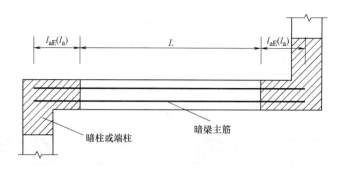

图 5-102　暗梁纵筋连续情况

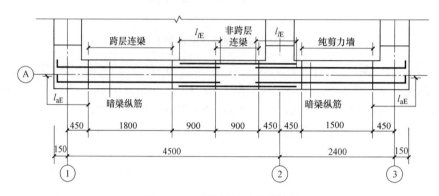

图 5-103　暗梁纵筋不连续情况

1）箍筋长度的计算

暗梁的宽度与剪力墙厚度相同，暗梁的高度根据暗梁表查得；

暗梁箍筋水平宽度尺寸＝墙厚－保护层×2－墙身水平分布钢筋直径×2；

暗梁箍筋竖向宽度尺寸＝暗梁高－保护层×2；

暗梁箍筋总预算长＝（墙厚－保护层×2－墙身水平分布钢筋直径×2）×2＋（暗梁高－保护层×2）＋$1.9d×2＋\max(10d, 75)×2$。

2）暗梁箍筋根数的计算

暗梁的箍筋沿墙肢全长均匀布置，不存在箍筋加密区和非加密区。暗梁箍筋排列示意图如图 5-104 所示。

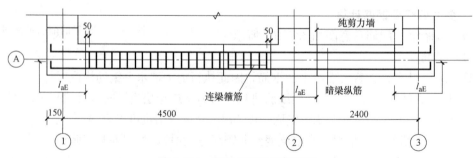

图 5-104　暗梁箍筋排列示意图

箍筋根数的计算应从支座边缘 50mm 处算起；

箍筋根数＝（暗梁净长 L－50×2）/间距＋1。

（3）拉筋

拉筋直径：当梁宽≤350mm时为6mm；当梁宽＞350mm时为8mm。拉筋间距为2倍箍筋间距，竖向沿侧面水平筋隔一拉一。

（4）暗梁侧面纵筋构造

暗梁的侧面钢筋详见具体工程设计，当设计未注写时，即为剪力墙水平分布钢筋，其布置在暗梁箍筋外侧。在暗梁上部纵筋和下部纵筋的水平位置处不布置水平分布钢筋。

5.7.3 剪力墙边框梁

1. 剪力墙边框梁构造

剪力墙边框梁的钢筋种类包括：纵向钢筋、构造钢筋、抗扭钢筋、箍筋、拉筋。

剪力墙的水平筋分布在边框梁箍筋的内侧，剪力墙的竖向钢筋在边框梁内部穿越。

边框梁是剪力墙的一部分，边框梁主筋没有 $l_n/3$ 的构造，与框架梁不同，但边框梁在支座上的锚固与框架梁相同，有边框梁就有端柱。

边框梁只有一个截面图，因此边框梁全长按此截面配筋。

2. 剪力墙边框梁钢筋计算

边框梁与暗梁有许多共同点，都是剪力墙的一部分，一般设置在靠近屋面板底部的位置，也像砖混结构的圈梁一样，但其宽度比剪力墙厚度大，其钢筋构造与暗梁基本相同，暗梁与边框梁对比图如图5-33所示。

由于剪力墙水平筋分布在边框梁箍筋的内侧，其箍筋水平宽度的计算与暗梁略有不同。

边框梁箍筋水平宽度尺寸＝墙厚－保护层×2。

边框梁的其他钢筋计算可参考暗梁钢筋计算，此处不再赘述。

6 广联达钢筋算量软件应用

6.1 广联达钢筋算量软件介绍

6.1.1 行业现状

随着设计方法的技术革新，采用平面整体标注法进行设计的图纸已占工程设计总量的90％以上，钢筋工程量的计算也由原来的按构件详图计算转化为新的平法规则计算。平法的应用要求我们必须用新的工具代替手工计算。

随着行业内竞争的加剧，招投标周期越来越短，预算的精度要求越来越高，传统的算法已经不能满足日常工作的需求，我们只有利用软件计算才能快速准确的算量。

6.1.2 软件作用

软件不仅能够完整地计算工程的钢筋总量，而且能够根据工程要求按照结构类型、楼层、构件的不同，计算出各自的钢筋明细量。

6.1.3 软件计算依据

软件计算依据软件综合考虑了平法系列图集、结构设计规范、施工验收规范以及常见的钢筋施工工艺，能够满足不同的钢筋计算要求。

6.2 案例工程应用

以某钢筋翻样实训室为案例，讲解"广联达算量2013"软件的使用方法。

6.2.1 新建工程

（1）打开工程，打开"广联达钢筋算量2013"软件，左键点击欢迎界面上的"新建向导"，进入新建工程界面，如图6-1所示。

（2）输入工程名称、选择损耗模板、报表类别、计算规则、汇总方式。在这里，工程名称为"培训工程"，损耗模板为"不计算损耗"，报表类别为"全统2000"，计算规则为"11系列平法图集"，汇总方式为"按外皮计算钢筋长度（不考虑弯曲调整值）"，如图6-2所示。

（3）点击"下一步"按钮，进入"工程信息"界面（如图6-3所示），在此界面按照图纸输入（在这里大家应注意对话框下方的"提示"信息，提示信息告诉大家这里填入的信息会对软件中的那些内容产生影响，大家可根据实际工程情况和提示信息，填入工程信息）；

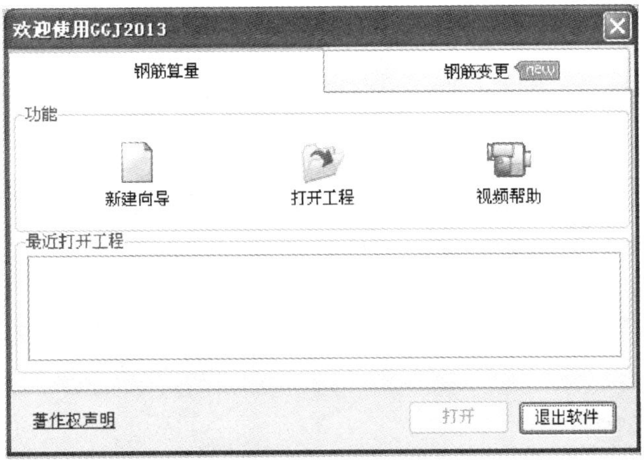

图 6-1　新建向导

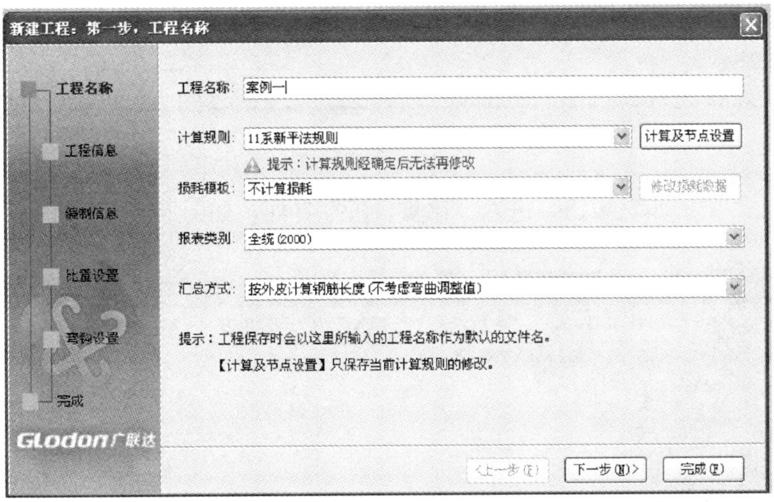

图 6-2　工程名称

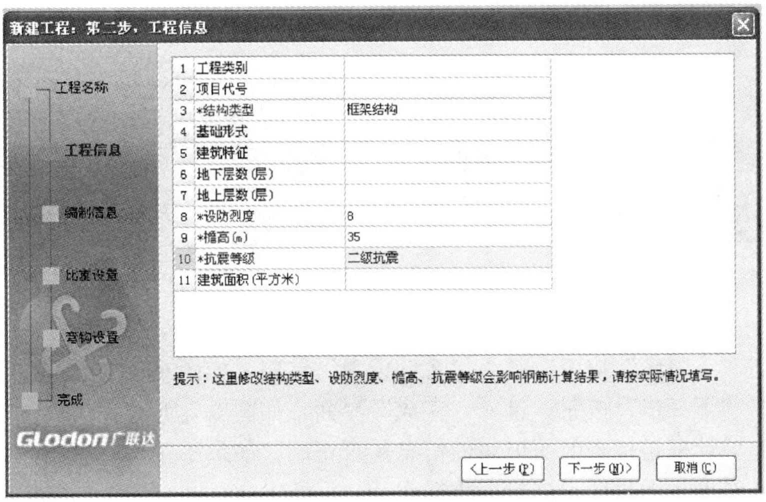

1	工程类别	
2	项目代号	
3	*结构类型	框架结构
4	基础形式	
5	建筑特征	
6	地下层数(层)	
7	地上层数(层)	
8	*设防烈度	8
9	*檐高(m)	35
10	*抗震等级	二级抗震
11	建筑面积(平方米)	

提示：这里修改结构类型、设防烈度、檐高、抗震等级会影响钢筋计算结果，请按实际情况填写。

图 6-3　工程信息

（4）点击"下一步"按钮，进入"编制信息"界面，如图 6-4 所示。

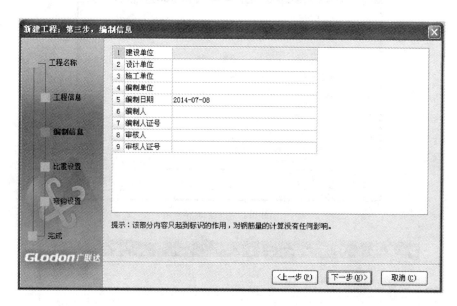

图 6-4　编制信息

（5）点击"下一步"按钮，进入"比重设置"界面，如图 6-5 所示。

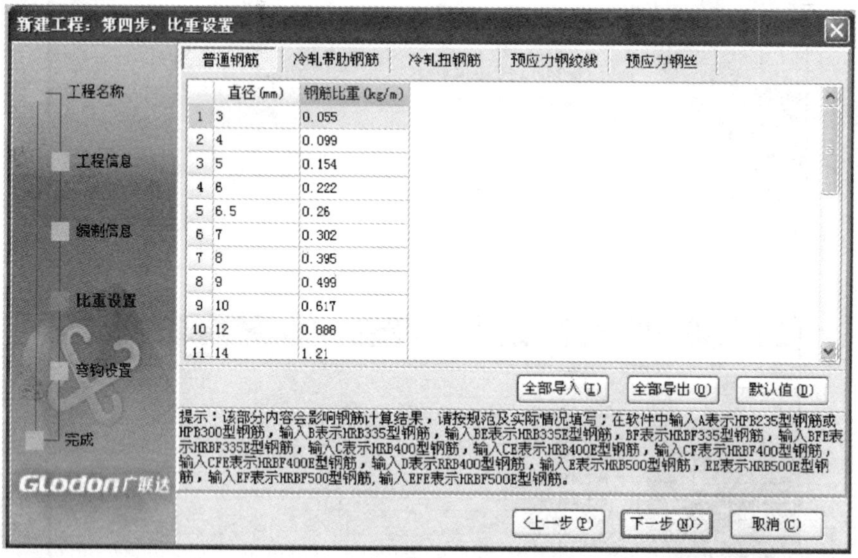

图 6-5　比重设置

（6）点击"下一步"按钮，进入"弯钩设置"界面，如图 6-6 所示。

（7）点击"下一步"按钮，进入"完成"界面，如图 6-7 所示：

提示：此对话框是检查前面填写的信息是否正确，如果不正确，单击"上一步"返回可进行修改，经确认无误后则进行下步操作；

（8）点击"完成"按钮，进入"楼层管理"界面。

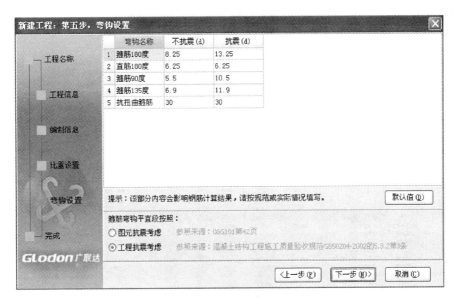

图 6-6 弯钩设置

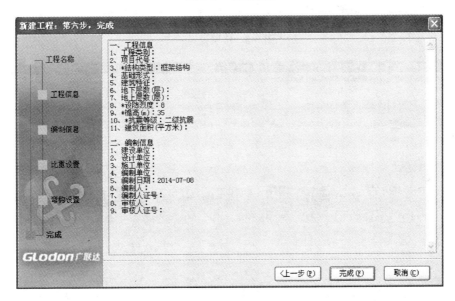

图 6-7 完成设置

6.2.2 新建楼层

（1）根据图纸新建楼层，左键点击"添加楼层"两次，根据图纸修改楼层层高，点击左键选择层高输入框，分别输入基础层的层高为 1.2m，首层的层高为 3.0m，如图 6-8 所示。

（2）从图纸结构设计说明看混凝土强度等级与保护层厚度（软件中强度等级仍称为标号）：主体结构混凝土等级为 C30，梁、柱钢筋保护层厚度为 25mm，板、剪力墙钢筋保护层厚度为 15mm，在下拉菜单里选择强度等级，设置完成后如图 6-9 所示。

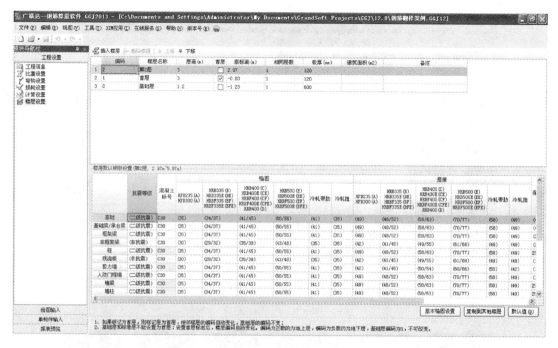

图 6-8 楼层设置

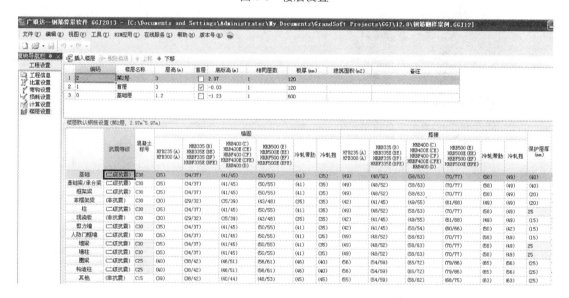

图 6-9 混凝土强度等级设置

（3）修改了"首层"的混凝土强度等级与保护层厚度，修改其他层时，可进行如下操作，在界面下，点击"复制到其他楼层"按钮，弹出选择楼层界面，如图 6-10 所示。

（4）点击"确定"按钮，即可完成楼层的新建。

6.2.3 新建轴网

（1）左键单击"绘图输入"，进入绘图界面，切换到"轴网"图层，在菜单栏点击"轴网管理"，弹出对话框。左键点击"下开间"，在右侧轴距栏依次输入：

下开间的轴距（500，6500，3000，2600，4500，1200，500）；

上开间的轴距（500，6500，3000，2600，4500，1200，500）；

左进深的轴距（500，3500，500）；

右进深的轴距（500，3500，500）；

完成后如图6-11所示。

（2）在"新建轴网"空白处，左键双击"选择"进入"请输入角度"界面，如图6-12所示。

（3）左键单击"确定"，轴网自动插入软件中如图6-13所示，建立轴网完成；

1）左边点击①轴线，在弹出的提示框中输入"偏移距离"为"2150mm"，输入"轴号"为"Ⓐ/1"；

2）左边点击Ⓐ/1轴线，在弹出的提示框中输入"偏移距离"为"2200mm"，输入"轴号"为"Ⓑ/1"，点击"确定"即可完成辅轴的绘制，如图6-14所示。

（提示：平行辅轴的偏移距离按照坐标分正负值）。

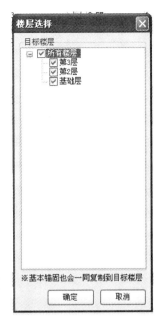

图 6-10　复制到其他楼层

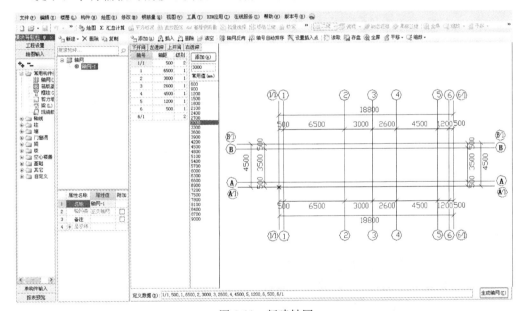

图 6-11　新建轴网

图 6-12　轴网角度设置

135

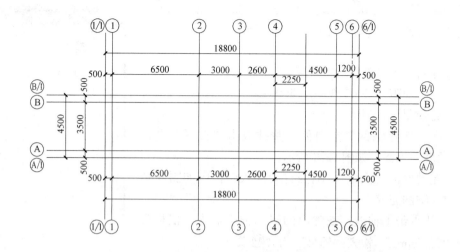

图 6-13　轴网

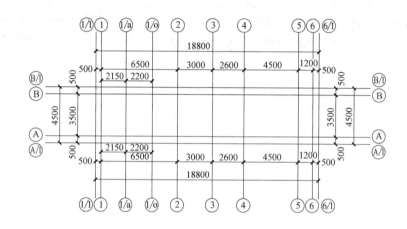

图 6-14　平行辅轴

6.2.4　绘制基础层构件

1. 绘制端柱、暗柱、框架柱、剪力墙

（1）切换楼层到"基础层"，选择"端柱"图层，点击"定义构件"，按照图纸定义 DZ1、YJZ1、YYZ1，如图 6-15 所示。

（2）在新建端柱空白处鼠标左键双击进入绘图界面，对照图纸，布置端柱 DZ1、YJZ1、YYZ1。

（3）切换楼层到"基础层"，选择"暗柱"图层，点击"定义构件"，按照图纸定义 YAZ1，如图 6-16 所示。

（4）在新建端柱空白处鼠标左键双击进入绘图界面，对照图纸，布置暗柱 YAZ1

（5）切换楼层到"基础层"，选择"框架柱"图层，点击"定义构件"，按照图纸定义 KZ1，如图 6-17 所示。

（6）在新建端柱空白处鼠标左键双击进入绘图界面，对照图纸，布置框架柱 KZ1。

136

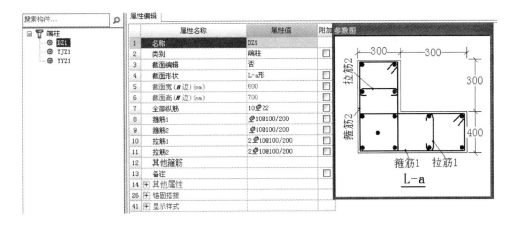

图 6-15 新建端柱 DZ1、YJZ1、YYZ1

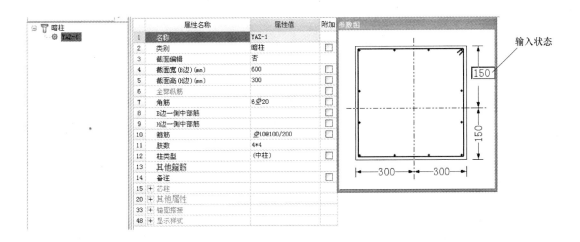

图 6-16 新建暗柱 YAZ1

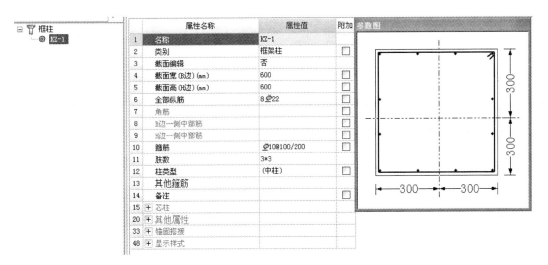

图 6-17 新建框架柱 KZ1

（7）切换楼层到"基础层"，选择"框架柱"图层，点击"定义构件"，按照图纸定义剪力墙 Q1，如图 6-18 所示。

（8）在新建端柱空白处鼠标左键双击进入绘图界面，对照图纸，布置剪力墙 Q1。基础层端柱、暗柱、框架柱、剪力墙如图 6-19 所示。

图 6-18　新建剪力墙 JLQ-1

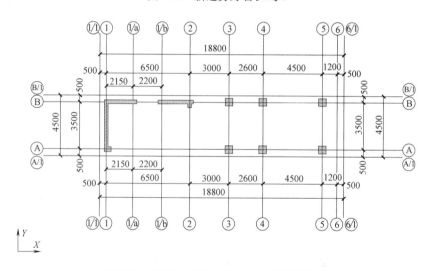

图 6-19　端柱、暗柱、框架柱、剪力墙布置

2. 绘制筏板基础

该工程的基础为筏板基础，厚度为 600mm，混凝土等级为 C30，底筋保护层厚度为 40mm，筏板底面标高为 −1.23m，顶面标高为 −0.63m，筏板配筋为双层双向 C10 @150。

（1）切换楼层到"基础层"，选择"筏板基础"图层，点击"定义构件"，按照图纸定义 FB-1，如图 6-20 所示。

（2）切换楼层到"基础层"，选择"筏板基础"图层，点击"定义构件"，按照图纸定义筏板底筋 FBZJ-1、面筋 FBZJ-2，如图 6-21 和图 6-22 所示。

图 6-20 定义筏板基础

图 6-21 定义筏板底筋 FBZJ-1

图 6-22 定义筏板面筋 FBZJ-2

（3）在新建端柱空白处鼠标左键双击进入绘图界面，对照图纸，布置筏板基础、筏板底筋及面筋，如图 6-23 所示

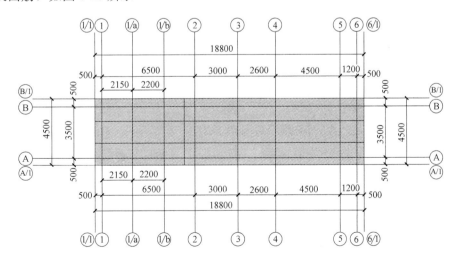

图 6-23 定义筏板基础、筏板底筋及面筋

（4）基础层构件三维示意图如图 6-24 所示。

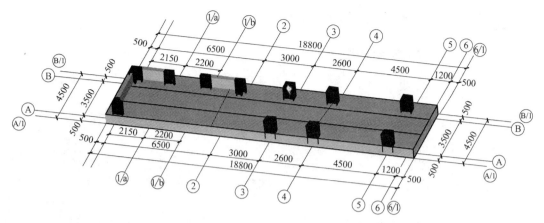

图 6-24　基础层构件三维显示

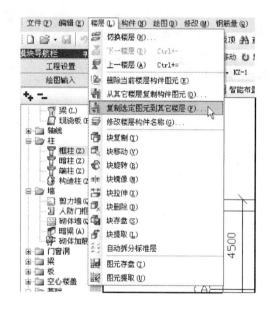

图 6-25　复制选定图元到其他楼层

6.2.5　绘制首层梁构件

在"楼层"菜单中选择"复制选定图元到其它楼层",如图 6-25 所示,将楼层切换到基础层,选择端柱、暗柱、框架柱、剪力墙,复制到首层,如图 6-26 所示。

1. 定义梁构件

(1) 切换到"梁"图层,点击"定义构件",在定义构件窗体里分别输入:"名称"为"KL-1","跨数"为"3","截面宽"为"300mm","截面高"为"600mm","箍筋"为"A10@100/200(4)","上部通长筋"为"2C22+(2C14)","下部通长筋"为空,侧面构造钢筋"N4C16"即可完成构件定义,依次定义 KL-2、KL-3、LL-1、LL-2,如图 6-27 所示。

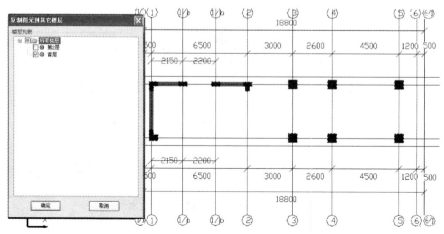

图 6-26　将基础层构件复制到首层

图 6-27　定义框架梁 KL-1

（2）切换到"门窗洞口"图层，点击"连梁"，在定义构件窗体里分别输入："名称"为"LL1"，"截面宽"为"300mm"，"截面高"为"600mm"，"箍筋"为"A10@100（4）"，"上部通长筋"为"4C20"，"下部通长筋"为"4C20"。

（3）点击"选择构件"即可退出到绘图界面。

2. 绘制梁

点击"直线"选择画法，再依次点击点轴线③与Ⓑ交点和轴线⑥与Ⓑ交点

即可完成 KL-1 的绘制，点击"对齐"下的"设置梁靠柱边"。对照图纸完成 KL-2、非框架梁 LL-1、LL-2、连梁 LL1 梁绘制，如图 6-28 所示。

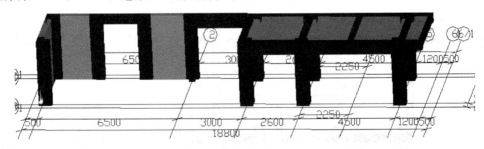

图 6-28　首层梁绘制

3. 梁原位标注

（1）点击"梁原位标注"下的"梁平法表格"，点击绘制的梁 KL1，即可弹出平法输入表格，对照图纸，将梁 KL1 的原位标注信息输入到"梁的平法表格中"如图 6-29 所示。

（2）依次完成 KL2、LL1、LL2 梁平法标注。

	跨号	标高（m）		构件尺寸（mm）								上通长筋	上部钢筋			下部钢筋		
		起点标高	终点标高	A1	A2	A3	A4	跨长	截面（B*H）	距左边线距离			左支座钢筋	跨中钢筋	右支座钢筋	下通长筋	下部钢筋	侧面通长筋
1	1	2.97	2.97	(600)	(0)		(200)	(2700)	(300*600)	(150)		2Φ22	6Φ22 4/2	(2Φ14)	6Φ22 4/2		8Φ25 2/4	N4Φ16
2	2	2.97	2.97		(200)	(200)		(2600)	300*500	(150)				(2Φ14)	6Φ22 4/2		4Φ20	
3	3	2.97	2.97		(200)	(200)		(4500)	300*700	(150)				(2Φ14)	6Φ22 4/2		2Φ25/2Φ22+	
4	4	2.97	2.97				(200)	(1700)	300*600/4	(150)		5Φ22 3/2		(2Φ14)			4Φ20	

图 6-29　梁 KL1 平法表格

6.2.6 绘制首层板构件

1. 定义板构件

（1）切换到板图层，点击"定义构件"。新建板构件，输入名称为"LB-1"，厚度为"110"，完成板LB1的建立，如图6-30所示。

图6-30 定义板 LB1

（2）LB2 板定义的方法与LB1 板相同。

2. 绘制板

点击"选择构件"，退回到绘图界面，点击"矩形画板"对照图纸，完成LB1、LB2板的绘制。

3. 绘制板受力筋

（1）切换到"板受力筋"图层，定义板LB1、LB2板的受力筋 XC10 @ 150、YC10 @ 150，定义LB1、LB2 板的支座负筋 C6 @ 150、C8 @150。

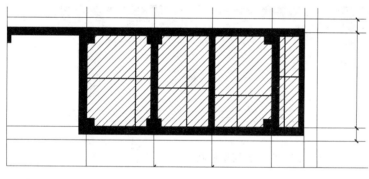

图6-31 板底筋布置

（2）对照图纸，布置LB1、LB2 板的底筋，如图6-31 所示。

（3）对照图纸，绘制LB1、LB2 板的支座负筋，如图6-32 所示。

6.2.7 绘制 2 层构件

将图层切换到首层，在"楼层"菜单中选择"复制选定图元到其他层"，如图6-25 所示，将楼层切换到基础层，选择端柱、暗柱、框架柱、剪力墙，复制到2 层。

142

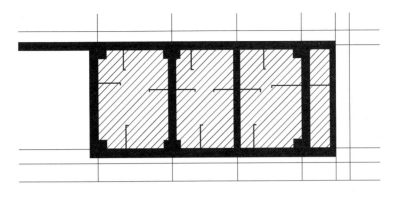

图 6-32 板支座负筋布置

1. 绘制屋面梁 WKL1

（1）切换到"梁"图层，点击"定义构件"，在定义构件窗体里分别输入："名称"为"WKL-1"，梁类型为"屋面框架梁"，"跨数"为"3"，"截面宽"为"300mm"，"截面高"为"400mm"，"箍筋"为"A10 @ 100/200(4)"，"上部通长筋"为"2C22"，"下部通长筋"为 4C25，侧面构造钢筋为空，即可完成构件定义，如图 6-33 所示。

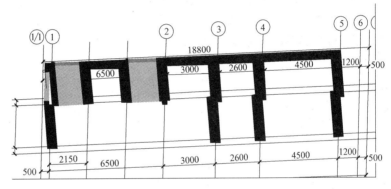

图 6-33　2 层构件绘制

（2）对照图纸，布置屋面梁方法同框架梁。

6.2.8　汇总计算

（1）左键点击菜单栏的"汇总计算"，弹出选择界面，如图 6-34 所示。

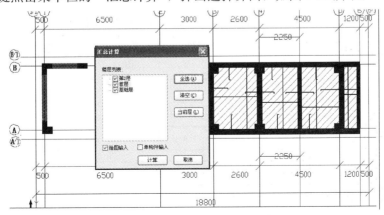

图 6-34　汇总计算

（2）左键点击"计算"，软件即可自动计算，计算关闭后给出提示，如图 6-35 所示。

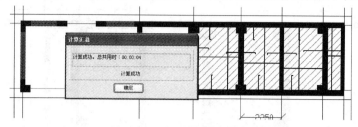

图 6-35 计算完成

（3）点击"确定"，软件计算完毕。

（4）查看报表，鼠标左键点击"报表预览"，弹出"设置报表范围"窗体，如图 6-36 所示。

（5）点击"确定"，再次点击鼠标左键（放大），即可查看"工程技术经济指标表"，如图 6-37 所示。

（6）左键点击"钢筋统计汇总表"，即可查看计算的钢筋统计汇总表，如图 6-38 所示。

（7）键点击"钢筋明细表"，即可查看计算的钢筋明细表，如表 6-1、表 6-2、表 6-3 所示。

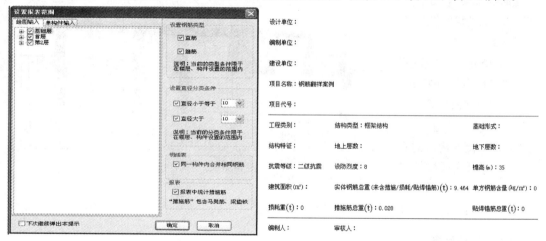

图 6-36 设置报表范围　　　　　　图 6-37 工程技术经济指标

钢筋统计汇总（包含措施筋）

工程名称：钢筋翻样案例　　　　　　　　编制日期：2014-07-10　　　　　　　　单位（t）

构件类型	合计	级别	6	8	10	12	14	16	20	22	25
柱	2.058	ϕ			0.811					1.248	
暗柱\端柱	1.859	ϕ			0.868				0.491	0.5	
墙	0.014	ϕ	0.014								
	1.467	ϕ				0.85	0.616				
暗梁	0.079	ϕ			0.017				0.062		
连梁	0.165	ϕ			0.032				0.132		
梁	0.535	ϕ	0.01		0.525						
	1.518	ϕ				0.029	0.027	0.078	0.067	0.887	0.43
现浇板	0.006	ϕ	0.006								
	0.321	ϕ	0.047	0.016	0.259						
筏板基础	1.469	ϕ			1.469						
合计	0.555	ϕ	0.03		0.525						
	8.937	ϕ	0.047	0.016	3.456	0.88	0.643	0.078	0.752	2.635	0.43

图 6-38 钢筋统计汇总

表 6-1

基础层钢筋明细表

楼层名称：基础层（绘图输入）　　　　　　　　　　　钢筋总重：2446.845kg

筋号	级别	直径	钢筋图形	计算公式	根数	总根数	单长(m)	总长(m)	总重(kg)
构件名称：KZ-1[114]				构件数量：4					
				构件位置：<3,B>；<3,A>；<4,A>；<5,A>			本构件钢筋量：57.244kg		
全部纵筋插筋1	C	22	330 ⌐ 2330	$3000/3+1 \times \max(35 \times d, 500)+600-40+15 \times d$	4	16	2.66	42.56	126.829
全部纵筋插筋2	C	22	330 ⌐ 1560	$3000/3+600-40+15 \times d$	4	16	1.89	30.24	90.115
箍筋1	C	10	550 / 550	$2 \times[(600-2 \times 25)+(600-2 \times 25)]+2 \times(11.9 \times d)$	2	8	2.438	19.504	12.034
构件名称：KZ-1[115]				构件数量：2					
				构件位置：<4,B>；<5,B>			本构件钢筋重：56.458kg		
全部纵筋插筋1	C	22	330 ⌐ 2297	$2900/3+1 \times \max(35 \times d, 500)+600-40+15 \times d$	4	8	2.627	21.016	62.628
全部纵筋插筋2	C	22	330 ⌐ 1527	$2900/3+600-40+15 \times d$	4	8	1.857	14.856	44.271
箍筋1	C	10	550 / 550	$2 \times[(600-2 \times 25)+(600-2 \times 25)]+2 \times(11.9 \times d)$	2	4	2.438	9.752	6.017
构件名称：DZ1[37]				构件数量：1					
				构件位置：<1,A>			本构件钢筋重：60.58kg		
全部纵筋插筋1	C	22	330 ⌐ 1830	$500+1 \times \max(35 \times d, 500)+600-40+15 \times d$	5	5	2.16	10.8	32.184
全部纵筋插筋2	C	22	330 ⌐ 1060	$500+600-40+15 \times d$	5	5	1.39	6.95	20.711
箍筋1	C	10	550 / 350	$2 \times(300+300-2 \times 25+400-2 \times 25)+2 \times(11.9 \times d)$	2	2	2.038	4.076	2.515

楼层名称:基础层(绘图输入) 　　　　钢筋总重:2446.845kg

筋号	级别	直径	钢筋图形	计算公式	根数	总根数	单长(m)	总长(m)	总重(kg)
构件名称:DZ1[37]									
				构件数量:1					
				构件位置:<1,A>					
拉筋1	C	10	350	$400-2\times25+2\times(11.9\times d)$	4	4	0.588	2.352	1.451
箍筋2	C	10	650 250	$2\times(400+300-2\times25-2\times25+300-2\times25)+2\times(11.9\times d)$	2	2	2.038	4.076	2.515
拉筋2	C	10	250	$300-2\times25+2\times(11.9\times d)$	4	4	0.488	1.952	1.204
				本构件钢筋重:57.629kg					
构件名称:YJZ1[39]									
				构件数量:1					
				构件位置:<1,B>					
全部纵筋 插筋1	C	20	300 1760	$500+1\times\max(35\times d,500)+600-40+15\times d$	6	6	2.06	12.36	30.529
全部纵筋 插筋2	C	20	300 1060	$500+600-40+15\times d$	6	6	1.36	8.16	20.155
钢筋	C	10	550 250	$2\times(300+300-2\times25-2\times25+300-2\times25)+2\times(11.9\times d)$	4	4	1.838	7.352	4.536
钢筋	C	10	250	$300-2\times25+2\times(11.9\times d)$	8	8	0.488	3.904	2.409
				本构件钢筋重:59.84kg					
构件名称:YYZ1[41]									
				构件数量:1					
				构件位置:<2,B>					
全部纵筋 插筋1	C	22	330 1830	$500+1\times\max(35\times d,500)+600-40+15\times d$	5	5	2.16	10.8	32.184
全部纵筋 插筋2	C	22	330 1060	$500+600-40+15\times d$	5	5	1.39	6.95	20.711
钢筋	C	10	550 250	$2\times(300+300-2\times25-2\times25+300-2\times25)+2\times(11.9\times d)$	4	4	1.838	7.352	4.536
钢筋	C	10	250	$300-2\times25+2\times(11.9\times d)$	8	8	0.488	3.904	2.409

楼层名称：基础层（绘图输入）　　　　　　　　　　　　　　　　　　钢筋总重：2446.845kg

筋号	级别	直径	钢筋图形	计算公式	根数	总根数	单长(m)	总长(m)	总重(kg)
构件名称：YAZ-1[45]				构件数量：2					本构件钢重：30.962kg
构件位置：<1+2150,B>；<2-2150,B>									
角筋插筋1	C	20	[1760 / 300]	$500+1×\max(35×d,500)+600-40+15×d$	3	6	2.06	12.36	30.529
角筋插筋2	C	20	[1060 / 300]	$500+600-40+15×d$	3	6	1.36	8.16	20.155
箍筋1	C	10	[550 / 250]	$2×[(600-2×25)+(300-2×25)]+2×(11.9×d)$	2	4	1.838	7.352	4.536
箍筋2	C	10	[210 / 250]	$2×\{[(600-2×25-2×d-20)/3×1+20+2×d]+(300-2×25)\}+2×(11.9×d)$	2	4	1.158	4.632	2.858
箍筋3	C	10	[110 / 550]	$2×\{[(300-2×25-2×d-20)/3×1+20+2×d]+(600-2×25)\}+2×(11.9×d)$	2	4	1.558	6.232	3.845
构件名称：JLQ-1[84]				构件数量：1					本构件钢重：142.77kg
构件位置：<1.B-450><1.A+500>									
钢筋	C	12	[3820 / 120 120]	$3850-15+10×d-15+10×d$	14	14	4.06	56.84	50.474
墙身垂直钢筋1	C	14	[1289]	$600+1.2×41×14$	13	13	1.289	16.757	20.276
钢筋	C	14	[3038 / ∀8]	$600+500+1.2×41×d+1.2×41×14+600-40+6×d$	13	13	3.122	40.586	49.109
钢筋	C	14	[1260 / ∀8]	$50×14+600-40+6×d$	13	13	1.344	17.472	21.141
墙身拉筋1	A	6	[270]	$(300-2×15)+2×(75+1.9×d)$	18	18	0.443	7.974	1.77

楼层名称：基础层（绘图输入）　　　　　　　　　　　　　　　　　　　　钢筋总重（总重）:2446.845kg

筋号	级别	直径	钢筋图形	计算公式	根数	总根数	单长(m)	总长(m)	总重(kg)
构件名称：JLQ-1[86]				构件位置：<1+450,B><1+1850,B>			构件数量:1	本构件钢筋重:79.868kg	
钢筋	C	12	120⌐2570⌐120	$2600-15+10\times d-15+10\times d$	12	12	2.81	33.72	29.943
墙身垂直钢筋1	C	14	1289	$600+1.2\times41\times14$	7	7	1.289	9.023	10.918
钢筋	C	14	3038	$600+500+1.2\times41\times d+1.2\times41\times14+600-40+6\times d$	7	7	3.122	21.854	26.443
钢筋	C	14	1260	$50\times14+600-40+6\times d$	7	7	1.344	9.408	11.384
墙身拉筋1	A	6	270	$(300-2\times15)+2\times(75+1.9\times d)$	12	12	0.443	5.316	1.18
构件名称：JLQ-1[88]				构件位置：<2-1850,B><2-300,B>			构件数量:1	本构件钢筋重:93.687kg	
钢筋	C	12	120⌐2720⌐120	$2750-15+10\times d-15+10\times d$	14	14	2.96	41.44	36.799
墙身垂直钢筋1	C	14	1289	$600+1.2\times41\times14$	8	8	1.289	10.312	12.478
钢筋	C	14	1260	$50\times14+600-40+6\times d$	8	8	1.344	10.752	13.01
钢筋	C	14	3038	$600+500+1.2\times41\times d+1.2\times41\times14+600-40+6\times d$	8	8	3.122	24.976	30.221
墙身拉筋1	A	6	270	$(300-2\times15)+2\times(75+1.9\times d)$	12	12	0.443	5.316	1.18

楼层名称:基础层(绘图输入) 钢筋总重:2446.845kg

筋号	级别	直径	钢筋图形	计算公式	根数	总根数	单长(m)	总长(m)	总重(kg)
构件名称:AL-1[96]				构件位置:<1+450,B><1+1850,B> 构件数量:1 本构件钢筋重:79.255kg					
钢筋	C	20	300 · 2550 · 300	$1400+600-25+15×d+600-25+15×d$	8	8	3.15	25.2	62.244
箍筋1	C	10	550 · 250	$2×[(300-2×25)+(600-2×25)]+2×(11.9×d)$	15	15	1.838	27.57	17.011
构件名称:FB-1[33]				构件位置:<6/1,A+999><1/1,A+1000>;<2-733,B/1><2-733,A/1>;<6/1,B-1000><1/1,B-999>;<4-66,B/1><4-66,A/1> 构件数量:1 本构件钢筋重:1469.398kg					
筏板受力筋1	C	10	120 · 18720 · 120	$18800-40+12×d-40+12×d+1160$	30	30	20.12	603.6	372.421
筏板受力筋1	C	10	120 · 4420 · 120	$4500-40+12×d-40+12×d$	126	126	4.66	587.16	362.278
筏板受力筋1	C	10	120 · 18720 · 120	$18800-40+12×d-40+12×d+1160$	30	30	20.12	603.6	372.421
筏板受力筋1	C	10	120 · 4420 · 120	$4500-40+12×d-40+12×d$	126	126	4.66	587.16	362.278

表6-2

首层钢筋明细表

楼层名称：首层（绘图输入） 钢筋总重：4643.271kg

筋号	级别	直径	钢筋图形	计算公式	根数	总根数	单长(m)	总长(m)	总重(kg)
构件名称：KZ-1[132]				构件位置：<3,B-150> 构件数量：1		本构件钢重：204.823kg			
钢筋	C	22	3200	$3600-1770+\max(2600/6,600,500)+1\times\max(35\times d,500)$	8	8	3.2	25.6	76.288
全部纵筋插筋1	C	22	2330 330	$3000/3+1\times\max(35\times d,500)+600-40+15\times d$	4	4	2.66	10.64	31.707
全部纵筋插筋2	C	22	1560 330	$3000/3+600-40+15\times d$	4	4	1.89	7.56	22.529
箍筋1	C	10	550 550	$2\times[(600-2\times25)+(600-2\times25)]+2\times(11.9\times d)$	30	30	2.438	73.14	45.127
箍筋2	C	10	550	$(600-2\times25)+2\times(11.9\times d)$	60	60	0.788	47.28	29.172
构件名称：KZ-1[133]				构件位置：<4,B-150>;<5,B-150> 构件数量：2		本构件钢重：207.3kg			
钢筋	C	22	3233	$3600-1737+\max(2600/6,600,500)+1\times\max(35\times d,500)$	8	16	3.233	51.728	154.149
全部纵筋插筋1	C	22	2297 330	$2900/3+1\times\max(35\times d,500)+600-40+15\times d$	4	8	2.627	21.016	62.628
全部纵筋插筋2	C	22	1527 330	$2900/3+600-40+15\times d$	4	8	1.857	14.856	44.271
箍筋1	C	10	550 550	$2\times[(600-2\times25)+(600-2\times25)]+2\times(11.9\times d)$	31	62	2.438	151.156	93.263
箍筋2	C	10	550	$(600-2\times25)+2\times(11.9\times d)$	62	124	0.788	97.712	60.288

150

楼层名称：首层（绘图输入）

钢筋总重：4643.271kg

筋号	级别	直径	钢筋图形	计算公式	根数	总根数	单长(m)	总长(m)	总重(kg)
构件名称：KZ-1[135]				构件数量：3		本构件钢重：150.587kg			
				构件位置：<3.A>；<4.A>；<5.A>					
钢筋	C	22	3200	3600-1000+max(3000/6,600,500)	8	24	3.2	76.8	228.864
箍筋1	C	10	550/550	2×[(600-2×25)+(600-2×25)]+2×(11.9×d)	30	90	2.438	219.42	135.382
箍筋2	C	10	550	(600-2×25)+2×(11.9×d)	60	180	0.788	141.84	87.515
构件名称：DZ1[67]				构件数量：1		本构件钢重：218.718kg			
				构件位置：<1.A>					
钢筋	C	22	3600	3600-1270+500+1×max(35×d,500)	10	10	3.6	36	107.28
箍筋1	C	10	350/550	2×(300+300-2×25+400-2×25)+2×(11.9×d)	29	29	2.038	59.102	36.466
拉筋1	C	10	350	400-2×25+2×(11.9×d)	58	58	0.588	34.104	21.042
箍筋2	C	10	250/650	2×(400+300-2×25+300-2×25)+2×(11.9×d)	29	29	2.038	59.102	36.466
拉筋2	C	10	250	300-2×25+2×(11.9×d)	58	58	0.488	28.304	17.464

楼层名称：首层（绘图输入）

钢筋总重：4643.271kg

筋号	级别	直径	钢筋图形	计算公式	根数	总根数	单长(m)	总长(m)	总重(kg)
			构件名称：YJZ1[68]						
				构件数量：1					
				构件位置：<1.B>					
钢筋	C	20	3600	$3600-500+500$	12	12	3.6	43.2	106.704
钢筋	C	10	250 / 550	$2\times(300+300-2\times25+300-2\times25)+2\times(11.9\times d)$	56	56	1.838	102.928	63.507
钢筋	C	10	250	$300-2\times25+2\times(11.9\times d)$	112	112	0.488	54.656	33.723
			构件名称：YAZ-1[69]						
				构件数量：2					
				构件位置：<1+2150,B>；<2-2150,B>					
				本构件钢筋重：132.027kg					
钢筋	C	20	3600	$3600-500+500$	6	12	3.6	43.2	106.704
箍筋1	C	10	250 / 550	$2\times[(600-2\times25)+(300-2\times25)]+2\times(11.9\times d)$	28	56	1.838	102.928	63.507
箍筋2	C	10	250 / 210	$2\times\{[(600-2\times25-2\times d-20)/3\times1+20+2\times d]+(300-2\times25)\}+2\times(11.9\times d)$	28	56	1.158	64.848	40.011
箍筋3	C	10	550 / 110	$2\times\{[(300-2\times25-2\times d-20)/3\times1+20+2\times d]+(600-2\times25)\}+2\times(11.9\times d)$	28	56	1.558	87.248	53.832
			构件名称：YYZ1[71]						
				构件数量：1					
				构件位置：<2,B>					
				本构件钢筋重：211.454kg					
钢筋	C	22	3600	$3600-500+500$	10	10	3.6	36	107.28
钢筋	C	10	250	$300-2\times25+2\times(11.9\times d)$	120	120	0.488	58.56	36.132
钢筋	C	10	250 / 550	$2\times(150+300+150-2\times25+300-2\times25)+2\times(11.9\times d)$	60	60	1.838	110.28	68.043

注：构件名称：YJZ1[68] 本构件钢筋重：203.933kg

楼层名称:首层(绘图输入)　　　钢筋总重:4643.271kg

筋号	级别	直径	钢筋图形	计算公式	根数	总根数	单长(m)	总长(m)	总重(kg)
构件名称:JLQ-1[93]				构件数量:1					
墙身水平钢筋1	C	12	3820 （120）	$3850-15+10×d-15+10×d$	42	42	4.06	170.52	151.422
墙身垂直钢筋1	C	14	3689	$3000+1.2×41×14$	26	26	3.689	95.914	116.056
墙身拉筋1	A	6	270	$(300-2×15)+2×(75+1.9×d)$	23	23	0.443	10.189	2.262
构件位置:<1,B-450><1,A+500>						本构件钢筋重:269.74kg			
构件名称:JLQ-1[94]				构件数量:1					
墙身水平钢筋1	C	12	2570 （120）	$2600-15+10×d-15+10×d$	42	42	2.81	118.02	104.802
墙身垂直钢筋1	C	14	3689	$3000+1.2×41×14$	14	14	3.689	51.646	62.492
墙身拉筋1	A	6	270	$(300-2×15)+2×(75+1.9×d)$	13	13	0.443	5.759	1.278
构件位置:<1+450,B><1+1850,B>						本构件钢筋重:168.572kg			
构件名称:JLQ-1[95]				构件数量:1					
墙身水平钢筋1	C	12	2720 （120）	$2750-15+10×d-15+10×d$	42	42	2.96	124.32	110.396
墙身垂直钢筋1	C	14	3689	$3000+1.2×41×14$	16	16	3.689	59.024	71.419
墙身拉筋1	A	6	270	$(300-2×15)+2×(75+1.9×d)$	14	14	0.443	6.202	1.377
构件位置:<2-1850,B><2-300,B>						本构件钢筋重:183.192kg			

楼层名称：首层（绘图输入）

钢筋总重：4643.271kg

筋号	级别	直径	钢筋图形	计算公式	根数	总根数	单长(m)	总长(m)	总重(kg)
				构件名称：LL1[227]		本构件钢筋重：80.392kg			
				构件位置：<1+2450,B><2-2450,B>					
钢筋	C	20	300 2750 300	1600+600−25+15×d+600−25+15×d	8	8	3.35	26.8	66.196
连梁箍筋1	C	10	350 250	2×((300−2×25)+(400−2×25))+2×(11.9×d)	16	16	1.438	23.008	14.196
				构件名称：KL-1[103]		本构件钢筋重：843.182kg			
				构件位置：<2+300,B><3,B><4,B><5,B><6,B>					
1跨上通长筋1	C	22	330 12060 264	600−20+15×d+11500+264−20	2	2	12.654	25.308	75.418
1跨左支座筋1	C	22	330 1413	600−20+15×d+2500/3	2	2	1.743	3.486	10.388
1跨左支座筋3	C	22	330 1205	600−20+15×d+2500/4	2	2	1.535	3.07	9.149
1跨右支座筋1	C	22	5200	2500/3+400+2200+400+4100/3	2	2	5.2	10.4	30.992
1跨右支座筋3	C	22	1650	2500/4+400+2500/4	2	2	1.65	3.3	9.834
1跨架立筋1	C	14	1134	150−2500/3+2500+150−2500/3	2	2	1.134	2.268	2.744
1跨侧面受扭通长筋1	C	16	240 12072	600−20+15×d+11500+11.86−20	4	4	12.312	49.248	77.812
钢筋	C	25	375 3460 375	600−20+15×d+2500+400−20+15×d	6	6	4.21	25.26	97.251

楼层名称:首层(绘图输入)

构件名称:KL-1[103]				构件位置:<2+300,B><3,B><4,B><5,B><6,B>		钢筋总重:4643.271kg			
				构件数量:1		本构件钢筋重:843.182kg			
筋号	级别	直径	钢筋图形	计算公式	根数	总根数	单长(m)	总长(m)	总重(kg)
2跨右支座筋1	C	22	2450	4100/4+400+4100/4	2	2	2.45	4.9	14.602
2跨下部钢筋1	C	22	4004	$41 \times d+2200+41 \times d$	4	4	4.004	16.016	47.728
3跨右支座筋1	C	22	2269	$4100/3+41 \times d$	1	1	2.269	2.269	6.762
3跨右支座筋2	C	22	3247 / 264	4100/3+400+1500+264-20	1	1	3.511	3.511	10.463
3跨右支座筋3	C	22	2530 / 220 / 45 / 340	$4100/4+400+0.75 \times 1500+(400-20 \times 3) \times 1.414+220$	2	2	3.251	6.502	19.376
3跨架立筋1	C	14	1666	150-4100/3+4100+150-4100/3	2	2	1.666	3.332	4.032
钢筋	C	22	4860 / 330	$400-20+15 \times d+4100+400-20+15 \times d$	4	4	5.52	22.08	65.798
钢筋	C	25	4860 / 375	$400-20+15 \times d+4100+400-20+15 \times d$	6	6	5.61	33.66	129.591
4跨下部钢筋1	C	20	1792	$15 \times d+1500+11.86-20$	4	4	1.792	7.168	17.705
1跨箍筋1	C	10	260 / 560	$2 \times[(300-2 \times 20)+(600-2 \times 20)]+2 \times(11.9 \times d)$	23	23	1.878	43.194	26.651
1跨箍筋2	C	10	117 / 560	$2 \times\{[(300-2 \times 20-2 \times d-25)/3 \times 1\ 25+2 \times d]+(600-2 \times 20)\}+2 \times(11.9 \times d)$	23	23	1.591	36.593	22.578

楼层名称：首层(绘图输入)

钢筋总重：4643.271kg

构件名称：KL-1[103]　　构件位置：<2+300,B><3,B><4,B><5,B><6,B>　　本构件钢筋重：843.182kg　　构件数量：1

筋号	级别	直径	钢筋图形	计算公式	根数	总根数	单长(m)	总长(m)	总重(kg)
钢筋	C	6	260	$(300-2\times20)+2\times(75+1.9\times d)$	60	60	0.433	25.98	5.768
钢筋	C	10	460 / 260	$2\times[(300-2\times20)+(500-2\times20)]+2\times(11.9\times d)$	32	32	1.678	53.696	33.13
钢筋	C	10	460 / 115	$2\times\{[(300-2\times20-2\times d-22)/3\times1+22+2\times d]+(500-2\times20)\}+2\times(11.9\times d)$	32	32	1.387	44.384	27.385
3跨箍筋1	C	10	660 / 260	$2\times[(300-2\times20)+(700-2\times20)]+2\times(11.9\times d)$	31	31	2.078	64.418	39.746
3跨箍筋2	C	10	660 / 117	$2\times\{[(300-2\times20-2\times d-25)/3\times1+25+2\times d]+(700-2\times20)\}+2\times(11.9\times d)$	31	31	1.791	55.521	34.256
钢筋	C	25	260	$300-2\times20$	24	24	0.26	6.24	24.024

构件名称：KL-2[107]　　构件位置：<3+200,A><4,A><5,A><6,A>　　本构件钢筋重：395.616kg　　构件数量：1

筋号	级别	直径	钢筋图形	计算公式	根数	总根数	单长(m)	总长(m)	总重(kg)
1跨上通长筋1	C	22	8460 / 330 / 264	$400-20+15\times d+8100+264-20$	2	2	9.054	18.108	53.962
1跨左支座筋1	C	22	1113 / 330	$400-20+15\times d+2200/3$	2	2	1.443	2.886	8.6
1跨右支座筋1	C	22	3134	$4100/3+400+4100/3$	2	2	3.134	6.268	18.679
1跨侧面构造通长筋1	C	12	8277	$15\times d+8100+16.83-20$	4	4	8.277	33.108	29.4

楼层名称:首层(绘图输入)

钢筋总重:4643.271kg

构件名称:KL-2[107]　构件数量:1　本构件钢筋重:395.616kg

构件位置:<3+200.A><4.A><5.A><6.A>

筋号	级别	直径	钢筋图形	计算公式	根数	总根数	单长(m)	总长(m)	总重(kg)
1跨下通长筋1	C	22	7982 / 330	$400-20+15\times d+6700+41\times d$	4	4	8.312	33.248	99.079
2跨右支座筋1	C	22	2269	$4100/3+41\times d$	1	1	2.269	2.269	6.762
2跨右支座筋2	C	22	2747 / 264	$4100/3+400+1000+264-20$	1	1	3.011	3.011	8.973
2跨右支座筋3	C	22	2155 220 45 340	$4100/4+400+0.75\times1000+(400-20\times3)\times1.414+220$	2	2	2.876	5.752	17.141
3跨下部钢筋1	C	20	1297	$15\times d+1000+16.83-20$	4	4	1.297	5.188	12.814
钢筋	A	6	260	$(300-2\times20)+2\times(75+1.9\times d)$	44	44	0.433	19.052	4.23
钢筋	A	10	560 260	$2\times((300-2\times20)+(600-2\times20))+2\times(11.9\times d)$	52	52	1.878	97.656	60.254
钢筋	A	10	560 115	$2\times\{[(300-2\times20-2\times d-22)/3\times1+22+2\times d]+(600-2\times20)\}+2\times(11.9\times d)$	52	52	1.587	82.524	50.917
3跨箍筋1	A	10	460 260	$2\times[(300-2\times20)+(500-2\times20)]+2\times(11.9\times d)$	11	11	1.678	18.458	11.389
3跨箍筋2	A	10	460 115	$2\times\{[(300-2\times20-2\times d-22)/3\times1+22+2\times d]+(500-2\times20)\}+2\times(11.9\times d)$	11	11	1.387	15.257	9.414
钢筋	A	25	260	$300-2\times20$	4	4	0.26	1.04	4.004

楼层名称:首层(绘图输入)　　钢筋总重:4643.271kg

筋号	级别	直径	钢筋图形	计算公式	根数	总根数	单长(m)	总长(m)	总重(kg)
构件名称:KL-3[109]				构件数量:1　本构件钢重:118.637kg					
钢筋	A	22	330⌐3860⌐330	构件位置:<3.A+200><3.B-200> $400-20+15×d+3100+400-20+15×d$	6	6	4.52	27.12	80.818
1跨箍筋1	A	10	360/260	$2×[(300-2×20)+(400-2×20)]+2×(11.9×d)$	23	23	1.478	33.994	20.974
1跨箍筋2	A	10	360/115	$2×\{[(300-2×20-2×d-22)/3×1+22+2×d]+$ $(400-2×20)\}+2×(11.9×d)$	23	23	1.187	27.301	16.845
构件名称:KL-3[141]				构件数量:2　本构件钢重:120.568kg					
钢筋	C	22	330⌐4060⌐330	构件位置:<5.A><5.B>;<4.A><4.B> $600-20+15×d+2900+600-20+15×d$	6	12	4.72	56.64	168.787
1跨箍筋1	C	10	360/260	$2×[(300-2×20)+(400-2×20)]+2×(11.9×d)$	22	44	1.478	65.032	40.125
1跨箍筋2	C	10	360/115	$2×\{[(300-2×20-2×d-22)/3×1+22+2×d]+$ $(400-2×20)\}+2×(11.9×d)$	22	44	1.187	52.228	32.225
构件名称:LL-1[146]				构件数量:1　本构件钢重:50.626kg					
1跨上通长筋1	C	14	210⌐3760⌐210	构件位置:<4+2250.A><4+2250.B> $300-20+15×d+3200+300-20+15×d$	2	2	4.18	8.36	10.116
1跨下部钢筋1	C	20	3680	$12×d+3200+12×d$	2	2	3.68	7.36	18.179

楼层名称：首层（绘图输入）　　　钢筋总重：4643.271kg

筋号	级别	直径	钢筋图形	计算公式	根数	总根数	单长(m)	总长(m)	总重(kg)
构件名称：LL-1[146]				构件位置：<4+2250,A>-<4+2250,B>　构件数量：1　本构件钢筋重：50.626kg					
1跨箍筋1	A	10	260 / 210	$2\times((250-2\times20)+(300-2\times20))+2\times(11.9\times d)$	17	17	1.178	20.026	12.356
1跨箍筋2	A	10	260 / 97	$2\times\{[(250-2\times20-2\times d-20)/3\times1+20+2\times d]+(300-2\times20)\}+2\times(11.9\times20)$	17	17	0.951	16.167	9.975
构件名称：LL-2[148]				构件位置：<6,A>-<6,B>　构件数量：1　本构件钢筋重：49.231kg					
1跨上通长筋1	C	14	210 210 / 3760 / 210 210	$300-20+15\times d+3200+300-20-15\times d$	2	2	4.18	8.36	10.116
1跨下部钢筋1	C	20	3760	$12\times d+3200+12\times d$	2	2	3.68	7.36	18.179
1跨箍筋1	A	10	260 / 160	$2\times((200-2\times20)+(300-2\times20))+2\times(11.9\times d)$	17	17	1.078	18.326	11.307
1跨箍筋2	A	10	260 / 80	$2\times\{[(200-2\times20-2\times d-20)/3\times1+20+2\times d]+(300-2\times20)\}+2\times(11.9\times d)$	17	17	0.918	15.606	9.629
构件名称：LB1[176]				构件位置：<3,B-1737>-<4,B-1737>;<4,B-1737>-<4-715,B>-<4-715,A>　构件数量：1　本构件钢筋重：77.106kg					
XC10@150.1	C	10	2750	$2450+\max(300/2.5\times d)+\max(300/2.5\times d)$	22	22	2.75	60.5	37.329
XC10@150.2	C	10	2585	$2450-15+\max(300/2.5\times d)$	1	1	2.585	2.585	1.595

159

楼层名称：首层（绘图输入）

钢筋总重：4643.271kg

筋号	级别	直径	钢筋图形	计算公式	根数	总根数	单长(m)	总长(m)	总重(kg)
构件名称：LB1[176]				构件数量：1					
YC10@150.1	C	10	3650	3350+max(300/2.5×d)+max(300/2.5×d)	16	16	3.65	58.4	36.033
				构件位置：<3,B-1737>;<4,B-1737>;<4-715,B><4-715,A>					
YC10@150.2	C	10	3485	3350+max(300/2.5×d)-15	1	1	3.485	3.485	2.15
				本构件钢筋重：63.458kg					
构件名称：LB2[178]				构件数量：1					
XC10@150.1	C	10	2250	1975+max(300/2.5×d)+max(250/2.5×d)	23	23	2.25	51.75	31.93
				构件位置：<4,A+1452><4+2250,A+1452>;<4+2250,A+1181><5,A+1181>;<5-1303,B><5-1303,A>					
YC10@150.1	C	10	3650	3350+max(300/2.5×d)+max(300/2.5×d)	14	14	3.65	51.1	31.529
				本构件钢筋重：67.839kg					
构件名称：LB2[179]				构件数量：1					
XC10@150.1	C	10	2400	2125+max(250/2.5×d)+max(300/2.5×d)	23	23	2.4	55.2	34.058
				构件位置：<5,B-1633><6,B-1633>;<5+491,B><5+491,A>					
YC10@150.1	C	10	3650	3350+max(300/2.5×d)+max(300/2.5×d)	15	15	3.65	54.75	33.781
				本构件钢筋重：15.84kg					
构件名称：LB1[177]				构件数量：1					
XC8@150.1	C	8	950	700+max(300/2.5×d)+max(200/2.5×d)	23	23	0.95	21.85	8.631

楼层名称:首层(绘图输入)　　　　　　　　　　　　　　　　　　　　　　　　　钢筋总重:4643.271kg

筋号	级别	直径	钢筋图形	计算公式	根数	总根数	单长(m)	总长(m)	总重(kg)
构件名称:LB1[177]						构件数量:1		本构件钢筋重:15.84kg	
构件位置:<5,B-1633><6,B-1633>;<5+491,B><5+491,A>									
YC8@150.1	C	8	3650	$3350+\max(300/2.5\times d)+\max(300/2.5\times d)$	5	5	3.65	18.25	7.209
构件名称:C6@150						构件数量:1		本构件钢筋重:46.076kg	
构件位置:<3+800,B-800><3+985,A+800><3+985,A>;<4+983,A+800><4+983,A>;<5-1702,A+800><5-1702,A>; <3+878,B-800><3+878,B>;<4+673,B-800><4+673,B>;<5-1318,B-800><5-1318,B>;<6-100,B-1362><5-1050,B-1362>; <3+985,B-1261><3,B-1261>									
C6@150 [189].1	A	6	2350	$2050+150+150$	2	2	2.35	4.7	1.043
C6@150 [189].2	A	6	2525	$2500-125+150$	1	1	2.525	2.525	0.561
钢筋	C	6	860 08	$650+80+35\times d$	53	53	0.94	49.82	11.06
钢筋	C	6	1450	$1150+150+150$	5	5	1.45	7.25	1.61
C6@150 [190].2	A	6	1625	$1600-125+150$	1	1	1.625	1.625	0.361
钢筋	C	6	860 06	$650+90+35\times d$	58	58	0.95	55.1	12.232
钢筋	A	6	950	$650+150+150$	6	6	0.95	5.7	1.265

161

楼层名称：首层（绘图输入）

钢筋总重：4643.271kg

筋号	级别	直径	钢筋图形	计算公式	根数	总根数	单长(m)	总长(m)	总重(kg)
构件名称：C6@150									
构件位置：<3+800,A＞<3,B-1261＞<3,B-1261＞；<3+985,A＞<3+985,A＞；<4+983,A＞<4+983,A＞；<5-1702,A＞<5-1702,A＞； <3+878,B-800＞<3+878,B＞<4+673,B-800＞<4+673,B＞；<5-1318,B-800＞<5-1318,B＞；<6-100,B-1362＞<5-1050,B-1362＞				构件数量：1				本构件钢筋重：46.076kg	
钢筋	A	6	700	400+150+150	6	6	0.7	4.2	0.932
C6@150 [198].1	C	6	2230（06/06）	$1000+1050+200-20+15 \times d+90$	23	23	2.41	55.43	12.305
C6@150 [198].1	C	6	3150	3350-100-100	3	3	3.15	9.45	2.098
C6@150 [198].2	C	6	2350（06）	2050+150+150	5	5	2.35	11.75	2.609
构件名称：C10@150									
构件位置：<4-800,B-1492＞<4+800,B-1492＞<4+800,B-1502＞<4+1450,B-1492＞<4+1450,B-1502＞<5-1450,B-1502＞				构件数量：1				本构件钢筋重：56.638kg	
C10@150 [196].1	C	10	1600（08/06）	800+800+80+90	23	23	1.77	40.71	25.118
C10@150 [197].1	C	10	1600（06/06）	800+800+90+90	23	23	1.78	40.94	25.26
钢筋	C	6	2350	2050+150+150	12	12	2.35	28.2	6.26

二层钢筋明细表

表 6-3

楼层名称：第 2 层（绘图输入）　　　　　　　　　　　　　　　　　　　　　　　　　　　钢筋总重：2042.374kg

筋号	级别	直径	钢筋图形	计算公式	根数	总根数	单长(m)	总长(m)	总重(kg)
构件名称：KZ-[126]				构件数量：3		本构件钢筋重：113.175kg			
				构件位置：<3,B-150>；<4,B-150>；<5,B-150>					
全部纵筋 1	C	22	1605 264	$3000-1370-400+400-25+12\times d$	4	12	1.869	22.428	66.835
全部纵筋 2	C	22	2375 264	$3000-600-400+400-25+12\times d$	4	12	2.639	31.668	94.371
箍筋 1	C	10	550 550	$2\times((600-2\times25)+(600-2\times25))+2\times(11.9\times d)$	24	72	2.438	175.536	108.306
箍筋 2	C	10	550	$(600-2\times25)+2\times(11.9\times d)$	48	144	0.788	113.472	70.012
构件名称：DZ1[56]				构件数量：<1,A>		本构件钢筋重：178.288kg			
全部纵筋 1	C	22	1705 927	$3000-1270+41\times d$	5	5	2.632	13.16	39.217
全部纵筋 2	C	22	2475 927	$3000-500+41\times d$	5	5	3.402	17.01	50.69
箍筋 1	C	10	350 550	$2\times(300+300-2\times25+400-2\times25)+2\times(11.9\times d)$	23	23	2.038	46.874	28.921
拉筋 1	C	10	350	$400-2\times25+2\times(11.9\times d)$	46	46	0.588	27.048	16.689
箍筋 2	C	10	650 250	$2\times(400+300-2\times25+300-2\times25)+2\times(11.9\times d)$	23	23	2.038	46.874	28.921
拉筋 2	C	10	250	$300-2\times25+2\times(11.9\times d)$	46	46	0.488	22.448	13.85

楼层名称:第2层(绘图输入)   钢筋总重:2042.374kg

筋号	级别	直径	钢筋图形	计算公式	根数	总根数	单长(m)	总长(m)	总重(kg)
构件名称:YJZ1[57]						本构件钢筋重:164.425kg			
构件位置:<1,B>						构件数量:1			
全部纵筋1	C	20	1775 / 845	$3000-1200+41×d$	6	6	2.62	15.72	38.828
全部纵筋2	C	20	2475 / 845	$3000-500+41×d$	6	6	3.32	19.92	49.202
钢筋	C	10	250/550	$2×(300+300-2×25+300-2×25)+2×(11.9×d)$	44	44	1.838	80.872	49.898
钢筋	C	10	250	$300-2×25+2×(11.9×d)$	88	88	0.488	42.944	26.496
构件名称:YAZ-1[58]						本构件钢筋重:105.831kg			
构件位置:<1+2150,B>;<2-2150,B>						构件数量:2			
角筋1	C	20	1775 / 845	$3000-1200+41×d$	3	6	2.62	15.72	38.828
角筋2	C	20	2475 / 845	$3000-500+41×d$	3	6	3.32	19.92	49.202
箍筋1	C	10	250/550	$2×[(600-2×25)+(300-2×25)]+2×(11.9×d)$	22	44	1.838	80.872	49.898
箍筋2	C	10	250/210	$2×\{[(600-2×25-2×d-20)/3×1+20+2×d]+(300-2×25)\}+2×(11.9×d)$	22	44	1.158	50.952	31.437
箍筋3	C	10	550/110	$2×\{[(300-2×25-2×d-20)/3×1+20+2×d]+(600-2×25)\}+2×(11.9×d)$	22	44	1.558	68.552	42.297

楼层名称：第2层（绘图输入）

钢筋总重：2042.374kg

筋号	级别	直径	钢筋图形	计算公式	根数	总根数	单长(m)	总长(m)	总重(kg)
构件名称：YYZ1[60]				本构件钢筋量：166.301kg					
				构件位置：<2,B>					
				构件数量：1					
全部纵筋1	C	22	1705	$3000-1270+41\times d$	5	5	2.632	13.16	39.217
全部纵筋2	C	22	2475	$3000-500+41\times d$	5	5	3.402	17.01	50.69
钢筋	C	10	250/550/250	$2\times(300+300-2\times25+300-2\times25)+2\times(11.9\times d)$	44	44	1.838	80.872	49.898
钢筋	C	10	250	$300-2\times25+2\times(11.9\times d)$	88	88	0.488	42.944	26.496
构件名称：JLQ-1[90]				本构件钢筋重：233.293kg					
				构件数量：1					
				构件位置：<1,B-450><1,A+500>					
墙身水平钢筋1	C	12	3820	$3850-15+10\times d-15+10\times d$	42	42	4.06	170.52	151.422
墙身垂直钢筋1	C	14	2985	$3000-15+10\times d$	13	13	3.125	40.625	49.156
墙身垂直钢筋2	C	14	1796	$3000-500-1.2\times41\times d-15+10\times d$	13	13	1.936	25.168	30.453
墙身拉筋1	C	5	270	$(300-2\times15)+2\times(75+1.9\times d)$	23	23	0.443	10.189	2.262
构件名称：JLQ-1[91]				本构件钢筋重：148.947kg					
				构件数量：1					
				构件位置：<1+450,B><1+1850,B>					
墙身水平钢筋1	C	12	2570	$2600-15+10\times d-15+10\times d$	42	42	2.81	118.02	104.802

楼层名称：第2层（绘图输入）　　　　钢筋总重：2042.374kg

筋号	级别	直径	钢筋图形	计算公式	根数	总根数	单长(m)	总长(m)	总重(kg)
				构件名称：JLQ—1[91]　构件数量：1　本构件钢筋重：148.947kg					
墙身垂直钢筋1	C	14	140⌐2985	$3000-15+10\times d$	7	7	3.125	21.875	26.469
墙身垂直钢筋2	C	14	140⌐1796	$3000-500-1.2\times41\times d-15+10\times d$	7	7	1.936	13.552	16.398
墙身拉筋1	A	6	270	$(300-2\times15)+2\times(75+1.9\times d)$	13	13	0.443	5.759	1.278
				构件名称：JLQ—1[92]　构件数量：1　本构件钢筋重：160.763kg					
墙身水平钢筋1	C	12	120⌐2720⌐120	$2750-15+10\times d-15+10\times d$	42	42	2.96	124.32	110.396
墙身垂直钢筋1	C	14	140⌐2985	$3000-15+10\times d$	8	8	3.125	25	30.25
墙身垂直钢筋2	C	14	140⌐1796	$3000-500-1.2\times41\times d-15+10\times d$	8	8	1.936	15.488	18.74
墙身拉筋1	A	6	270	$(300-2\times15)+2\times(75+1.9\times d)$	14	14	0.443	6.202	1.377

续表

楼层名称：第2层（绘图输入）　　钢筋总重：2042.374kg

筋号	级别	直径	钢筋图形	计算公式	根数	总根数	单长(m)	总长(m)	总重(kg)
构件名称：1LL—1[249]			构件数量：1	构件位置：<1+2450,B><2−2450,B>				本构件钢筋重：84.311kg	
钢筋	C	20	$\begin{array}{c} 300 \\ 2750 \\ 300 \end{array}$	$1600+600-25+15\times d+600-25+15\times d$	8	8	3.35	26.8	66.196
连梁箍筋1	C	10	$\begin{array}{c} 550 \\ 250 \end{array}$	$2\times((300-2\times25)+(600-2\times25))+2\times(11.9\times d)$	16	16	1.838	29.408	18.145
构件名称：WKL—1[152]			构件数量：1	构件位置：<2+300,B><5−300,B>				本构件钢筋重：354.828kg	
1跨上通长筋1	C	22	$\begin{array}{c} 375 \\ 10650 \\ 375 \end{array}$	$600-25+375+9500+600-25+375$	2	2	11.4	22.8	67.944
1跨左支座筋1	C	22	$\begin{array}{c} 375 \\ 1375 \\ 375 \end{array}$	$600-25+375+2400/3$	2	2	1.75	3.5	10.43
1跨右支座筋1	C	22	5300	$2400/3+600+2000+600+3900/3$	2	2	5.3	10.6	31.588
1跨下通长筋1	C	25	$\begin{array}{c} 375 \\ 10650 \\ 375 \end{array}$	$600-25+15\times d+9500+600-25+15\times d$	4	4	11.4	45.6	175.56
3跨右支座筋1	C	22	$\begin{array}{c} 375 \\ 1875 \\ 375 \end{array}$	$3900/3+600-25+375$	2	2	2.25	4.5	13.41
钢筋	A	10	$\begin{array}{c} 350 \\ 250 \end{array}$	$2\times((300-2\times25)+(400-2\times25))+2\times(11.9\times d)$	63	63	1.438	90.594	55.896

167

6.3 疑难解析及应用技巧

6.3.1 马凳筋

1. 一型（如图6-39所示）

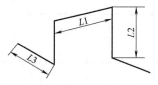

图6-39 一型马凳筋

（1）长度：$L=L1+2\times L2+2\times L3$

（2）根数：

1）若输入的钢筋信息为"数量＋级别＋直径"时，直接取所输入的数量即可；

2）若输入的钢筋信息为"级别＋直径＋间距×间距时"，当该最小板块布置了温度筋和负筋或布置了面筋时，则马凳筋的数量按以下方式进行计算：

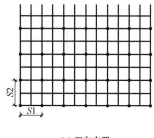

(a) 双向布置

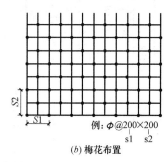

例：$\phi@200\times200$

(b) 梅花布置

图6-40 马凳筋布置

① 双向布置计算方法：$N=$ceil（板净面积/马凳筋面积)＋1，马凳筋筋面积$=S1\times S2$，（见图6-40a）。

②梅花布置计算方法：$N=2\times$［ceil（板净面积/马凳筋面积）＋1］，（见图6-40b）。

3）当该最小板块仅布置了负筋时，则马凳筋的数量按以下方式进行计算：

使用负筋的布置范围（扣除范围两端与别的负筋相交的范围）除以马凳筋的间距（取最前面的间距）再乘以该负筋中马凳筋的排数信息即可得出马凳筋的总数。

2. 二型（见图6-41）

（1）长度：单根马凳长度：$L=L1+2\times L2+2\times L3$。

（2）马凳筋起步距离：该型马凳筋在计算每排数量时，不考虑起步距离，从支座边开始布置，按向上取整＋1计算；但在计算排数时，第一排及最后一排距支座边的距离为$s/2$，按向上取整＋1。

3. 三型（见图6-42）

（1）长度：单根马凳长度：$L=L1+2\times L2+4\times L3$。

（2）马凳筋起步距离：该型马凳筋在计算每排数量时，不考虑起步距离，从支座边开始布置，按向上取整＋1计算；但在计算排数时，第一排及最后一排距支座边的距离为$s/2$，按向上取整＋1计算。

（3）根数：

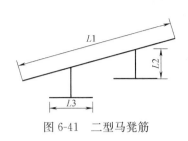

图 6-41 二型马凳筋

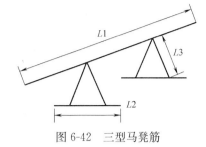

图 6-42 三型马凳筋

1）若输入的钢筋信息格式为：数量＋级别＋直径时，直接取所输入的数量即可；

2）若输入的钢筋信息格式为：级别＋直径＋排距时，当该最小板块布置了温度筋和负筋或布置了面筋时，则马凳筋的数量按以下方式进行计算：

先根据排距（马凳筋信息中输入的排距）计算出总共需要的马凳筋排数，然后根据马凳筋的横筋长度和该排马凳筋所在位置的净长算出每排马凳筋的数量，最后将每排马凳筋的数量累加，即得出总的马凳筋数量；

3）当该最小板块仅布置了负筋时，则马凳筋的数量按以下方式进行计算：

使用负筋的布置范围（扣除范围两端与别的负筋相交的范围）除以马凳筋的横筋长度得出每排马凳筋的数量，然后再乘以该负筋中马凳筋的排数信息即可得出马凳筋的总数。

6.3.2 拉筋

（1）长度：$L = h - 2 \times$ 保护层厚度 $\times 2 + 2d + 11.9d \times 2$。

（2）根数：

1）需要扣除柱、墙、梁、板洞所占位置；

2）当输入钢筋信息为数量＋级别＋直径时，则直接取所输入的数量即可；

3）拉筋根据节点设置中所设置的拉筋布置方式进行计算，拉筋布置形式如下：

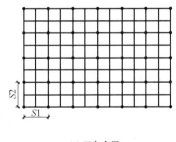

(a) 双向布置

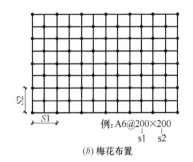

例：A6@200×200
　　　s1 s2

(b) 梅花布置

图 6-43 拉筋布置

① 拉筋双向布置计算方法：$N = \mathrm{ceil}($板净面积/拉筋面积$) + 1$，拉筋面积 $= S1 \times S2$（见图 6-43a）；

② 拉筋梅花布置计算方法：$N = 2 \times [\mathrm{ceil}($板净面积/拉筋面积$) + 1]$，如图 6-43b 所示。

6.3.3 洞口加筋

洞口加筋如图 6-44 所示。

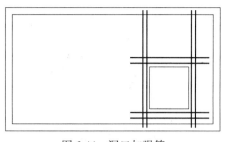

图 6-44　洞口加强筋

支座内按底部或顶部筋计算。

1. 板短跨向加筋

（1）长度：根据加筋是底部还是顶部，按照底筋和面筋的计算方法进行计算

（2）根数：直接取输入的钢筋根数。

2. 板长跨向加筋

（1）长度：洞口宽度$+2\times l_{aE}$；

（2）根数：直接取输入的钢筋根数；

当板洞与板边相切时，则板长跨向加筋伸入

3. 斜加筋

（1）长度：$2\times l_{aE}$；

（2）根数：直接取输入的钢筋根数。

4. 圆形板洞的圆形加强筋

（1）长度：$3.14\times$（洞口直径$+2\times$保护层）$+2\times l_{aE}$；

（2）根数：直接取输入的钢筋根数。

6.3.4　广联达钢筋算量软件操作技巧

1. 为什么识别柱大样不全？

问题描述：识别柱大样只识别了 1 个，其他很多的没有识别出来。

原因分析及解决办法：（1）柱边线不封闭（2）提取柱边线时没有提取截断线。提取柱边线时也要提取截断线，柱边线不封闭的补画 CAD 线—【提取柱标识】—【自动识别柱大样】。

2. 为什么识别柱箍筋信息不对？

问题描述：识别柱表和识别柱平面后箍筋信息变了，重复操作还是这样。

原因分析及解决办法：可能在识别柱表的时候，读取柱表中的钢筋信息就已经错误了。在识别好的柱表中，修改好相应的钢筋信息，生成柱构件后，然后再识别柱平面。

3. 为什么点选识别柱大样箍筋信息不对？

问题描述：点选识别柱大样后箍筋信息识别的不对，和 CAD 图上的钢筋信息不一致。

原因分析及解决办法：有种原因是在钢筋信息距离界面的距离太远，在识别柱大样的时候，会在柱大样的一个范围内找相应的箍筋信息，如果没有找到软件会按照默认的来设置。调整钢筋信息和柱大样的距离，或者手动在属性中修改。

4. 暗柱位置需要绘制剪力墙吗？

问题描述：绘制暗柱的位置，剪力墙需要贯通画吗，有无影响？

原因分析及解决办法：建议有暗柱的地方剪力墙也绘制，柱子不作为板的支座，梁和墙为板的支座，若暗柱位置不画剪力墙时，板的钢筋在柱子范围内没有支座，另一方面，暗柱不会导入图形算量中，所以要画上剪力墙，来保证程导入图形算量中是正确的。

5. 如何绘制负一层的剪力墙？

问题描述：在负一层的剪力墙，将标高调整到基础底和直接将剪力墙绘制到基础层两者的量有何区别？

原因分析及解决办法：将剪力墙分成两层绘制，剪力墙垂直筋分成三部分计算：基础插筋＋基础层墙身筋和负一层墙身筋；采用调整标高的方式，剪力墙垂直筋分成两部分计算：基础插筋＋墙身垂直筋，此种方式比前一种方式少计算了搭接。建议用户采用分层绘制的方式，这样的绘制方式比较符合业务的实际情况，且计算结果更准确。

6. 提取柱边线时是否要提取截断线？

问题描述：识别柱大样时柱边线中的截断线要不要提取？

原因分析及解决办法：如果找不到封闭的柱边线，要用补画 CAD 线功能，选择柱边线，围绕柱子边线重新补画，补画 CAD 线的过程相当于提取边线的过程，补画后就不需要提取边线了，直接提取柱标识，进行识别即可。

7. 柱大样和剪力墙共用边线时如何识别柱大样？

问题描述：柱大样和剪力墙共用边线怎样识别柱大样？

原因分析及解决办法：（1）先画的柱边线，再画的剪力墙边线，剪力墙边线把柱边线遮挡住了。（2）剪力墙和柱边线是拉通绘制的。

8. 剪力墙绘制到暗柱什么位置？

问题描述：剪力墙在绘制暗柱的时候，通常绘制到暗柱的什么位置是正确的？

原因分析及解决办法：剪力墙绘制暗柱，如果后期不导入图形的话我们绘制到暗柱的中心线或者轴线处即可，如果后期导入图形要将暗柱满画，否则导入图形，默认暗柱是不导入的，此时就会少一部分的混凝土量，满画之后抹灰算给剪力墙就可以了；绘制在暗柱中的剪力墙是不会计算钢筋量的，所以不用担心会多算。一般建议用户将剪力墙满画。

9. 不识别剪力墙表是否可以识别剪力墙？

问题描述：不识别墙表能识别剪力墙吗？

原因分析及解决办法：可以，提取强边线—提取墙标注—读取墙厚—识别墙。

10. 为什么识别柱大样没有纵筋信息？

问题描述：识别柱大样后所有的纵筋都没有识别？

原因分析及解决办法：图纸标注问题，（1）图纸中住名称和纵筋信息是一个整体；（2）柱的纵筋信息距离柱截面的距离比较远，识别的时候找不到纵筋信息。

识别后手动添加纵筋信息和箍筋信息；或者将柱的钢筋信息移动到距离柱截面近的地方。

11. 为什么识别柱后，柱底标高是层底标高？

问题描述：同一个楼层，其中有部分框架柱在 $-5.4m$ 标高位置，另外一部分在 $-3.2m$ 位置，但是软件识别柱后标高都在 $-5.4m$ 位置。

原因分析及解决办法：软件中识别柱标高都是底标高都是按照默认的层底标高识别的。$-3.2m$ 位置的框架柱标高在属性中手动修改。

12. 为什么识别柱大样后没有识别节点区箍筋？

问题描述：识别柱大样后节点区箍筋没有识别？

原因分析及解决办法：识别柱大样后矩形柱识别为参数化柱中的一字型柱，参数化暗柱中没有节点区箍筋，不支持节点区箍筋的识别。

定义为矩形柱—属性—其他属性—节点区箍筋直接输入钢筋信息。

13. 如何识别同一层标高分段的柱？

问题描述：同一层标高分段的柱怎样识别？识别时提示重叠。

原因分析及解决办法：识别柱选择的是自动识别柱，自动识别柱的标高是按照软件默认的层顶标高和层底标高。先自动识别一部分柱，识别后选中所有柱修改顶标高，再点选识别剩余的柱，点选识别是手动输入具体标高。

14. 为什么柱表识别后标高都不对？

问题描述：柱表识别后标高都不对。

原因分析及解决办法：在识别柱表的时候，对于标高是有要求的：（1）柱标高中不能有中文的汉字，必须是阿拉伯数字表示的标高，大部分图纸上会出现如"基础顶，基础底"等的字样，必须替换成具体的标高值。（2）标高必须表示的是区间形式，如 KZ1 3～6m。软件中识别柱表前，先设置好楼层，识别柱表时标高就按照图纸中默认的标高走，标高有汉字改为具体标高，柱表识别后软件会自动判断哪些楼层有哪些柱。

15. 为什么定位图纸时在柱大样位置卡住？

问题描述：定位图纸时在柱大样图纸位置卡住。

原因分析及解决办法：图纸问题。确保图纸已经整理好，切换到柱大样图纸界面—菜单栏中"CAD识别"—保存图纸—将柱大样图删除图纸—定位图纸—重新导入保存的柱大样图。

16. 边缘端柱构件表中对应构件应该选择什么？

问题描述：图纸楼层对照表中有张表的名称是"边缘端柱构件表"，图纸名称中没有楼层，对应构件怎样选择？

原因分析及解决办法：直接选择柱大样。

17. 为什么识别柱后在柱截面找不到？

问题描述：柱识别后在柱截面中找不到。

原因分析及解决办法：识别的柱是暗柱，属性是在暗柱截面。

18. 为什么提取柱边线提取不上？

问题描述：识别柱大样时提取柱边线提取不上？

原因分析及解决办法：提取柱边线时左键选择柱边线，没有点击鼠标右键，所以没有提取。提取柱边线—左键选择柱边线—右键即可。

19. 为什么识别柱大样后钢筋级别变了？

问题描述：识别柱大样后柱钢筋信息是对的，都是三级钢，和图纸能对应上，但是识别柱后钢筋信息变成一级钢了，和柱大样信息对不上。

原因分析及解决办法：图纸问题。柱大样中有标注柱集中标注，但是柱平面图中没有标注柱集中标注，所以识别柱时没有名称软件就会反建构件，反建的构件因为图纸中没有钢筋信息，所以全部纵筋没有钢筋信息，箍筋信息是软件默认的。建议方法：在识别有柱大样的图纸时，需要先识别柱大样，再识别柱。

20. 剪力墙竖向钢筋起步距离 $s/2$ 依据是什么？

问题描述：剪力墙竖向钢筋在计算的时候，起始竖向分布钢筋距暗柱边距离默认的是 $s/2$，有什么依据？

原因分析及解决办法：平法中没有具体规定，软件是采用常用做法，如果有特殊要求，可以在工程设置—计算设置—剪力墙—【起始竖向分布钢筋距暗柱边距离】处修改。

21. 为什么无法识别有约束边缘的暗柱大样？

问题描述：暗柱大样是有约束边缘的，但是识别不过来？

原因分析及解决办法：识别暗柱大样只能按照本身的柱截面尺寸识别，约束边缘部分是读取不到的，需要后期在软件中自己将约束边缘部分的尺寸补充给暗柱，然后绘制好约束部分的钢筋。

22. 如何设置柱大样的比例？

问题描述：柱大样和平面图在一张图上，CAD 的柱大样的比例怎么设置？

原因分析及解决办法：因为是在一张图上，所以分两步操作：（1）先识别柱大样，将局部放大的柱大样识别好；（2）再识别柱，将平面图中的柱子都识别出来，放大处的柱大样再重新进行调整即可。

23. 为什么识别墙时门窗洞口的位置墙断开？

问题描述：为什么在识别墙的时候，门窗洞口的位置墙都是断开的，CAD 线是连续通过的？

原因分析及解决办法：（1）【识别墙】-【高级】-【洞口最大宽度】。软件默认的是 500mm，也就是说，洞口小于 500mm 的识别成门窗，这个位置有墙，大于 500mm 的认为这块墙是断开的。可以把洞口最大宽度调大一些，大到满足工程中最大门窗的洞口宽度即可。这样墙就可以正常识别。（2）在识别墙的时候，不仅要提取墙边线，也需要提取门窗洞线，如果没有提取门窗洞线的话，在门窗洞的位置也会断开。

24. 暗柱的边线和墙的边线共用时如何识别？

问题描述：CAD 图中暗柱的边线和墙的边线是一体的，提取一个就都会被提取，导致识别不到，若要分开提取，应如何操作？

原因分析及解决办法：（1）先画的柱边线，再画的剪力墙边线，剪力墙边线把柱边线遮挡住了。（2）剪力墙和柱边线是拉通绘制的。

25. 为什么二层的暗柱识别到首层中？

问题描述：在识别暗柱大样的时候，是在二层的界面识别的，为什么总是识别到了首层里，如何调整？

原因分析及解决办法：（1）识别归属楼层是在二层，只是因为标注是 DZ1 所以识别在了端柱的构件下，首层的暗柱是之前在首层识别的，与二层的没有关系。（2）图纸上的标高表示为首层的标高，或者是标高中有汉字等，而不是像 3.000～6.000m 这样的高度，软件无法判断出柱子在几层，所以会在首层生成。

在端柱的构件类别里把端柱的类别改成暗柱即可。

26. 先识别柱大样还是先识别柱？

问题描述：CAD 识别的文件夹下，有个识别柱大样和识别柱，先操作哪一个？

原因分析及解决办法：要根据图纸来进行判断：（1）如果图纸中给出的柱大样，也就是柱的截面信息，那么就要先识别柱大样，把柱构件生成，然后再识别柱；（2）如果图纸给出柱表，那边就不需要识别柱大样，直接先识别柱表生成柱构件，然后识别柱即可。

27. 为什么识别墙表后识别墙中无钢筋信息？

问题描述：剪力墙表识别了，但是识别墙的时候出现的对话框里面没有钢筋信息，如何进行识别？

原因分析及解决办法：识别墙表时对应楼层编号只输入了 0，就是基础层，没有输入 1，所以首层没有识别到剪力墙信息，从而没有钢筋信息。建议的重新识别剪力墙表，识别时对应楼层输入正确，识别墙表后重新识别墙即可。

28. 识别墙时图纸说明未标注的信息如何识别？

问题描述：识别墙时大部分信息以墙表的形式给出，未给出的在图纸下面用说明注写未标注的墙厚度以及钢筋信息，如何进行识别？

原因分析及解决办法：在点击【识别墙】后，会弹出识别墙的窗体，在窗体中会根据读到的墙体厚度不同，把墙构件列出来，此时根据图纸说明中未标注的信息的墙的厚度，来把相应的钢筋信息输到表格中即可。

29. 为什么二层的剪力墙无法识别？

问题描述：首层剪力墙绘制完成了，二层识别剪力墙时识别不到，其他楼层都可以正常操作，是什么原因？

原因分析及解决办法：检查工程时，首层剪力墙的顶标高跨到了二层，二层的剪力墙底标高是二层的层底标高，导致无法生成剪力墙，所以无法识别。修改首层剪力墙的标高为首层的层顶标高，不产生跨层构件，重新识别即可。

30. 识别柱界面没有找到提取钢筋线功能？

问题描述：识别柱界面提取柱边线、提取柱标识下来就是识别柱，没有提取钢筋线功能，柱子的纵筋信息以及箍筋布置如何考虑？

原因分析及解决办法：识别柱主要是识别柱子所在的平面位置，提取钢筋线是识别柱大样界面的功能。柱子图纸如果绘制了柱子的大样，有钢筋信息，名称信息，柱子图元上绘制了纵筋点以及箍筋布置位置，这种图纸是柱大样图纸，需要在识别柱大样界面，提取柱边线—提取柱标识—提取钢筋线—识别柱大样，识别柱大样完成后，定义界面产生柱子定义信息，再到识别柱界面进行提取柱边线—提取柱标识—识别柱的操作，柱子平面位置就会被识别出来。

31. 识别柱时构件位置能否对应到相应的界面？

问题描述：识别柱时构件位置是如何确定的，能否识别到相对应的轴线位置？

原因分析及解决办法：识别构件时，首先要用【定位图纸】功能，把图纸与已绘制的轴网位置定位好后，直接识别构件，构件会产生在相对应的位置。

32. 点选识别柱大样没有反应，为什么？

问题描述：点选识别柱大样，点柱子的边线，没有反应，大样也没有变成蓝色？

原因分析及解决办法：是因为在提取柱边线的时候把大样图表格线也提取了，点柱边线时，软件无法识别所提取的边线。按图层提取柱边线，再按快捷键提取，把表格线再去掉，重新识别即可。

33. 柱大样图和平面图在一张 CAD 上，如何识别？

问题描述：柱子大样图纸和平面布置图在一张 CAD 上，如何进行识别？

原因分析及解决办法：因为是在一张图上，所以分两步操作：（1）先识别柱大样，将局部放大的柱大样识别好；（2）再识别柱，将平面图中的柱子都识别出来，放大处的柱大样再重新进行调整即可。

34. 识别柱大样时是否可以直接识别到暗柱界面？

问题描述：识别柱大样时有部分暗柱识别到框架柱里了，如何能设置一下，识别时能直接识别到暗柱中？

原因分析及解决办法：软件中有柱、暗柱、端柱不同的类别，在暗柱界面查看时没有，可以切换到别的界面查看下。

暗柱识别为框架柱了，在柱界面显示，把类别改为暗柱即可，或者在【CAD识别选项】中，修改相应按住的代号，使其与图纸中柱的代号一致。

35. 柱大样图纸和平面图纸是分开的，如何识别？

问题描述：柱子大样和平面位置图纸不在一个图纸上，是分开的两张图纸，如何进行正确的识别？

原因分析及解决办法：柱大样图纸是表示柱子截面信息，柱子配筋信息的图纸，原本和平面位置图纸就是分开的，大样图纸是采用识别柱大样功能识别，识别后生成柱构件，然后导入平面位置图纸，在识别柱界面识别平面位置。

36. 识别柱大样后尺寸比原来大了一倍，为什么？

问题描述：CAD图纸的柱大样识别后尺寸不对，变大了一倍是什么原因？

原因分析及解决办法：大样图纸是放大比例尺寸的，识别时需要调整比例。图纸导入后识别前，点击【设置比例】比例调整正确后，重新识别即可。

37. 为何识别柱大样后在绘图界面看不到图元？

问题描述：识别柱大样之后为什么在绘图界面看不到柱子图元，只是定义界面有构件属性信息？

原因分析及解决办法：识别柱大样是识别柱子定义信息，识别后，定义界面会产生构件属性，绘图界面是不会有图元的。识别柱大样之后，需要导入柱子平面布置图，切换到识别柱界面，进行识别柱的操作，才会生成柱图元。

38. 为什么识别连梁表后构件中查不到？

问题描述：识别连梁表操作后在连梁定义界面找不到连梁构件属性信息，如何处理？

原因分析及解决办法：①识别连梁表时没有点击【生成构件】按钮，构件没有生成成功。②连梁表有标高范围和楼层范围，查看的楼层是没有包含在范围之内的。③构件生成成功了，但是在构件定义界面把【过滤】选择了【当前层使用构件】，就看不到构件信息了。点击【生成构件】后，查看楼层范围和标高范围，在对应楼层查看是否有构件信息，若还是没有，切到【定义】界面，把【过滤】按钮点开，选择 不过滤即可。

39. 如何设置剪力墙垂直筋纵筋搭接接头错开百分率？

问题描述：剪力墙垂直筋在计算的时候不想有错开搭接，在软件中怎么设置？

原因分析及解决办法：工程设置—计算设置—剪力墙—第二条【纵筋搭接接头错开百分率】，将这一条选择为0即可。

40. 为什么剪力墙垂直筋没有按照计算设置错开搭接50%计算？

问题描述：在计算设置中剪力墙的错开搭接百分率更改成了50%，但是在编辑钢筋中看到还是按照25的错开搭接计算的，没有按照设置的走？

原因分析及解决办法：检查工程设置-计算设置-剪力墙-墙身钢筋搭接长度（36条左右）选成了按平法图集计算，此设置情况下的剪力墙垂直筋搭接长度是按照$1.2l_{aE}$计算，不再考虑错开搭接百分率，调整成按错开搭接百分率计算即可。

41. 如何设置墙钢筋伸入基础的弯折长度为固定值？

问题描述：墙钢筋伸入基础的弯折长度是固定的，在软件中如何设置？

原因分析及解决办法：工程设置—计算设置—节点设置—剪力墙—左/右侧基础插筋节点中修改 a 值即可，如果是单个墙想修改，单独在墙的属性中修改即可。

42. 如何设置基础顶部不作为嵌固部位？

问题描述：工程是按照 11G101 图集的规定，要求基础顶部不作为嵌固部位，软件中如何修改？

原因分析及解决办法：工程设置—计算设置—柱/墙柱，【基础顶部按嵌固部位处理】选否即可。

43. 如何设置构造柱钢筋伸入梁底锚固？

问题描述：工程中的构造柱要求是要一根钢筋直接伸入梁底进行锚固，如何设置？

原因分析及解决办法：构造柱属性—其他属性—计算设置—【是否属于砖混结构】修改为是，调整【插筋构造】为纵筋锚固即可，修改为"是"时按照框柱的计算方法计算，在"否"的情况下是按照构造柱有预留或者植筋的算法计算。

44. 如何设置柱纵筋伸至本层层顶截断？

问题描述：工程中每一层的柱子都不需要按照露出计算，纵筋伸至本层层顶截断即可，软件中如何设置？

原因分析及解决办法：工程设置—计算设置—柱/墙柱 —抗震柱纵筋露出长度修改为 0 即可。

45. 如何设置非框架梁与非框架梁互认支座？

问题描述：在提取梁跨时，非框架梁与非框架梁没有互认支座，如何设置？

原因分析及解决办法：（1）GGJ2013 中，在计算设置，非框架梁中第 3 条"宽高均相等的非框架梁 L 型、十字相交互为支座"，选择为"是"即可。（2）使用【设置支座】功能，手动设置非框架梁支座即可。

46. 如何将剪力墙垂直筋在同一个位置断开？

问题描述：剪力墙如何设置可以让垂直钢筋在一个位置搭接？

原因分析及解决办法：【工程设置】—【计算设置】—【剪力墙】—【纵筋搭接接头错开百分率】修改为 0。

47. 如何使用柱截面编辑布置一些特殊的钢筋？

问题描述：柱截面编辑怎么使用？柱截面编辑纵筋、箍筋如何绘制？

原因分析及解决办法：GGJ2013 软件新增【特殊布筋】功能，下面逐一介绍图中纵筋 1、2、3、4 在软件中如何布置：

纵筋 1：使用【对齐布筋】功能布置，通过水平、垂直相交方向确定纵筋位置，完成布置纵筋 1：使用【对齐布筋】功能布置，通过水平、垂直相交方向确定纵筋位置，完成布置。

纵筋 2：使用【比例布筋】功能处理，纵筋处于圆弧段 25％位置，直接输入比例定位。

纵筋 3、4：使用【布边筋】功能处理，两根角筋（黄色）之间的均等分配布置边筋。

48. 剪力墙遇暗柱是否断开绘制?

问题描述:剪力墙遇到暗柱要不要断开画。

原因分析及解决办法:暗柱在剪力墙中间位置布置时,剪力墙直接拉通绘制,不需要断开绘制;当暗柱在剪力墙拐角位置布置时,剪力墙绘制到暗柱中心,即水平和垂直剪力墙端部中点重合。

49. 暗柱和端柱的区别是什么?

问题描述:暗柱和端柱的区别?

原因分析及解决办法:暗柱、端柱是剪力墙中的柱,一般情况下有两种,一种约束端(暗)柱,一种构造端(暗)柱。简单的剪力墙结构中端柱布置位置一般在剪力墙的两端或者转角处,一般柱宽大于或者等于剪力墙的厚度,暗柱指布置于剪力墙中柱宽等于剪力墙厚的柱,一般在外观看不出。

50. 框架柱的边柱、角柱和中柱的区别是什么?

问题描述:框架柱分边柱角柱中柱有什么区别?

原因分析及解决办法:边柱中柱角柱在顶层的锚固计算方法不一样。

51. 如何处理约束边缘暗柱?

问题描述:约束边缘暗柱在软件中怎样处理?

原因分析及解决办法:约束边缘暗柱一般会有阴影与非阴影区,此类柱均称为约束边缘柱,详见11G101-1第72页。解决方案一:在软件中通常把非阴影区的部分定义为暗柱的截面,即把它和暗柱本身当做一个暗柱处理,钢筋是在暗柱的截面编辑器中绘制。解决方案二:约束边缘部分单独用暗柱处理。

52. 如何定义基础层柱子底标高?

问题描述:基础层柱子定义时底标高的选项很多,应该选择哪一个?

原因分析及解决办法:软件中只要柱子底标高碰到基础构件,软件就会自动考虑计算基础锚固区内的纵筋和插筋的,所以可以直接选择基础顶标高或者基础底标高。

53. 如何设置高杯柱和其上部的框架柱的钢筋都要插入独立基础?

问题描述:高杯柱独立基础,高杯柱的截面是 $800×800$,上部有 $400×400$ 的框架柱,框架柱和高杯柱的钢筋都要插入独立基础中,怎样处理?

原因分析及解决办法:这种情况在软件中暂时还处理不了,但是可以变通的来处理,框架柱中插入基础部分的钢筋在框架柱的其他箍筋中自己手动编辑。

54. 如何设置同名称柱子中的不同钢筋信息和标高的钢筋?

问题描述:同一个平面位置的柱子,从 $3.27\sim3.87$ 是一种钢筋信息,从 3.87 到 6.57 是一种钢筋信息,但是柱子的名称是一样的,这种应该怎样处理?

原因分析及解决办法:软件中柱子属性中的钢筋和名称是公有属性,而且构件的名称每一层都是唯一的,如果钢筋信息不一样,定义的时候必须要在名称上边区分开。定义两个柱,标高分别是从 $3.27\sim3.87$, $3.87\sim6.57$,定义好后直接点画。

55. 为什么基础层和首层框架柱露出长度不一致?

问题描述:基础层框架柱纵筋计算时露出长度是按照 $300/3$ 计算的,但是首层框架柱纵筋减掉的露出长度是 $4400/3$,计算的钢筋长度不对。

原因分析及解决办法:先绘制的基础层,首层绘制完后,只汇总计算了首层,查看首层和基础层柱子钢筋，基础层柱子钢筋计算方式还是按照没有首层柱子的计算方式计算的。重新汇总计算基础层。

56. 柱在上下层需要变直径如何设置？

问题描述：柱子是上下层变直径，在软件中如何处理的？上层钢筋大下层钢筋小。

原因分析及解决办法：软件已经考虑到钢筋变直径的处理，都是上柱较大直径的钢筋伸入下柱一个露出长度，下柱较小直径钢筋在计算的时候会减掉那个露出长度，在较小直径柱子中计算搭接。

57. 柱子绘制到桩承台顶和桩承台底是否有量差？

问题描述：柱子绘制到桩承台顶和桩承台底，对钢筋量有没有影响？

原因分析及解决办法：绘制到桩承台顶或底对钢筋量没有影响。

58. 如何设置基础层只统计插筋的量？

问题描述：基础层只想统计柱子插筋的量怎么设置？

原因分析及解决办法：软件在处理基础层柱钢筋的时候，就是只计算插筋的，箍筋量是归到首层的；所以在建楼层的时候基础层的层高要按照基础厚度定义，然后在基础层绘制上柱子，计算出来的量就是只有插筋的量的。

59. 柱内外箍筋信息不同时如何输入？

问题描述：柱子外侧的箍筋信息和内侧的箍筋信息不同在软件中如何输入？

原因分析及解决办法：外箍和内箍钢筋信息不一样的话中间要用加号连接，如 A8-100/200＋A10-100/200，前面表示外侧箍筋，后面表示内侧箍筋。

60. 柱的标高伸入到基础底和基础顶有什么区别？

问题描述：在基础层柱的标高软件默认的是基础底标高，选项里面还是基础顶标高，调整之后有什么区别？

原因分析及解决办法：柱的标高伸入到基础底和基础顶计算出来的量是一样的，柱都会正常伸入基础底部计算插筋，不影响钢筋量。

61. 暗柱与剪力墙，暗梁完全重叠，是否计算量？

问题描述：工程中剪力墙，暗梁，暗柱完全重叠，暗柱是否计算量？

原因分析及解决办法：暗柱会正常计算，软件在此不考虑扣减。

62. 基础层是否需要绘制柱？

问题描述：首层绘制的柱子，需要把柱子复制到基础层吗，有无影响？

原因分析及解决办法：复制到基础层后，会计算纵筋的搭接，纵筋连接形式为绑扎时，统计搭接长度，并且计算绑扎搭接范围的箍筋加密；为机械连接时，统计接头个数；如果不进行复制，标高调整到基础标高时，不会计算连接。

建议把柱子复制到基础层做处理，钢筋计算比较规范，不容易产生问题。

63. 框架柱箍筋两种钢筋直径隔一布一如何输入？

问题描述：工程中框架柱箍筋信息是两种直径隔一布一如何处理？

原因分析及解决办法：柱子箍筋隔一布一无法直接输入，先按照一种钢筋直径输入计算，计算后编辑钢筋中修改箍筋计算结果，锁定构件。

64. 为什么绘图界面和报表里钢筋量不一样？

问题描述：首层柱子在绘图区域查看所有柱子的钢筋量数值和报表里看到的首层柱钢

筋量不一样，是什么原因？

原因分析及解决办法：确定工程的汇总方式，若选为 按中轴线汇总时，报表里会考虑弯曲调整值，比绘图区域少一些。另外一种情况是绘图区域和报表里的范围没有对应上，查看绘图界面柱子是否完全选择。查看汇总方式是否是按轴线汇总，若是，绘图界面和报表里就对应不上，绘图界面显示按外皮的量，报表里体现按中轴线的量。若选择按外皮汇总，则需要检查范围，绘图界面批量选择所有柱子，查看钢筋量，然后在报表预览界面通过设置报表范围设置和绘图界面一样的范围具体对照。

65. 如何处理工程中柱圆形箍筋？

问题描述：如何处理工程中柱圆形箍筋？

原因分析及解决办法：柱截面编辑中【画箍筋】—【三点画圆】、【圆】功能可以处理。

66. 如何设置剪力墙加筋？

问题描述：地下室墙的加筋怎样处理？

原因分析及解决办法：建议的剪力墙属性—其他属性—其他钢筋—垂直加强筋，长度需要手算，钢筋根数软件自动会根据输入的钢筋信息沿墙长算根数。

67. 如何设置有 3 排钢筋的剪力墙？

问题描述：剪力墙有 3 排钢筋如何输入。

原因分析及解决办法：剪力墙有多排钢筋用加号连接分别从左往右加起来，要注意括号里面是钢筋的排数都要改成 1，例如：（1）B10²@200＋（1）B12@200＋（1）B14²@200。

68. 剪力墙钢筋内外侧直径不一样时，如何处理？

问题描述：剪力墙钢筋内外侧直径不一样时，如何处理？

原因分析及解决办法：输入方式：C14 @ 150（外侧）＋ C12 @ 150（内侧）。注意：软件剪力墙钢筋内外侧的判断方法，软件中剪力墙绘制时，绘制方向的左侧为外，右侧为内；查看剪力墙的绘制方向，可通过"显示线式图元方向"功能调出方向箭头来查看。

69. 剪力墙水平钢筋在暗梁处是否扣减？

问题描述：剪力墙水平钢筋在暗梁处是否扣减？

原因分析及解决办法：暗梁中输入侧面纵筋信息时剪力墙的水平筋在暗梁位置不布置，暗梁中没有输入侧面纵筋时，剪力墙的水平钢筋在暗梁的位置布置。

70. 如何使剪力墙底标高随着筏板底基础标高走？

问题描述：剪力墙的底标高要随着筏板基础的底标高走？

原因分析及解决办法：建议的剪力墙先正常绘制，然后绘制筏板，在用三点定义斜筏板把筏板定义成斜的，剪力墙的底标高要随着筏板的底标高走，可以直接把剪力墙的底标高改成"基础底标高"，或者也可以直接用"墙底平齐基础底"处理。

71. 如何设置有 3 排垂直筋的剪力墙？

问题描述：剪力墙垂直筋有 3 排，怎样处理？

原因分析及解决办法：外（1）B12@200＋中间（1）B12@200＋内（1）B12@200。

附录 A 某钢筋翻样实训室施工图

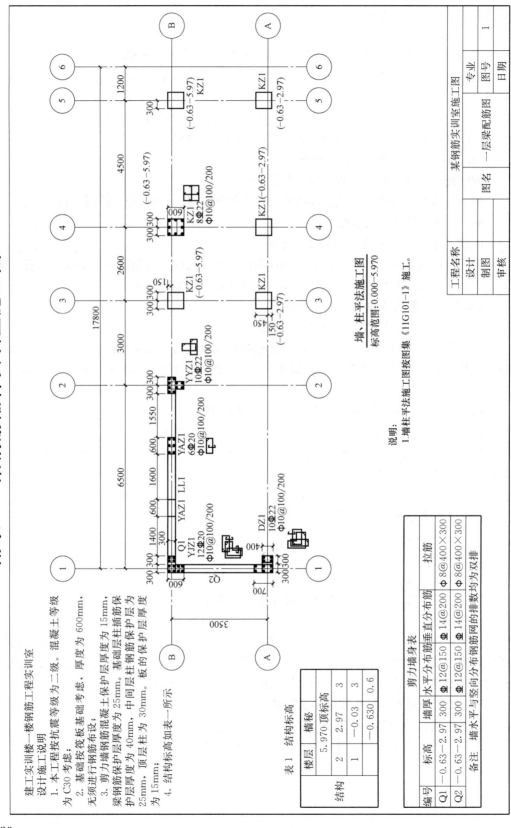

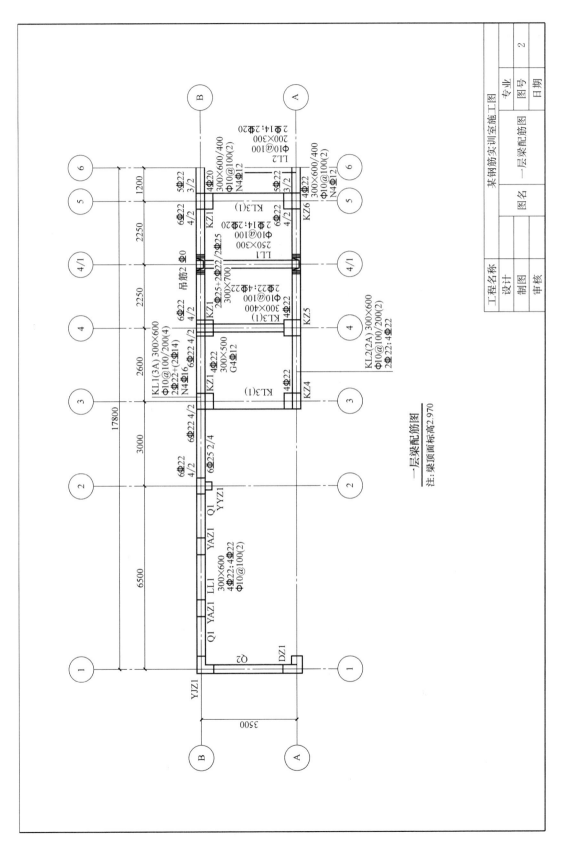

一层梁配筋图
注：梁顶面标高2.970

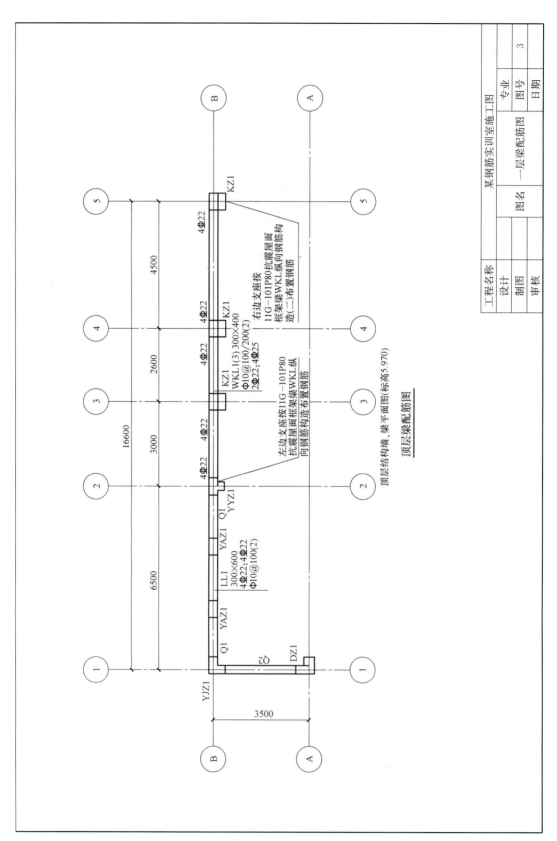

顶层梁配筋图

顶层结构墙、梁平面图(标高5.970)

右边支座按
11G—101P80抗震屋面
框架梁架梁WKL纵向钢筋构
造(二)布置钢筋

左边支座按11G—101P80
抗震屋面框架梁架梁WKL纵
向钢筋构造布置钢筋

KZ1

4Φ22

4Φ22

KZ1
WKL1(3) 300×400
Φ10@100/200(2)
2Φ22;4Φ25

4Φ22

4Φ22

KZ1

4Φ22

YYZ1
Q1

YAZ1

LL1
300×600
4Φ22;4Φ22
Φ10@100(2)

YAZ1
Q1

DZ1
Q2

YJZ1

4500

2600

3000

6500

16600

3500

某钢筋实训室施工图

工程名称
设计
制图
审核

图名　一层梁配筋图

专业
图号　3
日期

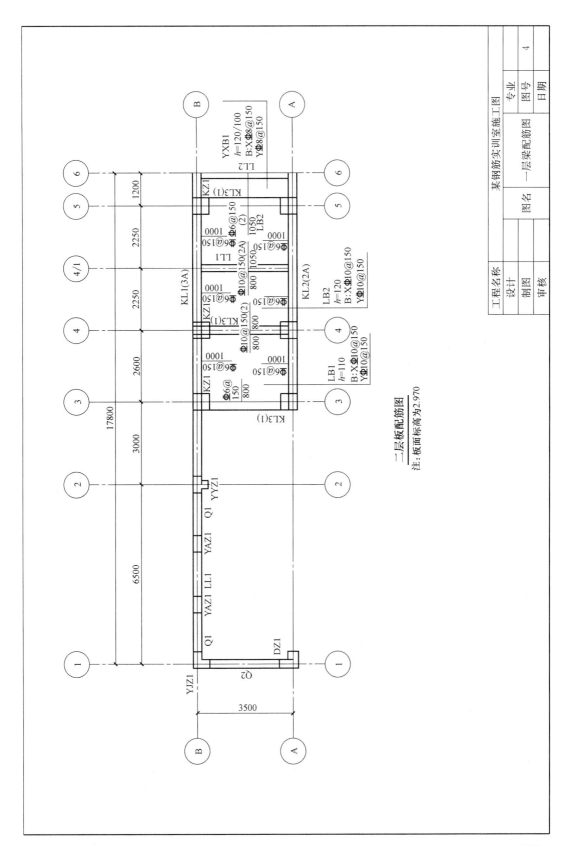

二层板配筋图
注：板面标高为2.970

附录 B　11G101 图集应用常见问题

B.1　一般构造

1. 平法图集的最后一页"标准构造详图变更表"何用？

最后一页只是举了一个例子，并无规范作用。这是给设计院用的。平法的宗旨是不限制注册结构师行使自己的权利，所以，对 11G101 系列图集中不适合具体工程的规定与构造，结构师都可以进行变更。需要明确的是经变更后的内容，其知识产权归变更者，因此变更者应当负起全部责任（包括其风险）。

2. 如何正确理解《钢筋机械连接通用技术规程》JGJ 107－2010 第 4.0.1 条所说"Ⅰ级接头可不受限制"的规定？

《钢筋机械连接通用技术规程》（JGJ 107—2010）中将接头分为Ⅰ、Ⅱ、Ⅲ级，并对接头的应用做了规定：接头宜设置在结构构件受拉钢筋应力较小部位，当需要在高应力部位设置接头时，对Ⅰ、Ⅱ、Ⅲ级接头，接头面积百分率分别为不受限制、不大于 50%、不大于 25%。所谓"不受限制"，是有条件的（应力较小部位），应慎重对待。从传力的性能来看，任何受力钢筋的连接接头都是对传力性能的削弱，因此并不存在"可以不受限制"的问题。钢筋连接的其他要求，如同一受力钢筋不宜设置两个或两个以上接头、连接区段的构造要求，避开在抗震设防要求的框架梁梁端、柱端等，仍应符合标准的相关规定。而当设计选用了平法图集时，对于抗震框架柱的非连接区不允许进行连接的规定更应严格执行。

3. 凡是"没有明令禁止"的连接区域，钢筋是否就可以连接呢？

事实上，除高抗震设防烈度的重要构件外，没有明令"完全"禁止的非连接部位。只要保证连接质量和控制连接百分率，在任何位置都可以连接。需要注意的是"尽可能避开"这个要求的含义，如尽可能避开节点区、箍筋加密区、应力（弯矩）较大区等等。

4. 为什么钢筋端头及弯折点 10d 内不能焊接？

不焊接肯定比焊接要好，《混凝土结构工程施工质量验收规范》GB 50204—2002（2011 年版）第 5.4.3 条规定："钢筋的接头宜设置在受力较小处。同一纵向受力钢筋不宜设置两个或两个以上接头。接头末端至钢筋弯起点的距离不应小于钢筋直径的 10 倍"。

5. 何谓概念设计？

概念设计是运用人的思维和判断力，从宏观上决定结构设计中的基本问题。概念设计包括的范围很广，要考虑的因素很多，不仅仅要分析总体布置上的大原则，也要顾及关键部位的细节。陈青来教授在回答这一问题时曾这样解释：概念设计说白了，就是一种比较高级的"拍脑袋瓜"，说不清楚，却很管用。否则结构就太沉重了！没有几十年经验和对结构本质的深刻理解，是"拍"不得的。

6. 如何控制钢筋绑扎、点焊的缺扣、漏焊？

对钢筋绑扎、点焊的缺扣、漏焊、虚焊的限制标准，新的国家标准《混凝土结构工程施工质量验收规范》GB 502004—2010 对此未作出明确要求，但原国家标准《钢筋混凝土工程施工及验收规范》GBJ 204—83 第 5.3.1 节具有很好的参考性，这些要求可以在施工组织设计中作出明确或在企业标准里作出规定，有利于施工也有利于验收。①钢筋的交叉点应采用铁丝扎牢；②板和墙的钢丝网，除靠近外围两行钢筋的交叉点全部扎牢外，中间部分的交叉点可相隔交错扎牢，但必须保证受力钢筋不位移。双向受力的钢筋，须全部扎牢；③梁和柱的箍筋，除设计有特殊要求时，应与受力钢筋垂直设置。箍筋弯钩叠合处，应沿受力方向错开设置；④柱中的竖向钢筋搭接时，角部钢筋的弯钩应与模板成 45°（多边形柱为模板内角的平分角，圆形柱则应与模板切线垂直）；中间钢筋的弯钩应与模板成 90°。如采用插入式振捣器浇筑小型截面柱时，弯钩与模板的角度最小不得小于 15°。

7. 如何准确运用《混凝土结构工程施工质量验收规范》GB 50204—2010 "当一次连续浇筑超过 1000m³ 时，同一配合比的混凝土每 200m³ 取样不得少于一次" 的规定制作试块？

《混凝土结构工程施工质量验收规范》GB 50204—2010 相关条款规定："每拌制 100 盘且不超过 1000m³ 的同配合比的混凝土，取样不得少于一次；当一次连续浇筑超过 1000m³ 时，同一配合比的混凝土每 200m³ 取样不得少于一次。"对此不少工程技术人员理解为 "超过 1000m³ 时总体上每 200m³ 取样一次"。例如：今天某幢号连续生产 900m³ 混凝土取样 9 次制作试块，明天某幢号连续生产 1050m³ 混凝土取样 6 次制作试块，这显然是对规范条文的不正确理解与运用。正确的理解应该是：不是超过 1000m³ 时总体上每 200m³ 取样一次，而是指对超过 1000m³ 的部分每 200m³ 取样一次。因此对于连续生产 1050m³ 混凝土，取样应为 11 次，即在达到 1000m³ 前，每 100m³ 取样一次，共 10 次，超过 100m³ 的 50m³ 取样一次（不足 200m³ 时也按一次考虑）。

8. 柱墙以基础为支座、梁以柱为支座、板以梁为支座，是这样的吗？

是的。搞清楚谁是谁的支座是一般的（初级）结构常识，如果深入探讨，从系统科学的整体观出发看问题，结构中的各个部分谁也不是谁的支座（正如肩臼并不是胳膊的支座的道理相同），大家为了一个共同的目标（功能）结合到一起。我们根据各部分构件的具体情况，分出谁是谁的支座，只是为了研究问题和规范做法更方便一些。相对于剪力墙（含墙柱、墙身、墙梁）而言，基础是其支座，但相对于连梁而言，其支座就是 "墙柱和墙身"。

9. 平法图集与其他标准图集有什么不同？

以往我们接触的大量标准图集，大都是 "构件类" 标准图集，例如：预制平板图集、薄腹梁图集、梯形屋架图集、大型屋面板图集，图集对每一个 "图号"（即一个具体的构件），除了明示其工程做法以外，还都给出了明确的工程量（混凝土体积、各种钢筋的用量和预埋铁件的用量等）。然而，平法图集不是 "构件类" 标准图集，它不是讲某一类构件，它讲的是混凝土结构施工图平面整体表示方法，简称 "平法"。"平法" 的实质，是把结构设计师的创造性劳动与重复性劳动区分开来。一方面，把结构设计中的重复性部分，做成标准化的节点— "标准构造详图"；另一方面，把结构设计中的创造性部分，使用标准化的设计表示法— "平法制图规则" 来进行设计，从而达到简化设计的目的。这就是

"平法"技术出现的初衷。所以，看每一本"平法"图集，有一半的篇幅是讲"平法制图规则"，另一半的篇幅是讲"标准构造详图"。

10. 锚固长度怎么定义？

简单地说，把受拉钢筋安全地锚固在支座中所需要的钢筋长度。

11. 技术文件中经常有受拉区、受压区、受拉钢筋、受压钢筋等，施工时应如何判断？

答：混凝土结构中的受拉区、受压区主要是指混凝土构件截面产生拉应力、压应力的区域，通常，受压区主要是基础柱、墙、桁架上弦、受弯构件（梁、板）正弯矩区域（跨中）的上部和负弯矩区域（跨边）的下部；受拉区主要是指桁架下弦杆、轴拉构件和受弯构件（梁、板）正弯矩区域（跨中）的下部和负弯矩区域（跨边）的上部，当然，受压构件处于大偏心受压状态下也可能在局部区域存在拉应力，在水平荷载（地震作用和较大风力）作用下，情况更为复杂，应由结构的内力分析确定。混凝土结构中的受拉钢筋、受压钢筋是指承载受力后构件中承受拉力、压力的受力钢筋，由于钢筋与混凝土通过粘结锚固作用而共同受力，故受拉区和受拉钢筋，受压区和受压钢筋的位置基本一致。此外剪力、扭矩也会分别引起拉应力或压应力，应根据内力分析确定。受力性质对配筋构造有重要影响，例如在受拉、受压时钢筋的锚固、搭接长度就有很大差别，但是对于施工单位而言，要区别受拉区、受压区的受拉钢筋、受压钢筋实际上是有困难的，通常，设计师不会把力学分析的内力结果提供给施工方；施工人员基本没有条件进行整个结构体系的力学分析，当然可以通过一般的结构概念大致判断，但并不准确，可靠性不高，要有长期经验和比较深厚的功底才能把握。因此如遇不明确处，则应询问有关的设计单位。抗震框架梁的受力钢筋均应按受拉考虑其搭接与锚固。

12. 什么是钢筋锚固？受拉钢筋的锚固长度如何确定？

钢筋混凝土结构中钢筋能够受力，主要是依靠钢筋和混凝土之间的粘结锚固作用，因此钢筋的锚固是混凝土结构受力的基础。如锚固失效，则结构将丧失承载能力并由此导致结构破坏。《混凝土结构设计规范》GB 50010—2010 中关于受拉钢筋锚固包括基本锚固长度 l_{ab}、锚固长度 l_a、抗震锚固长度 l_{aE} 以及 l_{abE}。其中 l_a、l_{aE} 用于钢筋直锚或总锚固长度情况，l_{ab}、l_{abE} 用于钢筋弯折锚固或机械锚固情况，施工中应按 11G101 系列图集中标准构造图样所标注的长度进行下料。

当计算中充分利用钢筋的抗拉强度时：

$$l_{ab} = \alpha(f_y/f_t)d$$
$$l_a = \zeta_a l_{ab}，且 \geqslant 200\text{mm}$$
$$l_a = \zeta_a l_{ab}$$
$$l_{aE} = \zeta_{aE} l_a$$

式中　f_y——普通钢筋的抗拉强度设计值；

f_t——混凝土轴心抗拉强度设计值，当混凝土强度等级大于 C60 时，按 C60 取值；

ζ_a——锚固长度修正系数；

ζ_{aE}——纵向受拉钢筋抗震锚固长度修正系数；

α——钢筋的外形系数，光面钢筋为 0.16，带肋钢筋为 0.14。

13. 纵向受拉钢筋的锚固长度为什么要修正？如何修正？

在实际工程中，由于锚固条件的变化，锚固长度也应做相应的调整。以下 5 种情况下，对钢筋的锚固长度进行修正。当多于一项时，锚固长度修正系数 ζ_a 按连乘计算，但不应小于 0.6。

（1）带肋钢筋的公称直径大于 25mm 时：$\zeta_a=1.1$；这是考虑粗直径带肋钢筋相对肋高减小，对钢筋锚固作用有降低的影响。

（2）采用环氧树脂涂层钢筋时 $\zeta_a=1.25$；为解决恶劣环境中钢筋的耐久性问题，工程中采用环氧树脂涂层钢筋。该种钢筋表面光滑对锚固有不利的影响，试验表明涂层使钢筋的锚固强度降低 20% 左右。

（3）受施工扰动影响时：$\zeta_a=1.1$；当钢筋在混凝土施工过程中易受扰动的情况下（如滑模施工或其他施工期依托钢筋承截的情况），因混凝土在凝固前受扰动而影响与钢筋的粘结锚固作用。

（4）保护层厚度 c 较大时：锚固钢筋常因外围混凝土的纵向劈裂而削弱锚固作用，当混凝土保护层厚度较大时，握裹作用加强，锚固长度可适当减短。此处保护层厚度指锚固长度范围内钢筋在各个方向的保护层厚度。

当 $c=3d$ 时，$\zeta_a=0.8$；

当 $c \geqslant 5d$ 时，$\zeta_a=0.7$；

当 $3d < c < 5d$ 时，$\zeta_a=0.95-0.05c/d$。

（5）配筋富余时：当纵向受力钢筋的实际配筋面积大于其设计计算面积时，如因构造要求而大于计算值，钢筋实际拉应力小于抗拉强度设计值时，锚固长度修正系数 ζ_a 可取值为设计计算面积与实际配筋面积的比值。但不得用于抗震设计计直接承受动力荷载的构件中。

14. 采用光圆钢筋时锚固长度是否已包括末端 180°弯钩长度，180°弯钩长度取值为多少？什么时候可不设 180°弯钩？

（1）光圆钢筋系指 HPB300 级钢筋，由于钢筋表面光滑，只靠摩阻力锚固，锚固强度很低，一旦发生滑移即被拔出，因此其末均应做 180°弯钩，如图 B-1 所示。作受压钢筋时可不做弯钩。

HPB300 级钢筋末端 180°弯钩，其弯后平直段长度不应小于 $3d$，弯弧内直径 $2.5d$，180°弯钩需增加长度为 $6.25d$。

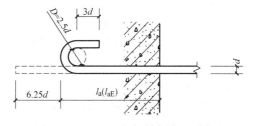

图 B-1　HPB300 级钢筋末端 180°弯钩

（2）板中分布钢筋（不作为抗温度收缩钢筋使用），或者按构造详图已经设有 $\leqslant 15d$ 直钩时，可不再设置 180°弯钩。

15. 纵向受拉钢筋弯钩锚固及机械锚固的主要形式有哪几种？有什么要求？可用在什么地方？

弯钩及机械锚固主要是利用受力钢筋端部锚头（弯钩、贴焊锚筋、焊接锚板或螺栓锚头）对混凝土的局部挤压作用加大锚固承载力，可以有效减小锚固长度，采用弯钩或机械锚固后，包括弯钩或锚固端头在内的锚固长度（投影长度）可取为 $\geqslant 0.6 l_{abE}$（l_{ab}）。

（1）末端带 90°弯钩形式：当上部存在压力（如中间层框架节点）时，包括弯钩或锚固端头在内的锚固长度（投影长度）可取为 $\geqslant 0.4 l_{abE}$（l_{ab}）。当用于截面侧边、角部偏置锚固时，端头弯钩应向截面内侧偏斜。

（2）末端带 135°弯钩形式：建议用于非框架梁、板支座节点处的锚固，当用于截面侧边、角部偏置锚固时，端头弯钩应向截面内侧偏斜。

（3）末端贴焊锚筋形式：建议用于非框架梁、板支座节点处的锚固。其中一侧贴焊锚筋形式。当用于截面侧边、角部偏置锚固时，贴焊锚筋应向截面内侧偏斜。

（4）末端与钢板穿孔塞焊及末端带螺栓锚头的形式：可用于任何情况，但需注意螺栓锚头和焊接钢板的承压面积不应小于锚固钢筋截面积的 4 倍，且应满足间距要求，钢筋净距小于 $4d$ 时应考虑群锚效应的不利影响。

16. 11G101 系列图集涉及的钢筋 90°弯折锚固有几种？为什么弯折锚固时必须要保证直段的长度？

（1）纵向受力钢筋锚固时，当不能满足直锚要求时，可采用在钢筋端部设置 90°弯钩的形式，11G101 系列图集中纵向受力钢筋采用弯折锚固形式主要有如下几种：

1）直段长度 $\geqslant 0.6l_{abE}$（l_{ab}），弯折段长度 $15d$，要求直段宜伸至支座尽端；用于直锚长度不足，且充分利用钢筋抗拉强度的情况。

2）直段长度 $\geqslant 0.4l_{abE}$（l_{ab}），弯折段长度 $15d$，要求直段宜伸至支座尽端；用于当锚固钢筋上部承受充分压力作用时，直段长度适当减小，该种情况是情况 1）的特殊形式。如框架中间层端节点。

3）直段长度 $\geqslant 0.35l_{ab}$，弯折段长度 $15d$，要求直段宜伸至支座尽端；用于梁、板简支端上部钢筋的锚固。

4）框架顶层中柱顶纵向受力钢筋从梁底算起直段长度 $\geqslant 0.5l_{abE}$（l_{ab}），弯折段长度 $12d$，要求竖直段伸至柱顶。

（2）在实际工程中，由于支座长度限制造成无法满足直段的情况，有些人认为这种情况下直段短些，弯折段长些，总的长度满足锚固长度 l_{aE}（l_a）就可以了，这种做法是不允许的。弯折锚固是利用受力钢筋端部 90°弯钩对混凝锚固承载能力，从而保证了钢筋不会发生锚固拔出破坏，弯折段的长度按图集要求已能满足要求，过长则浪费。弯折锚固要求弯钩之前必须有一定的直段锚固长度，是为了控制锚固钢筋的滑移，使构件变形不至于发生较大的裂缝和变形。

17. 纵向受拉钢筋的绑扎搭接长度如何确定？

纵向受拉钢筋绑扎搭接接头的搭接长度应根据位于同一连接区段内的钢筋搭接接头面积百分率按下列公式计算：

非抗震设计时：$l_l = \zeta_l l_a$

抗震设计时：$l_{lE} = \zeta_l l_{aE}$

式中　l_l——纵向受拉钢筋的搭接长度；

　　　l_{lE}——纵向受拉钢筋的抗震搭接长度；

　　　l_a——纵向受拉钢筋的锚固长度；

　　　l_{aE}——纵向受拉钢筋的抗震锚固长度；

　　　ζ_l——纵向受拉钢筋搭接长度修正系数。当纵向受拉钢筋搭接接头面积百分率 $\leqslant 25\%$ 时取 1.2；当纵向受拉钢筋搭接接头面积百分率为 50% 时取 1.4；当纵向受拉钢筋搭接接头面积百分率为 100% 时取 1.6。当纵向受力钢筋搭接接头百分率在 $25\% \sim 50\%$ 之间时按公式（式 B-l）计算，在 $50\%\sim100\%$ 之间时按公式（式 B-2）计算。

$$\zeta=1+0.2\times\text{实际百分率}/25\% \tag{式 B-1}$$
$$\zeta=1.2+0.2\times\text{实际百分率}/50\% \tag{式 B-2}$$

18. 钢筋连接有何基本要求？各种连接方式的优缺点？

钢筋连接方式主要有绑扎搭接、机械连接和焊接三种，各自的特点见表 B-1；设置时应遵循以下原则：

（1）接头应尽量设置在受力较小处，应避开结构受力较大的关健部位。抗震设计时避开梁端、柱端箍筋加密区范围，如必须在该区域连接，则应采用机械连接或焊接。

（2）在同一跨度或同一层高内的同一受力钢筋上宜少设连接接头，不宜设置 2 个或 2 个以上接头。

（3）接头位置宜互相错开，在连接范围内，接头钢筋面积百分率应限制在一定范围内。

（4）在钢筋连接区域应采取必要的构造措施，在纵向受力钢筋搭接长度范围内应配置模向构造钢筋或箍筋。

（5）轴心受拉及小偏心受拉杆件（如桁架和拱的拉杆）的纵向受力钢筋不得果用绑扎搭接接头。

（6）当受拉钢筋的直径 $d>25\text{mm}$ 及受压钢筋的直径 $d>28\text{mm}$ 时，不宜采用绑扎搭接接头。

绑扎搭接、机械连接及烽接的特点　　　　　　表 B-1

类型	机　理	优点	缺　点
绑扎搭接	利用钢筋与混凝土之间的粘结锚固作用实现传力	应用广泛	对于直径较粗的受力钢筋，绑扎搭接长度较长，施工不方便，且连接区域容易发生过宽的裂缝
机械连接	利用钢筋与连接件的机械咬合作用或钢筋端面的承压作用实现钢筋连接	比较简便、可靠	机械连接接头连接件的混凝土保护层以及连接件间的横向净距将减小
焊接连接	利用热熔融金属实现钢筋连接	节省钢筋，接头成本低	焊接接头往往需人工操作，因而连接质量的稳定性较差

19. 纵向受力钢筋采用绑扎搭接时，接头百分率有何要求？不同直径钢筋搭接时格接长度及接头百分率如何计算？同一构件中配筋直径不同时，如何判定是否属于同一搭接区域？

位于同一连接区段内的受拉钢筋搭按按头面积百分率：

（1）梁类、板类及墙类构件，不宜大于 25%。

（2）柱类构件，不宜大于 50%。

（3）当工程中需要增大受拉钢筋搭接接头面积百分率时，梁类构件不宜大于 50%；板类、墙类及柱类构件，可根据实际情况放宽。

梁、板受弯构件，按一侧纵向受拉钢筋面积计算搭接接头面积百分率，即上部、下部钢筋分别计算；挂、剪力墙按全截面钢筋面积计算搭接接头面积百分率。

搭接钢筋接头除应满足接头百分率的要求外，宜间隔式布置，不应相邻连续布置，如钢筋直径相同，接头面积百分率为 50% 时隔一搭一，接头面积百分率为 25% 时隔三搭一。

直径不相同钢筋搭接时，不应因直径不同钢筋搭接而使构件截面配筋面积减小；需按较细钢筋直径计算搭接长度及接头面积百分率。同一构件纵向受力勾筋直径不同时，各自的搭接长度也不同，此时搭接区段长度应取相邻搭接钢筋中较大的搭接长度计算。

20. 不同等级钢筋机械连接接头百分率有何要求？机械连接有何其他要求？不同直径钢筋机械连接如何计算接头百分率？

（1）钢筋机械连接的连接区段长度为 $35d$，d 为连接钢筋的较小直径。同一连接区段内纵向受拉钢筋接头百分率不宜大于 50%，受压时接头百分率可不受限制。纵向受力钢筋的机械连接接头宜相互错开。

1）通常情况下，工程设计优先选用Ⅱ级接头，且控制接头百分率不应大于 50%。

2）实际施工过程如必须采用 100% 钢筋接头的连接时，应采用Ⅰ级接头。

3）延性要求不高部位可采用Ⅲ级接头，其接头百分率不应大于 25%。

4）抗震设计的框架梁端、柱端箍筋加密区，不宜设置接头。当无法避开时，应采用Ⅱ级接头或Ⅰ级接头，接头百分率均不应大于 50%。

5）对直接承受动力荷载的结构构件，接头百分率不应大于 50%，应满足抗疲劳性能的要求。

（2）纵向受力钢筋机械连接接头保护层：条件允许时，钢筋连接件的混凝土保护层厚度应符合《混凝土结构设计规范》CB 50010—2010 有关钢筋的最小保护层厚度要求，条件不允许时，连接件保护层不得小于 15mm。连接件之间的横向净距不宜小于 25mm。

（3）不同直径钢筋机械连接时，接头面积百分率按较小直径计算。同一构件纵向受力钢筋直径不同，连接区段长度按较大直径计算。

21. 常用普通钢筋焊接有何要求？不同焊接方法如何应用，不同直径钢筋焊接时应注意的问题。

细晶拉热轧带肋钢筋（HRBF）焊接应经过试验确定。

热轧带肋钢筋（HRB）直径大于 28mm 焊接应经过试验确定。

余热处理钢筋（RRB）不宜焊接（《钢筋焊接及验收规程》JCJ 18-2012 中 RRB400W 级钢筋可采用闪光对焊或电弧捍）。

常用焊接方法包括电阻点焊、闪光对焊、电渣压力焊、气压焊、电弧焊，使用中应注意：

（1）电阻点焊：用于钢筋焊接骨架和钢筋焊接网。焊接骨架较小钢筋直径不大于 10mm 时，大小钢筋直径之比不宜大于 3 倍；较小直径为 12~16mm 时，大小钢筋直径之比不宜大于 2 倍。焊接网较小钢筋直径不得小于较大直径的 60%。

（2）闪光对焊：钢筋直径较小的 400 级以下钢筋可采用"连续闪光焊"，钢筋直径较大，端面较平整时，宜采用"预热闪光焊"，钢筋直径较大，端面不平整时，应采用"闪光－预热闪光焊"。连续闪光对焊所能焊接的钢筋直径上限应根据焊接容量，钢筋牌号等具体情况而定。具体要求见《钢筋焊接及验收规程》JGJ 18—2012。不同直径钢筋焊接时径差不得超过 4mm。

（3）电渣压力焊：仅应用于柱、墙等构件中竖向或斜向（倾斜度不大于 10°）钢筋。不同直径钢筋焊接时径差不得超过 7mm。

（4）气压焊：可用于钢筋在垂直位置、水平位置或倾斜位置的对接焊接。不同直径钢筋焊接时径差不得超过 7mm。

（5）点弧焊：包括帮条焊、搭接焊、坡口焊、窄间隙焊和熔槽帮条焊。帮条焊、熔槽帮条焊使用时应注意钢筋间隙的要求。窄间隙焊用于直径≥16mm 钢筋的现场水平连接。熔槽帮条焊用于直径≥20mm 钢筋的现场安装焊接。

注：不同直径钢筋焊接时，接头百分率计算同机械连接。

22. 梁、柱纵向受力钢筋采用绑扎搭接时为什么要求搭接长度范围配置横向钢筋，有何要求？

绑扎搭接钢筋在受力后的分离趋势及搭接区混凝土的纵向劈裂，尤其是受弯构件挠曲后的翘曲变形，要求对搭接连接区域有很强的约束。

因此在梁、柱类构件纵向受力钢筋（包括受扭纵筋）搭接长度范围内应配置箍筋，其体规定如下：

（1）箍筋直径不小于搭接筋最大直径的 0.25 倍。

（2）箍筋间距不应大于搭接钢筋最小直径的 5 倍，且不应大于 100mm。

（3）当受压钢筋直径 $d>25mm$ 时，尚应在搭接接头两个端面外 100mm 范围内各设置两个箍筋，如图 B-2 所示。

机械连接接头在箍筋非加密区没有箍筋加密要求，但必须进行必要的检验。

焊接接头在箍筋非加密区也没有箍筋加密要求，但要求现场检验及时发现和纠正虚焊、夹渣气泡、内裂缝等缺陷，以及由于环境温度变化引起的内应力等。

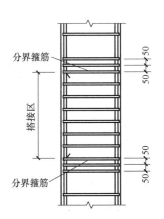

图 B-2 受压钢筋搭接范围内箍筋示意图

23. 混凝土保护层有何要求？柱、墙地面以下保护层如何设置？什么情况下保护层厚度可适当减小？保护层厚度较大时如何设置防裂钢筋？

（l）混凝土保护层厚度指最外层钢筋（箍筋、构造筋，分布筋等）外边缘至混凝土表面的距离，最小保护层厚度见表 B-2，表中数据适用于设计使用年限为 50 年的混凝土结构，除满足表中最小保护层厚度要求外，尚应注意：

1）构件中受力钢筋的保护层厚度不应小于钢筋的公称直径；

2）混凝土强度等级不大于 C25 时，表中保护层厚度应增加 5mm；

3）基础底面钢筋的保护层厚度，有垫层时应从垫层顶面算起，且不应小于 40mm；无垫层时不应小于 70mm。承台底面钢筋保护层厚度尚不应小于桩头嵌入承台内的长度。

混凝土保护层的最小厚度（mm）　　　　　　　　表 B-2

环境类别	板、墙	梁、柱
一	15	20
二 a	20	25
二 b	25	35
三 a	30	40
三 b	40	50

（2）混凝土结构中的竖向构件在地上、地下由于所处环境类别不同，因此要求保护层厚度也不同，此时可对地下竖向构件采用外扩附加保护层的方法，使柱主筋在同一位置不变。

（3）混凝土保护层厚度在采取下列有效措施时可适当减小，但减小之后受力钢筋的保护层厚度不能小于钢筋公称直径。

1）构件表面设有抹灰层或者其他各种有效的保护性涂料层时。

2）混凝土中采用掺阻锈剂等防锈措施时，可适当减小混凝土保护层厚度。使用阻锈剂应经试验检验效果良好，并应在确定有效的工艺参数后应用。

3）采用环氧树脂涂层钢筋、镀锌钢筋或采取阴极保护处理等防锈措施时，保护层厚度可适当减小。

4）当对地下室外墙采取可靠的建筑防水做法或防护措施时，与土壤接触面的保护层厚度可适当减少，但不应小于 25mm。

（4）当梁、柱、墙中钢筋的保护层厚度大于 50mm 时，宜对保护层混凝土采取有效的构造措施进行拉结，防止混凝土开裂剥落、下坠。可采取在保护层内设置防裂、防剥落的钢筋网片的措施，网片钢筋的保护层厚度不应小于 25mm，其直径不宜大于 8mm，间距不应大于 150mm。保护层厚度不大于 75mm 时可设 $A4@150$ 的网片钢筋。

在工程中经常会遇到框架梁与框架柱的宽度相同，或者框架梁与框架柱一侧相平的情况，这时框架梁中的最外侧纵向受力钢筋应从框架柱外侧纵向钢筋的内侧穿过。这么做会造成保护层厚度大于 50mm 的情况，会使混凝土保护层产生开裂，影响对纵向受力的保护作用也影响结构的耐久性，必要时宜在此部位设置防裂防剥落钢筋网片，如图 B-3、图 B-4 所示。

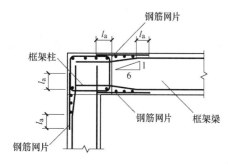

图 B-3　中间层框架柱与框架梁宽度相同

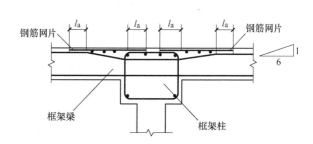

图 B-4　框架梁一侧与框架柱平

24. 为何要划分混凝土结构的环境类别，其目的是什么？在工程施工中如何理解环境类别的划分？

（1）混凝土结构环境类别的划分是为了保证设计使用年限内钢筋混凝土结构构件的耐久性，不同环境下耐久性的要求是不同的。混凝土结构应根据设计使用年限和环境类别进行耐久性设计，包括混凝土材料耐久性基本要求、钢筋的混凝土保护层厚度、不同环境条件下的耐久性技术措施以及结构使用阶段的检测和维护要求。

（2）混凝土结构环境类别是指混凝土暴露面所处的环境条件，见表 B-3。

1）严寒地区系指最冷月平均温度 $\leqslant -10℃$，日平均温度 $\leqslant -5℃$ 的天数不少于 145d 的地区。

2）寒冷地区系指最冷月平均温度 $-10 \sim 0℃$，日平均温度 $\leqslant -5℃$ 的天数为 $90 \sim 145d$ 的地区。

3）室内干燥环境是指构件处于常年干燥、低湿度的环境；室内潮湿环境是指构件表面经常处于结露或湿润状态的环境。

4）干湿交替环境是指混凝土表面经常交替接触到大气和水的环境条件。

5）受除冰盐影响环境是指受到除冰盐盐雾影响的环境；受除冰盐作用环境是指被除冰盐溶液溅射的环境以及使用除冰盐地区的洗车房、停车楼等建筑。

6）海岸环境和海风环境宜根据当地情况，考虑主导风向及结构所处迎风、背风部位等因素的影响，由调查研究和工程经验确定。

7）四类和五类环境中的混凝土结构，其耐久性要求应符合有关标准的规定。

混凝土结构的环境类别条件　　　　　　　　　　　　　　表 B-3

环境类别	条　件
一	室内干燥环境；无侵蚀性静水浸没环境
二 a	室内潮湿环境；非严寒和非寒冷地区的露天环境；非严寒和非寒冷地区与无侵蚀性的水或土壤直接接触的环境；严寒和寒冷地区的冰冻线以下与无侵蚀性的水或土壤直接接触的环境
二 b	干湿交替环境；水位频繁变动环境；严寒和寒冷地区的露天环境；严寒和寒冷地区冰冻线以上与无侵蚀性的水或土壤直接接触的环境
三 a	严寒和寒冷地区冬季水位变动区环境；受除冰盐影像环境；海风环境
三 b	盐渍土环境；受除冰盐作用环境；海岸环境
四	海水环境
五	受人为或自然的侵蚀性物质影像的环境

25. 施工图设计文件中都对结构混凝土的耐久性提出了基本要求，如何满足这样的要求？耐久性与什么因素有关，施工中应注意哪些问题？

为保证钢筋混凝土结构构件的可靠性，耐久性的基本要求是其中的一方面，结构的可靠性是由结构的安全性要求、结构的适用性要求和结构的耐久性要求三者来保证的，根据《工程结构可靠性设计统一标准》GB 50153—2008、《建筑结构可靠度设计统一标准》GB 50068—2001 的规定，结构在规定的设计使用年限内，正常维护下应具有足够的耐久性能。所谓足够的耐久性能，系指结构在规定的工作环境中，在预定时期内，其材料性能的恶化不至于导致结构出现不可接受的失效概率。

从建筑工程的角度来讲，足够的耐久性能是指在正常维护条件下，结构能够正常使用到规定的设计使用年限；《混凝土结构设计规范》GB 50010—2010 中混凝土结构耐久性的基本要求，是根据使用年限和环境类别而提出的要求。不仅要求钢筋的混凝土保护层厚度，而且规定了混凝土材料的基本要求。特别是对混凝土的水胶比、混凝土强度等级、氯离子含量和碱含量等耐久性的主要影响因素做出了明确的规定。

（1）混凝土结构施工时，应满足设计文件中所规定的结构耐久性的基本要求。

（2）当混凝土结构的设计使用年限为 50 年，环境类别为一～三类时，应符合表 B-3 的要求。

26. 结构中钢筋的选用有何要求？牌号带"E"的钢筋性能和普通钢筋相比有何特别要求？

（1）在有抗震设防要求的结构中，对材料的要求分为强制性要求和非强制性要求两种。

按一、二、三级抗震等级设计的框架和斜撑构件（这类构件包括框架梁、框架柱、框支梁、框支柱、板柱—抗震墙的柱，以及伸臂桁架的斜撑、框架中楼梯的梯段等）中的纵向受力普通钢筋强屈比、超强比和均匀伸长率方面必须满足下列要求：

1）强屈比：钢筋的抗拉强度实测值与屈服强度实测值的比值不应小于 1.25；这是为了保证当构件某个部位出现塑性铰以后，塑性铰处有足够的转动能力和耗能能力，大变形下具有必要的强度潜力。

2）超强比：钢筋屈服强度实测值与标准值的比值不应大于 1.30；这是为了保证按设计要求实现"强柱弱梁"、"强剪弱弯"的效果，不会因钢筋强度离散性过大而受到干扰．

3）均匀伸长率：钢筋在最大拉力下的总伸长率实测值不应小于 9％；这是为了保证在抗震大变形的条件下，钢筋具有足够的塑性变形能力。其他普通钢筋应满足设计要求，宜优先采用延性、韧性和焊接性较好的钢筋。

（2）带肋钢筋包括普通热轧钢筋（HRB335、HRB400、HRB500）和细晶粒热轧钢筋（HRBF335、HRBF400、HRBF500），在《钢筋混凝土用钢第 2 部分：热轧带肋钢筋》GB 1499.2 中还提供了牌号带"E"的钢筋：HRB335E、HRB400E、HRB500E、HRBF335E、HRBF400E、HRBF500E。这些牌号带"E"的钢筋在强屈比、超强比和均匀伸长率方面均满足第（1）条中要求，抗震结构的关键部位及重要构件宜优先选用。

27. 钢筋混凝土构件中的受力钢筋代换，是否可以高强度钢筋等面积替换低强度钢筋？在同一构件中的纵向受力钢筋是否可以同时使用不同强度等级的钢筋？

（1）在工程中由于材料供应等原因，往往会对钢筋混凝土构件中的受力钢筋进行代换。钢筋代换一般不可以简单的采用等面积代换或用大直径代换，特别是在有抗震设防要求的框架梁、柱、剪力墙的边缘构件等部位，当代换后的纵向钢筋总承载力设计值大于原设计纵向钢筋总承载力设计值时，会造成薄弱部位的转移，以及构件在有影响的部位发生混凝土的脆性破坏（混凝土压碎、剪切破坏等），对结构并不安全。钢筋代换应遵循以下原则：

1）当需要进行钢筋代换时，应办理设计变更文件。钢筋代换主要包括钢筋的品种、级别、规格、数量等的改变。

2）钢筋代换后的钢筋混凝土构件，纵向钢筋总承载力设计值应相等。

3）应满足最小配筋率、最大配筋率和钢筋间距等构造要求。

4）钢筋强度和直径改变后，应验算正常使用阶段的挠度和裂缝宽度在允许范围内。

（2）同一钢筋混凝土构件中，同一部位纵向受力钢筋应采用同一牌号的钢筋。

28. 焊接封闭箍筋有何要求？箍筋末端拉钩有何要求？拉筋拉钩做法有何要求？

上部结构构件中，11G101 系列图集要求的箍筋都为封闭箍筋，封闭箍筋可采取焊接封闭的做法，也可在末端设置弯钩。

（1）焊接封闭箍筋宜采用闪光对焊；采用气压焊或单面搭接焊时，应注意最小直径适用范围。单面搭接焊适用于直径不小于 10mm 的钢筋，气压焊适用于直径不小于 12mm 的钢筋。为保证焊接质量，焊接封闭箍筋应在专业加工场地并采用专用设备完成，《钢筋焊接及验收规范》JGJ 18—2012 规定了详细的施工操作和验收要求。焊接封闭箍筋要求如下：

1）每个箍筋的焊接连接点数量应为 1 个，焊点宜位于多边形箍筋的某边中部，且距离弯折处的位置不小于 100mm。

2）矩形柱箍筋焊点宜设在柱短边，等边多边形柱箍筋焊点可设在任一边。

3）梁箍筋焊点应设置在顶部或底部。

4）箍筋焊点应沿纵向受力钢筋方向错开布置。

（2）非焊接封闭箍筋末端应设弯钩，弯钩做法及长度要求如下：

1）非抗震设计的结构构件箍筋弯钩的弯折角度不应小于 90°，弯折后平直段长度不应小于箍筋直径的 5 倍；为保证受力可靠，工程多采用 135°弯钩。

2）对有抗震设防要求的结构构件，箍筋弯钩的弯折角度为 135°，弯折后平直段长度不应小于箍筋直径 10 倍和 75mm 两者中的较大值。

3）构件受扭时（如梁侧面构造纵筋以 "N" 打头表示），箍筋弯钩的弯折角度为 135°，弯折后平直段长度不应小于箍筋直径 10 倍。

4）柱全部纵向受力钢筋的配筋率（全部纵筋面面积除以柱截面积）大于 3%时，箍筋弯钩的弯折角度为 135°，弯折后平直段长度不应小于箍筋直径 10 倍。

5）圆形箍筋（非螺旋箍筋）搭接长度不应小于其受拉锚固长度 l_{aE}（l_a），末端均应做 135°弯钩，弯折后平直段长度不应小于箍筋直径 10 倍和 75mm 两者中的较大值；

（3）拉筋末端也应做弯钩，具体要求如下：

1）拉筋用于梁、柱复合箍筋中单肢箍筋时，两端弯折角度均为 135°，弯折后平直段长度同箍筋。

2）拉筋用作剪力墙（边缘构件除外）、楼板等构件中的拉结筋时，可采用一端 135°另一端 90°弯钩，弯折后平直段长度不应小于拉筋直径的 5 倍。

29. 并筋的主要形式及等效直径的计算方法？采用并筋时如何计算保护层厚度、钢筋间距及锚固长度？并筋如何搭接？

（1）由两根单独钢筋组成的并筋可按竖向或横向的方式布置，由三根单独钢筋组成的并筋宜按品字形布置。直径≤28mm 的钢筋并筋数量不应超过 3 根；直径 32mm 的钢筋并筋数量宜为 2 根；直径≥36mm 的钢筋不应采用并筋。

并筋等效直径按截面积相等原则换算确定。当直径相同的单根钢筋数量为两根时，并筋等效直径取 1.41 倍单根钢筋直径；当直径相同的单根钢筋数量为三根时，并筋等效直径取 1.73 倍单根钢筋直径。

（2）当采用并筋时，构件中钢筋间距、钢筋锚固长度都应按并筋的等效直径计算，且并筋的锚固宜采用直线锚固。并筋保护层厚度除应满足 B.1 第 12 问中的要求外，其实际外轮廓边缘至混凝土外边缘距离尚不应小于并筋的等效直径。

（3）并筋采用绑扎搭接连接时，应按每根单筋错开搭接的方式连接。接头百分率应按同一连接区段内所有的单根钢筋计算，并筋中钢筋的搭接长度应按单筋分别计算。

B.2 柱构造

1. 在工程中经常遇到柱钢筋由于采取措施不得当导致柱筋偏位，在柱底部对钢筋进行校正，有没有更合适的处理方法？

柱钢筋偏位主要是纵筋搭接 "别扭" 引起，解决问题的根本办法是改革搭接形式。

2. 请问钢筋混凝土柱在下层柱混凝土浇筑多长时间后（或者说混凝土的强度达到多少后），对上层柱的主筋进行电渣压力焊比较合适，混凝土规范好像没有对这种技术间歇作出具体明确的要求。但我认为应该要有一定的强度要求的，如果混凝土的强度不够，在施工时，很容易造成钢筋与混凝土脱离而导致失去"握裹力"，造成节点出现质量事故。

过早地在混凝土结构上加载，对混凝土结构的耐久性、徐变的影响不容忽视。一般认为：即使采取可靠的稳定措施，也要等到混凝土初凝或常温下至少24h之后。

3. 通常异形柱和梁都是同截面的，那么怎么来保证梁的有效截面呢？《混凝土异形柱结构技术规范》JGJ 149—2006 第 6.3.3 节给出了节点，为出柱边大于 800mm，按 1/25 的斜率。参考 11G101 中类似的情况，可以按出柱边 1/6 的斜率来施工吗？钢筋如是按 1/6 的斜率来弯折，就是代表了钢筋的传力是连续的或者对钢筋质量没什么影响，是否反之就是传力不连续或者对钢筋质量有影响呢？

《混凝土异形柱结构技术规程》JGJ 149—2006 的规定比较稳妥。英国人按 1/12，事实上 1/6 是有些问题，但我国已经形成了习惯，只能逐步纠正过来。

4. 框架柱与框架梁的混凝土强度等级不同时，在什么情况下可以同时浇筑节点核心区的混凝土？若不允许同时浇筑该部位混凝土时，应该采取什么措施？

在结构设计中严格控制框架柱的轴压比，以保证其有足够的塑形变形能力，提高框架的抗倒塌能力。为了达到设计要求，并满足"强柱弱梁"的设计思想，往往框架柱的混凝土强度等级比周边梁板高。

当框架柱的混凝土强度等级高于框架梁时，施工时节点区和周边部位不能同时浇筑，造成很大不便。节点核心区在水平荷载作用下的内力很复杂，特别在有抗震设计时，要承担很大的剪力，很容易出现剪切的脆性破坏，施工单位若需要将节点区混凝土按框架梁的混凝土强度等级浇筑时，需得到设计方的确认。（详见《混凝土结构工程施工规范》GB 50666—2011 第 8.3.8 节）

（1）节点核心区轴压比限值按下式核算：

$$N/(\eta_j f_c A) \leqslant \mu_{lin}$$

式中：N——柱组合轴压力设计值；

η_j——正交梁的约束影响系数，楼板为现浇、梁柱中线重合、四侧各梁截面宽度不小于该侧柱截面宽度的 1/2，且正交方向梁高度不小于较高框架梁高度的 3/4 时，可采用 1.5，9 度设防烈度宜采用 1.25，其他情况均采用 1.0；

f_c——实际浇筑核心区混凝土强度设计值；

A——柱截面积；

μ_{lin}——轴压比限值，按《建筑抗震设计规范》GB 50011—2010 表 6.3.6 取值，非抗震设计时取值为 1。

（2）受剪承载能力核算：按《混凝土结构设计规范》GB 50010—2010 第 11.6 节进行核算。当非抗震设计或抗震等级为四级时，节点剪力增大系数码 η_{jb} 取为 1。

（3）当设计要求需按高强度混凝土（柱的混凝土强度等级）浇筑时，高强度等级混凝土与低强度等级混凝土之间应采取分隔措施。分隔位置两侧混凝土分别浇筑，且应保证在一侧混凝土初凝前完成另一侧混凝土的覆盖。

5. 框架柱节点核心区水平箍筋配置的太密集，施工很不方便，是否可以不按柱端箍

筋加密区的方法设置？抗震设计及非抗震设计对框架节点核心区箍筋有何不同要求？

（1）框架结构的节点核心区受力状态很复杂，为使梁、柱纵向受力钢筋有可靠的锚固条件，框架梁柱节点核心区的混凝土应具有良好的约束，节点核心区应配置水平箍筋．抗震设计的框架节点，需要保证"强柱弱梁，节点更强"的设计理念。因此，我国相关标准对节点核心区的配箍特征值、柱端箍筋加密区体积配箍率以及箍筋的直径、间距都有明确的要求；除此之外，还要求对一、二、三级框架的节点核心区进行抗震验算。

（2）抗震设计的框架节点核心区中水平箍筋，应按施工图设计文件中的要求配置复合箍筋，不得随意减少。

按 11G101 图集设计的平法施工图，框架节点核心区箍筋一般情况下等同于柱端箍筋加密区范围内箍筋，当框架节点核心区内箍筋与柱端箍筋设置不同时，设计人员应在括号中注明核心区箍筋直径及间距。

如：A10@100/200（A12@100），括号内数值表示框架节点核心区箍筋直径 12mm，间距 100mm，不同于柱端箍筋。

（3）对无抗震设防的框架结构节点核心区内的水平箍筋（柱箍筋），构造要求就相对松一些，箍筋的间距不宜大于 250mm，且不应大于柱短边尺寸及 $15d$，d 为纵向受力钢筋的最小直径义不包括顶层端节点。对于四边有框架梁与柱相连的节点核心区，可仅沿节点周边设置矩形箍筋。其他情况应按设计图纸要求设置水平箍筋。

（4）当节点区设置复合箍筋时，除外圈必须采用封闭箍筋外，其他核心区中部箍筋可采用拉筋代替。

6. 如何正确理解嵌固部位和基础顶面的关系？抗震设计的框架柱嵌固部位箍筋加密区高度为什么比其他楼层大？嵌固部位不在基础顶面时，地下一层柱每侧纵筋为什么要求多 10%且不能伸至嵌固部位以上？

（1）嵌固部位是结构计算时底层柱计算长度的起始位置，11G101-1 中要求在竖向构件（柱、墙）平法施工图中明确标注上部结构嵌固部位。

基础顶面和嵌固部位之间关系如下：

1）无地下室时嵌固部位一般为基础顶面；有时由于基础顶面至首层板顶高度较大，而设置了地下框架梁（或基础联系梁），箍筋加密区如图 B-5 所示。

2）有地下室时，需要根据实际工程情况由设计指定嵌固部位。

（2）抗震设计的框架柱柱端应设置箍筋加密区，嵌固部位处柱下端 1/3 柱净高的范围内是箍筋加密区（如图 B-6 所示），高度大于其他层（1/3 柱净高、柱长边尺寸、500mm 三者大值），是增强柱嵌固端抗剪能力和提高框架柱延性的构造措施；根据震害表明，底层柱根部剪切破坏是造成建筑物倒塌的原因之一，因此要加强这个部位的抗剪构造措施。

（3）当嵌固部位不在基础顶面时，按《建筑抗震设计规范》GB 5001—2010 规定，地下一层柱截面每侧纵向钢筋不应小于地上一层柱对应纵向钢筋的 1.1 倍；并对梁端配筋也提出了相应的要求。柱中多出纵向钢筋不应伸至嵌固部位以上进行锚固，见节点④。这是因为，作为上部结构的嵌固部位，框架柱柱底屈服、出现塑性铰时，要保证地下一层对应的框架柱不应屈服。

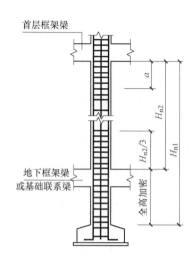

图 B-5　设有地下框架梁
或基础联系梁

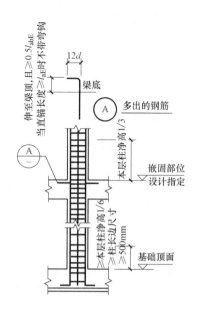

图 B-6　设有地下室且嵌固
部位不在基础顶面

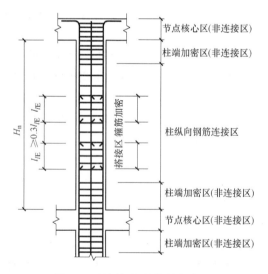

图 B-7　楼层框架柱箍筋加密区

7. 钢筋混凝土柱要求在刚性地面上下各 500mm 范围内箍筋加密,如何理解"刚性"地面?当边柱仅一侧为刚性地面时,是否也需要箍筋加密?柱中的纵向钢筋是否可以在此范围内连接?当与柱根部箍筋加密区重叠时,是否要重叠设置箍筋加密?

(1) 刚性地面系指无框架梁的建筑地面,其平面内的刚度比较大,在水平力作用下,平面内变形很小。震害表明,在刚性地面附近范围若未对柱做箍筋加密构造,会使框架柱根部产生剪切破坏。

通常现浇混凝土地面会对混凝土柱产生约束,其他硬质地面达到一定厚度也属于刚性地面。如石材地面、沥青混凝土地面及有一定基层厚度的地砖地面等。

(2) 在刚性地面上下各 500mm 范围内设置箍筋加密,其箍筋直径和间距按柱端箍筋加密区的要求。当边柱遇室内、外均为刚性地面时,加密范围取各自上下的 500mm。当边柱仅一侧有刚性地面时,也应按此要求设置加密区。如图 B-8、图 B-9 所示。

(3) 柱纵向受力钢筋不宜在此范围内连接。

(4) 当与柱端箍筋加密区范围重叠时,重叠区域的箍筋可按柱端部加密箍筋要求设置,加密区范围同时满足柱端加密区高度及刚性地面上下各 500mm 的要求。

198

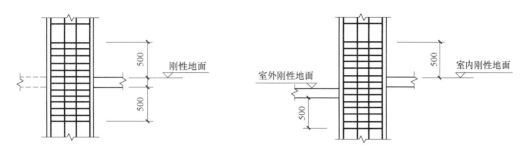

图 B-8　刚性地面柱箍筋加密区 　　　　图 B-9　室内外均为刚性地面柱箍筋加密区

8. 框架结构在顶层端节点处为什么要求搭接，有何要求？图集中的构造做法如何选择？

（1）框架顶层端节点的梁、柱端均主要承受负弯矩作用，相当于 90°折梁，节点外侧钢筋不是锚固受力，而属于搭接传力问题，故不允许将柱外侧纵钢筋伸至框架梁内锚固，将梁上部钢筋伸入节点。因此梁上部纵向钢筋与外侧纵向钢筋应搭接，采用的搭接方法主要有两种：节点外侧和梁端顶面 90°弯折搭接、柱顶部外侧直线搭接。

1）采用"节点外侧和梁端顶面 90°弯折搭接"方法时，搭接长度不应于 $1.5l_{abE}(l_{ab})$，构造要点如下：

（a）梁上部纵向钢筋伸至柱外侧纵筋内侧弯折，弯折段伸至梁底；

（b）部分柱外侧纵向钢筋（假定称为"钢筋①"）伸入梁内与梁上部向钢筋搭接，总的搭接长度不小于 $1.5l_{abE}(l_{ab})$，如图 B-10 所示，该部分钢筋截面积不应小于柱外侧纵向钢筋全部面积的 65%。

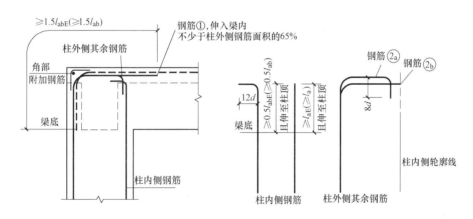

图 B-10　节点外侧和梁端顶面 90°搭接

（c）其余部分柱外侧钢筋（假定称为"钢筋②"）：

位于柱顶第一层时，伸至柱内边后向下弯折 8d。

位于柱顶第二层时，伸至柱内边截断。

当有≥100mm 的现浇板时，可伸入现浇板内。

（d）当柱外侧纵向钢筋配筋率大于 1.2%时，钢筋①分两批截断，截断之间距离不宜小于 20d。配筋率按公式 $p=A_s/A_c$ 计算，式中 A_s 为柱外侧纵向钢筋面积，A_c 为柱截面面积。

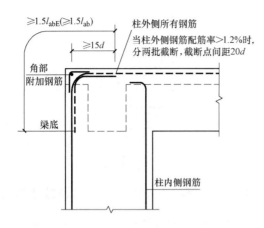

图 B-11　节点外侧和梁端顶面
90°搭接（柱比较宽时）

（e）当柱截面比较宽，钢筋①未伸至柱内边已经满足 $1.5l_{abE}(l_{ab})$ 的要求时，其弯折后包括弯弧在内的水平段长度不应小于 $15d$，如图 B-11 所示。

2）采用"柱顶部外侧直线搭接"时，如图 B-12 所示，构造要点如下：

（a）柱外侧纵向钢筋伸至柱顶截断；

（b）梁上部纵向钢筋伸至柱外侧纵向钢筋内侧弯折，与柱外侧纵向钢筋搭接长度不应小于 $1.7l_{abE}(l_{ab})$，且应伸过梁底。当梁上部纵向钢筋配筋率大于 1.2% 时，宜分两批截断，截断点之间距离不宜小于 $20d$。当梁上部纵筋为两排时，第二排纵筋宜第一批截断。配筋率按公式 $p=A_s/A_c$ 计算，式中 A_s 为梁上部纵向钢筋面积，$A_b=bh$ 为梁截面面积。

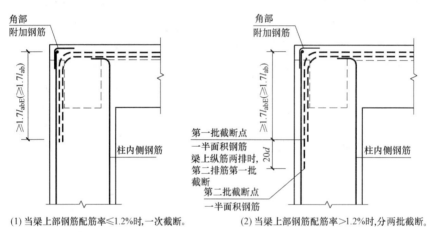

(1) 当梁上部钢筋配筋率≤1.2%时，一次截断。　　(2) 当梁上部钢筋配筋率>1.2%时，分两批截断。

图 B-12　柱顶部外侧直线搭接

3）除上述两种做法外，柱外侧纵向钢筋也可弯入梁内作梁上部纵向钢筋，与梁上部纵向钢筋进行连接，如图 B-13 所示。这种做法可代替以上两种做法中的搭接钢筋，当与"节点外侧和梁端顶面 90°搭接"方法同时使用时，该部分柱纵筋可计入钢筋①范围内。

4）柱内侧纵向钢筋构造同中柱柱顶，梁下部纵向钢筋构造同中间层梁。

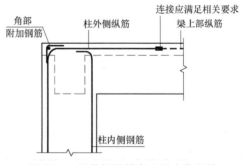

图 B-13　柱外侧纵筋弯入梁内作梁筋

（2）"节点外侧和梁端顶面 90°搭接"方法优点是梁上部钢筋不伸入柱内，有利于在梁底标高处设置柱内混凝土的施工缝；适用于梁上部钢筋和柱外侧钢筋数量不是过多的情况。

200

"柱顶部外侧直线搭接"方法优点是柱外侧钢筋不伸入梁内，避免了节点部位钢筋拥挤的情况，有利于混凝土的浇筑。

9. 框架柱在顶层的端节点处，柱外侧纵向受力钢筋的弯弧内半径比其他部位的要大，是如何考虑的？加大弯折半径后还要增加附加钢筋，可否取消？

（1）框架柱顶层端节点处，柱外侧纵向受力钢筋弯弧内半径比其他部位要大，是为了防止节点内弯折钢筋的弯弧下发生混凝土局部被压碎；框架梁上部纵向钢筋及柱外侧纵向钢筋在顶层端节点上角处的弯折弧内半径，根据钢筋直径的不同，而规定弯折内半径不同，在施工中这种不同经常被忽略，特别是框架梁的上部纵向受力钢筋。

梁上部纵向受力钢筋及柱外侧纵向钢筋的弯折内半径，当钢筋的直径不大于 25mm 时，取不小于 $6d$。当钢筋的直径大于 25mm 时，取不小于 $8d$（d 为钢筋的直径）。

（2）由于顶层柱外侧纵向钢筋的弯折半径加大，节点区的外角会出现过大的素混凝土区，因此要设置附加构造钢筋。构造要求是保证结构安全的一种措施，不可以随意取消。

框架柱在顶层端节点外侧上角处，至少设置 3 根 10mm 的钢筋，间距不大于 150mm 并与主筋扎牢。在角部设置 1 根 10mm 的附加钢筋，当有框架边梁通过时，此钢筋可以取消。

10. 短柱是指什么？为什么要求箍筋全高加密？

（1）短柱是指剪跨比不大于 2 的柱子。剪跨比按下式计算：

$$\lambda = M/(vh_0)$$

式中　M——柱上、下端考虑地震组合的弯矩设计值的较大值；

　　　v——M 对应的剪力设计值；

　　　h_0——柱截面的有效高度。

当框架结构中的框架柱的反弯点在柱层高范围之内时，可认为：柱净高 H_n 与柱截面长边尺寸 h（圆柱为截面直径）的比值 $H_n/h \leqslant 4$ 时为短柱。容易产生短柱的情况包括：

1）结构错层部位由于错层标高差较小容易产生短柱。

2）层高较小的设备层由于层高限制，容易产生短柱。

3）高层建筑的底层由于轴压比限制，柱截面尺寸比较大，容易产生短柱。

4）与框架结构刚性连接的填充墙设有洞口时，如果填充墙刚度影响到框架柱的受力状态，框架柱净高应去除填充墙高度，因此容易产生短柱。

5）框架结构楼梯间的中间休息平台梁，将框架柱分为上下两段，应分别考虑，也容易产生短柱。

（2）短柱延性较差，易产生脆性剪切破坏，设计中应避免使用短柱。当必须采用时，柱全高度箍筋应加密，并宜采用约束较好的箍筋形式。

11. 有些框架柱内设置了芯柱，这样设置有何意义？纵向钢筋如何锚固？箍筋有何特殊的要求？

（1）抗震设计的框架柱，为了提高柱的受压承载力，增强柱的变形能力，可在框架柱内设置芯柱；试验研究和工程实践都证明在框架柱内设置芯柱，可以有效地减小柱的压缩，具有良好的延性和耗能能力。芯柱在大地震的情况下，能有效地改善在高轴压比情况下的抗震性能，特别是对高轴压比下的短柱，更有利于提高变形能力，延缓倒塌。

（2）芯柱应设置在框架柱的截面中心部位；芯柱内的纵向钢筋和箍筋是按构造要求配

置的；构造要求如下：

1）芯柱的截面尺寸不宜小于柱边长的 1/3，且不小于 250mm。

2）芯柱内根据施工图中的要求，单独配置箍筋。

3）纵向钢筋应在芯柱的上、下楼层中锚固，其做法与框架柱的构造要求相同。

12. 什么是框支梁、框支柱？抗震设计和非抗震设计的建筑中，构造措施有何不同的要求？框支梁上部剪力墙开洞时，构造需要如何加强？

（1）在高层建筑中，由于建筑需要大空间的使用要求，使部分结构的竖向构件不能连续设置，因此需要设置转换层。这样的结构体系属于竖向抗侧力构件不连续体系。部分不能落地的剪力墙和框架柱，需要在转换层的梁上生根，这样的梁称作转换梁，而支承转换梁的柱称作转换柱。

国家标准设计图集 11G101-1 中框支梁 KZL 为转换梁的一种形式，用于部分框支剪力墙结构中支承不落地剪力墙；支承框支梁 KZL 的柱称为框支柱 KZZ。

（2）框支梁多数情况为偏心受拉构件，并承受较大的剪力，其截面受拉区域较大，甚至会全截面受拉，因此其构造要求不同于普通的框架梁，构造要点如下：

1）支座上部纵向受力钢筋至少应有 50% 沿梁全长贯通；上部第一排纵向钢筋伸至柱对边弯折锚固，直段长度不小于 $0.4l_{abE}(l_{ab})$，弯折段应延伸过梁底不小于 $l_{aE}(l_a)$，如图 B-14 所示钢筋①；上部其他排纵筋伸至柱对边弯折，直段长度不小于 $0.4l_{abE}(l_{ab})$，弯折段不小于 $15d$，且总长度不小于 $l_{aE}(l_a)$，如图 B-14 所示钢筋②。

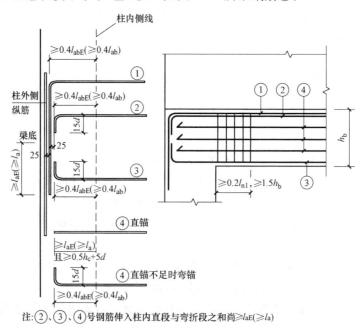

注：②、③、④号钢筋伸入柱内直段与弯折段之和尚 $\geqslant l_{aE}(\geqslant l_a)$

图 B-14 框支梁端节点

2）下部纵向钢筋应全部直通到柱内，伸至梁上部纵筋弯折段内侧弯折，直段长度不小于 $0.4l_{abE}(l_{ab})$，弯折段不小于 $15d$，且总长度不小于 $l_{aE}(l_a)$，如图 B-14 所示钢筋③。

3）沿梁腹板高度应配置间距不大于 200mm，直径不小于 16mm 的腰筋；伸入柱中锚固长度 $\geqslant l_{aE}(l_a)$，且过柱中线 $5d$；直锚长度不足时伸至梁上部纵筋弯折段内侧弯折，直段长度

不小于 $0.4l_{abE}(l_{ab})$，弯折段 $15d$，且总长度不小于 $l_{aE}(l_a)$，如图 B-14 所示钢筋④。

4）纵向钢筋接头宜采用机械连接，同一连接区段内接头钢筋截面面积不宜超过全部纵筋截面面积的 50%，接头位置应避开上部墙体开洞位置及受力较大部位。

5）离柱边 1.5 倍梁截面高度范围内梁箍筋应加密；当上部剪力墙开设洞口时，洞边两侧各 1.5 倍梁截面高度范围内箍筋加密。

（3）在水平荷载作用下，转换层上下结构的侧向刚度对构件的内力影响比较大，会导致构件中的内力突变，使部分构件提前破坏。因此，框支柱的截面尺寸会比普通的框架柱要大，且构造措施更为严格。

1）框支柱中纵向受力钢筋的间距，抗震设计时不宜大于 200mm，非抗震设计时不宜大于 250mm，且均不应小于 80mm。

2）框支柱在上部墙体范围内的纵向钢筋，应伸入上部墙体内不少于一层。其余钢筋应锚入梁内或板内。锚入梁内的钢筋长度，从柱边算起不少于 $l_{aE}(l_a)$，如图 B-15 所示。

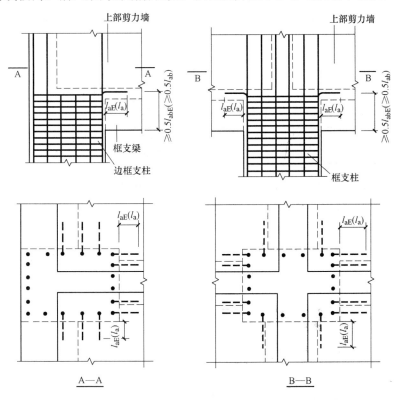

图 B-15　框支梁构造示意图

3）抗震设计时，箍筋应采用复合螺旋箍或井字复合箍，箍筋的直径不应小于 10mm，间距不应大于 100mm 和 6 倍纵向钢筋的较小值，并应沿柱全高加密。

4）非抗震设计时，箍筋宜采用复合螺旋箍或井字复合箍，箍筋的直径不宜小于 10mm，间距不宜大于 150mm。

（4）框支剪力墙上部墙体开有门窗洞口时，可按以下方式进行处理：

1）当窗洞位置距离框支梁顶面比较高（$h_1 \geqslant h_b/3$）时，洞口下方应按设计设置补强钢筋，如图 B-16 所示。

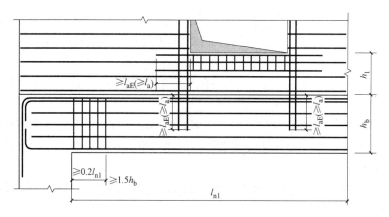

图 B-16　框支梁上一层有窗洞（$h_1 \geqslant h_b/3$ 时）

2）当窗洞位置距离框支梁顶面比较低（$h_1 \geqslant h_b/3$）时，洞口下方应按设计设置补强钢筋，洞口边缘暗柱内纵筋伸至框支梁内锚固长度 $\geqslant 1.2 l_{aE}(l_a)$，洞边两侧各 1.5 倍梁截面高度范围内箍筋加密，如图 B-17 所示。

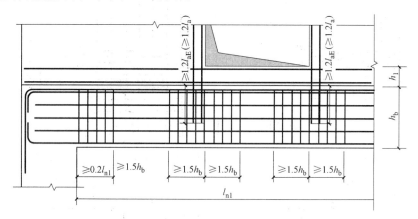

图 B-17　框支梁上一层有窗洞（$h_1 \geqslant h_b/3$ 时）

3）门洞位置洞边两侧各 1.5 倍梁截面高度范围内箍筋加密，边缘暗柱内纵筋伸至框支梁内锚固长度不少于 $1.2 l_{aE}(l_a)$，如图 B-18 所示。

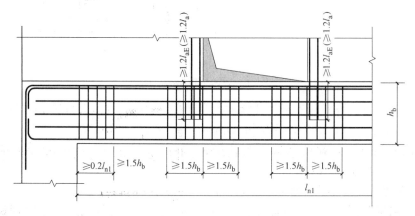

图 B-18　框支梁上一层有门洞

B.3　剪力墙构造

1. 剪力墙开洞以后，除了补强钢筋以外，其纵向和横向钢筋在洞口切断端如何做法？

钢筋打拐扣过加强筋，直钩长度≥15d 且与对边直钩交错不小于 5d 绑在一起；当因墙的厚度较小或墙水平钢筋直径较大，使水平设置的 15d 直钩长出墙面时，可伸至保护层位置为止。

2. 剪力墙的水平分布筋在外面？还是竖向分布筋在外面？地下室呢？

在结构设计受力分析计算时，不考虑构造钢筋和分布钢筋受力，但在钢筋混凝土结构中不存在绝对不受力的钢筋，构造钢筋和分布钢筋有其自身的重要功能，在节点内通常有满足构造锚固长度、端部是否弯钩等要求；在杆件内通常有满足构造搭接长度、布置起点、端部是否弯钩等要求。分布钢筋通常为与板中受力钢筋绑扎、直径较小、不考虑其受力的钢筋。应当说明的是，习惯上所说的剪力墙，就是《建筑抗震设计规范》GB 50011—2010 里的抗震墙，称其钢筋为"水平分布"筋和"竖向分布"筋是历史沿袭下来的习惯，其实剪力墙的水平分布筋和竖向分布筋均为受力钢筋，其连接、锚固等构造要求均有明确的规定，应予以严格执行。剪力墙主要承担平行于墙面的水平荷载和竖向荷载作用，对平面外的作用抗力有限。由此分析，剪力墙的水平分布筋在竖向分布筋的外侧和内面都是可以的。因此，"比较方便的钢筋施工位置"（由外到内）是：第一层，剪力墙水平钢筋；第二层，剪力墙的竖向钢筋和暗梁的箍筋（同层）；第三层，暗梁的水平钢筋。剪力墙的竖筋直钩位置在屋面板的上部。地下室外墙竖向钢筋通常放在外侧，但内墙不必。

3. 剪力墙水平筋用不用伸至暗柱柱边（在水平方向暗柱长度远大于 l_{aE} 时）？

要伸至柱对边，其构造 11G101-1 已表达清楚，其原理就是剪力墙暗柱与墙身本身是一个共同工作的整体，不是几个构件的连接组合，暗柱不是柱，它是剪力墙的竖向加强带；暗柱与墙等厚，其刚度与墙一致。不能套用梁与柱两种不同构件的连接概念。剪力墙遇暗柱是收边而不是锚固。端柱的情况略有不同，规范规定端柱截面尺寸需大于 2 倍的墙厚，刚度发生明显变化，可认为已经成为墙边缘部位的竖向刚边。如果端柱的尺寸不小于同层框架柱的尺寸，可以按锚固考虑。

4. 剪力墙竖向分布钢筋和暗柱纵筋在基础内插筋有何不同？

要清楚剪力墙边缘构件（暗柱、端柱）的纵筋与墙身分布纵筋所担负的"任务"有重要差别。对于边缘构件纵筋的锚固要求非常高：一是要求插到基础底部；二是端头必须再加弯钩要≥12d。对于墙身分布钢筋，请注意用词："可以"直锚一个锚长，其条件是根据剪力墙的抗震等级，低抗震等级时"可以"，但高抗震等级时就要严格限制。其中的道理并不复杂。剪力墙受地震作用来回摆动时，基本上以墙肢的中线为平衡线（拉压零点），平衡线两侧一侧受拉一侧受压且周期性变化，拉应力或压应力值越往外越大，至边缘达最大值。边缘构件受拉时所受拉应力大于墙身，只要保证边缘构件纵筋的可靠锚固，边缘构件就不会破坏；边缘构件未受破坏，墙身不可能先于边缘构件发生破坏。

5. 何谓约束边缘构件？

约束边缘构件适用于较高抗震等级剪力墙的较重要部位。其纵筋、箍筋配筋率和形状有较高的要求。设置约束边缘构件范围请参见《建筑抗震设计规范》GB 50011—2010 第

6.4.6 节和《高层建筑混凝土结构技术规程》JGJ 3-2010 第 7.2.16 节相关条款，主要措施是加大边缘构件的长度 l_c 及其体积配箍率 ρ_v。对于十字形剪力墙，可按两片墙分别在端部设置边缘约束构件，交叉部位只要按构造要求配置暗柱。至于设计图纸上如何区分约束边缘构件，只需看其构件代号即可，凡注明 YAZ、YDZ、YYZ、YJZ 即为约束边缘构件。

6. 剪力墙窗洞上口常留有几十厘米的砌体，施工很是麻烦，能不能在主体浇筑时放置过梁钢筋一次现浇到位？

从方便施工角度来说，外墙梁均应做到窗上口，两层梁之间砌砖的做法不便施工，下部窗过梁常因认为非主体结构而把插筋忘掉。当设计没有这样做时，不允许施工自作主张做出变更，将梁高加厚，因为梁并非越高越好，对于抗震结构来说，梁高加厚可能造成"强梁弱柱"，结构薄弱点的转移在地震来临时可能导致严重的安全隐患。

7. 抗震设计的剪力墙为何有底部加强部位的要求，其高度是如何规定的？加强部位有何主要构造要求？非抗震设计的剪力墙是否也有底部加强部位的规定？

（1）延性剪力墙一般控制在其底部即计算嵌固端以上一定高度范围内屈服、出现塑性铰。抗震设计时，将墙体底部可能出现塑性铰的高度范围称为底部加强部位，提高其受剪承载力，加强其抗震构造措施，使其具有较大的弹塑性变形能力，从而提高整个结构的抗地震倒塌能力。其规定为：

1）底部加强部位的高度应从地下室顶板算起；当结构计算嵌固部位位于地下一层底板或以下时，底部加强部位尚宜向下延伸到计算嵌固端。

2）部分框支剪力墙结构的剪力墙：框支层及以上两层，落地剪力墙总高度的 1/10，宜取以上两者较大值为底部加强部位范围。

3）高度大于 24m 的房屋：底部两层，地下室顶板以上墙体总高度的 1/10，可取以上两者较大值为底部加强部位范围。

4）不大于 24m 的房屋：可取底部一层为底部加强部位。

5）带大底盘的高层（含筒体结构）及裙房与主楼相连的高层：底部加强部位的高度宜延伸至大底盘或裙房以上一层。

（2）底部加强部位高度范围内的边缘构件、墙体配筋构造要点如下：

1）抗震等级为一、二、三级，底层墙肢底截面的轴压比较大（超过《建筑抗震设计规范》GB 50011—2011 表 6.4.5-1）的剪力墙，应在底部加强部位及相邻的上一层设置约束边缘构件。

2）部分框支剪力墙结构，应在底部加强部位及相邻的上一层设置约束边缘构件。其落地剪力墙的底部加强部位，墙体内竖向和水平分布钢筋配筋率均不应小于 0.3%，钢筋间距不宜大于 200mm。

（3）非抗震设计的剪力墙不设置底部加强区。

（4）施工图设计文件的结构设计总说明中，对剪力墙底部加强区的高度及约束边缘构件范围加强措施都有明确的说明，施工时不需按以上有关规定再次计算。由于该部位是剪力墙很重要的部位，因此，在施工中应该有更多的关注。

8. 哪些部位设置的是剪力墙约束边缘构件？平法注写及配筋有何要求？构造边缘构件有何要求？

（1）剪力墙端部及大洞口两侧均应设置边缘构件，边缘构件可分为约束边缘构件和构造边缘构件。边缘构件是剪力墙中很重要的部分，是保证剪力墙具有较好的延性和耗能能力的构件，正确地按要求施工确保构造合理，使剪力墙能正常的工作，方能达到建筑整体结构安全的目的。剪力墙墙肢当截面相对受压区高度或轴压比大到一定值，就应该设置约束边缘构件，使墙肢端部成为约束混凝土，具有较大的受压变形能力。剪力墙应在以下部位设置约束边缘构件：

1）抗震等级为一、二、三级，底层墙肢底截面的轴压比比较大（超过《建筑抗震设计规范》GB 50011—2010 表 6.4.5-1）的剪力墙，应在底部加强部位及相邻的上一层设置约束边缘构件。

2）部分框支剪力墙结构，应在底部加强部位及相邻的上一层设置约束边缘构件。

（2）约束边缘构件可分为暗柱、有端柱、有翼墙及转角墙四种情况，包括阴影部分和沿墙肢长度 l_c，见 11G101-1 第 71 页图。11G101-1 以 YBZ 表示约束边缘构件：

1）阴影部分：要求注明尺寸、纵筋及箍筋，并给出截面配筋图；阴影部分尺寸以箍筋外皮计算。

2）沿墙肢长度 l_c 范围：在剪力墙平面布置图中注明尺寸，并注写该范围内拉筋（或箍筋）规格直径、间距（可统一说明），该范围内竖向、水平钢筋同相邻墙体。

3）当非阴影部分外圈设置封闭箍筋时，箍筋应套住阴影部分非边缘处的纵筋，位于阴影部分内部的箍筋肢可计入阴影部分体积配箍率计算，如图 B-19 所示。

（3）除以上要求设置约束边缘构件的部位之外，抗震设计时其余剪力墙端部及大洞口两侧，均应设置构造边缘构件。11G101-1 以 GBZ 表示构造边缘构件，要求注明阴影部分尺寸、纵筋及箍筋，并要求给出截面配筋图。

（4）边缘构件范围内拉筋，两端弯折角度均为 135°，弯折后平直段长度同箍筋。

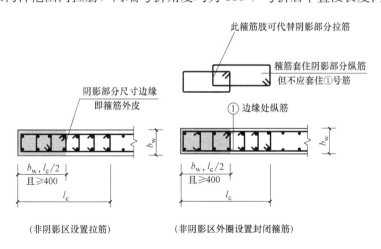

图 B-19　约束边缘构件箍筋拉筋布置示意

9. 剪力墙水平分布钢筋计入约束边缘构件体积配箍率的构造做法与普通做法有何不同？施工时如何选用？

（1）剪力墙墙肢轴压比不同，约束边缘构件范围也不同，其范围内纵筋和箍筋配置要求也不同。对于箍筋，主要规定了约束边缘构件范围之内的配箍特征值，在混凝土及箍筋材料确定的情况下，直接反应为体积配箍率。

剪力墙水平分布钢筋在任何情况下都应伸至约束边缘构件的末端。

当剪力墙水平分布钢筋同时考虑为抗剪钢筋计入约束边缘构件体积配箍率计算时，墙体水平分布钢筋应在端部可靠连接，且水平分布钢筋之间应设置足够的拉筋形成复合箍筋。

剪力墙水平分布钢筋间距一般都大于约束边缘构件的箍筋间距，因此往往需要另设一道箍筋。

（2）剪力墙水平分布钢筋若计入约束边缘构件体积配箍率，需要根据实际墙肢轴压比确定其配箍率要求，并且计入的水平分布钢筋体积配箍率不应大于 0.3 倍总体积配箍率。这些都应由设计人员完成，并在施工图文件中明确注明剪力墙水平分布钢筋是否计入约束边缘构件体积配箍率计算。施工单位应根据设计要求选择相应的构造做法。

10. 在剪力墙中，除在端部和转角等处设置了边缘构件外，还在墙内设有扶壁柱或暗柱，这样的柱有何作用？在构造上应如何处理？

在实际工程中，剪力墙的端部和转角等部位设置了边缘构件，根据研究表明，由于边缘构件有箍筋的约束，可以改善混凝土受压性能，增大延性，但在剪力墙中有时也设有扶壁柱和暗柱，此类柱为剪力墙的非边缘构件。剪力墙的特点是平面内的刚度和承载力较大，而平面外的刚度和承载力相对较小，当剪力墙与平面外方向的梁相连时，会产生墙肢平面外的弯矩。当梁高大于 2 倍墙厚时，剪力墙承受平面外弯矩。因此，墙与梁交接处宜设置扶壁柱（图 B-20a），若不能设置扶壁柱时，应设置暗柱（图 B-20b）；在非正交的剪力墙中和十字交叉剪力墙中，除在端部设置边缘构件外，在非正交墙的转角处（图 B-20d）及十字交叉处（图 B-20c）也设有暗柱。扶壁柱及暗柱的尺寸和配筋是根据设计确定的。施工图设计文件中，扶壁柱及暗柱是根据 11G101-1 图集的规定编写代号。

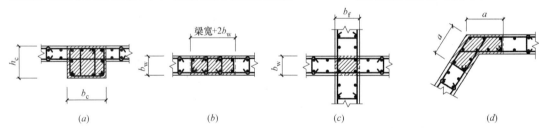

图 B-20　剪力墙端部和转角设置扶壁柱或暗柱
（a）扶壁柱；（b）一字型暗柱；（c）十字型暗柱；（d）非正交暗柱

1）11G101-1 以 FBZ 表示扶壁柱，以 AZ 表示暗柱，要求注明阴影部分尺寸、纵筋及箍筋，并要求给出截面配筋图。

2）若施工图未注明具体的构造要求时，扶壁柱按框架柱，暗柱应按构造边缘构件的构造措施。

11. 剪力墙端部有边缘构件时，剪力墙水平分布钢筋在暗柱中的位置如何摆放？水平分布钢筋是否要在暗柱中满足锚固长度的要求，如果已经满足锚固长度，是否还需要设置弯钩？墙体端部有转角柱时，水平分布钢筋如何处理？

（1）剪力墙端部及洞口两侧均设置边缘构件，剪力墙水平分布钢筋应该伸至边缘构件的末端。通常剪力墙的水平分布钢筋与暗柱的箍筋在同一层面。暗柱的纵向钢筋和墙中的纵向分布钢筋在同一层面。

1）端部有暗柱时：剪力墙水平钢筋伸至墙端，向内弯折 $10d$，如图 B-21a 所示；由于暗柱中的箍筋较密，墙中的水平分布钢筋也可以伸入暗柱远端纵筋内侧水平弯折 $10d$，如图 B-21b 所示。

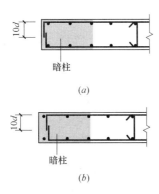

图 B-21　端部有暗柱

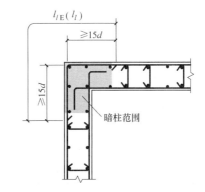

B-22　墙体水平钢筋在转角外侧搭接

2）端部有翼墙时：内墙两侧水平分布钢筋应伸至翼墙外侧，向两侧弯折 $15d$，见 11G101-1 第 69 页"翼墙"，"斜交翼墙"构造亦见该页。

3）端部有转角墙时：转角两侧水平分布钢筋应伸至转角外侧，向两侧弯折 $15d$；外侧水平钢筋在墙角外侧弯折，建议在暗柱范围之外进行连接，也可在转角处连接，见 11G101-1 第 68 页"转角墙"；当在转角处进行搭接时，外侧钢筋弯折段长度宜≥$15d$，如图 B-22 所示。

4）端部有端柱时：位于端柱内部的水平分布钢筋伸至端柱对边钢筋内侧弯折 $15d$；如果弯折前长度不小于 $l_{aE}(l_a)$ 时，可不弯折。当端柱边与剪力墙外边缘平齐时，外侧水平分布钢筋应伸至均柱对边钢筋内侧弯折 $15d$，且有折前长度应≥$0.6l_{abE}(l_{ab})$，见 11G101-1 第 69 页。

（2）墙水平分布钢筋在暗柱内无须满足锚固长度要求，只需满足剪力墙与暗柱的连接构造要求。除端柱之外，即便边缘构件尺寸足够大，墙体水平分布钢筋伸入暗柱阴影部分长度≥$l_{aE}(l_a)$，也应该在末端设置弯钩。

（3）当墙体端部有转角柱或翼墙柱时，墙水平分布钢筋伸至转角柱对边钢筋内侧弯折 $15d$，如图 B-23、图 B-24 所示。

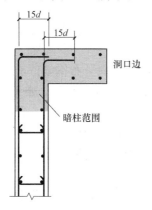

图 B-23　端部有转角墙

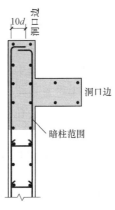

图 B-24　端部有翼墙

209

12. 剪力墙约束边缘构件、构造边缘构件中纵向钢筋在顶层楼板处如何锚固？剪力墙中的端柱和边框梁在顶层节点处的构造做法？

（1）剪力墙约束边缘构件、构造边缘构件中纵向钢筋在顶层楼板处做法同剪力墙墙身中竖向分布钢筋（带端柱边缘构件除外）。

1）当剪力墙顶部为屋面板、楼板时，竖向钢筋伸至板顶后弯折 $12d$，如图 B-25 所示。

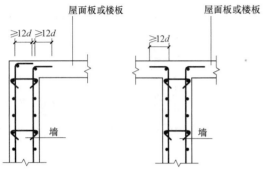

图 B-25　顶部为楼板　　　　　　图 B-26　顶部为暗梁

2）当剪力墙顶部为边框梁时，竖向钢筋可伸入边框梁直锚，长度 $l_{aE}(l_a)$；如边框梁高度不满足直猫要求，则伸至梁顶弯折不小于 $12d$。

3）当剪力墙顶部为暗梁时，竖向钢筋伸至梁顶弯折 $12d$，如图 B-26 所示。

（2）在框架-剪力墙结构中，部分剪力墙的端部设有端柱，有端柱的墙体在楼盖处宜设置边框梁或暗梁。

13. 剪力墙中的竖向分布钢筋和水平分布钢筋与墙中的连梁、暗梁及边框梁中的钢筋应如何摆放？

（1）框架-剪力墙结构中剪力墙通常有两种布置方式：一种是剪力墙与框架分开，围成筒、墙，两端没有柱；另一种是剪力墙嵌入框架内，有端柱、有边框梁，成为"带边框剪力墙"。

1）暗梁、边框梁用于框架-剪力墙结构中的"带边框剪力墙"，两者区别在于截面宽度是否与墙同宽，其抗震等级按框架部分，构造按框架梁，纵向钢筋应伸入端柱中进行锚固；

2）连梁用于所有剪力墙中洞口位置，连接两片墙肢。其纵向钢筋自洞口边伸入墙体内长度不小于 $l_{aE}(l_a)$，且不小于 600mm。

（2）通常情况下剪力墙中的水平分布钢筋位于外侧，而竖向分布钢筋位于水平分布钢筋的内侧。剪力墙中设置连梁或暗梁时，暗梁的箍筋不是位于墙中水平分布钢筋的外侧，而是与墙中的竖向分布钢筋在同一层面上。其钢筋的保护层厚度与墙相同，只需要满足墙中分布钢筋的保护层厚度；边框梁的宽度大于剪力墙的厚度，剪力墙中的竖向分布钢筋应从边框梁内穿过，边框梁和剪力墙分别满足各自钢筋的保护层厚度要求。

连梁或暗梁及墙体钢筋的摆放层次如下（从外至内）：

1）剪力墙中的水平分布钢筋在最外侧（第一层），在连梁或暗梁高度范围内也应布置剪力墙的水平分布钢筋。

2）剪力墙中的竖向分布钢筋及连梁、暗梁中的箍筋，应在水平分布钢筋的内侧（第二层），在水平方向错开放置，不应重叠放置。

3）连梁或暗梁中的纵向钢筋位于剪力墙中竖向分布钢筋和略暗梁箍筋的内侧（第三层）。

14. 跨高比不小于 5 的连梁在施工图设计文件中，是否应标注为 KL？这样的梁有何特别？施工时应如何处理？

（1）《高层建筑混凝土结构技术规程》JGJ 3—2010 规定，剪力墙中由于开洞而形成的上部连梁，当连梁的跨高比不小于 5 时，宜按框架梁进行设计。

按照 11G101 平法制图规则，在剪力墙上由于开洞而形成上部的梁全部标注为连梁（LL），不应标注为框架梁（KL）。

（2）当连梁的跨高比小于 5 时，竖向荷载作用下产生的弯矩所占的比例较小，水平荷载作用下产生的反弯使它对剪切变形十分敏感，容易出现剪切裂缝。当连梁的跨高比不小于 5 时，竖向荷载作用下的弯矩所占比例较大。

（3）连梁施工时构造要点如下：

1）纵向受力钢筋在墙内直线锚固，从洞口边算起伸入墙内长度不小于 $l_{aE}(l_a)$，且不小于 600mm，如图 B-27 所示；

2）顶层连梁纵向钢筋伸入墙肢长度范围内应设置箍筋，直径同跨中箍筋，间距≤150mm，如图 B-28 所示。

3）当跨高比较大，设计标注连梁箍筋分为加密区和非加密区时，箍筋加密区范围按框架梁，抗震等级同连梁边的墙肢。

加密区范围：抗震等级为一级时，≥$2h_b$，且≥500mm；

抗震等级为二～四级时，≥$1.5h_b$，且≥500mm。

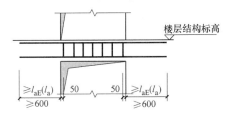

图 B-27　楼层连梁钢筋的构造要求

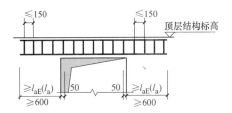

图 B-28　顶层连梁钢筋的构造要求

15. 地下室外墙外侧水平钢筋在转角处如何连接？

地下室外墙水平钢筋与竖向钢筋的位置关系由设计确定。地下室外墙一般为平面外受弯构件，竖向钢筋设置在外侧，可充分利用截面有效高度，对受力有利；水平钢筋设置在外侧，可起到抵抗地下室外堵的温度收缩应力，对裂缝的控制有利。

（1）当转角处不设置暗柱时：

1）外侧水平钢筋宜在转角处连通，并在连接区进行连接。连接区范围详见 11G101-1 第 77 页。

2）当需要在转角处连接时。

（2）当转角处设有暗柱时：

1）宜将水平钢筋设置在外侧，按上部剪力墙构造做法进行施工。

2）当设计文件要求将水平钢筋设置在内侧时，在暗柱范围以内，水平侧筋与暗柱箍筋同层，从暗柱范围以外以 1∶12 向墙内弯折，然后再连接区进行连接，或在转角范围进行搭接。

B.4 梁构造

1. 何谓架立筋？

架立筋是指梁内起架立作用的钢筋，从字面上理解即可。架立筋主要功能是当梁上部纵筋的根数少于箍筋上部的转角数目时使箍筋的角部有支承。所以架立筋就是将箍筋架立起来的纵向构造钢筋。

现行《混凝土结构设计规范》GB 50010—2010 规定：梁内架立钢筋的直径，当梁的跨度小于 4m 时，不宜小于 8mm；当梁的跨度为 4～6m 时，不宜小于 10mm；当梁的跨度大于 6m 时，不宜小于 12mm。

平法制图规则规定：架立筋注写在括号内，以示与受力筋的区别。

2. 何谓通长筋？

通长筋源于抗震构造要求，这里"通长"的含义是保证梁各个部位的这部分钢筋都能发挥其受拉承载力，以抵抗框架梁在地震作用过程中反弯点位置发生变化的可能。现行《混凝土结构设计规范》GB 50010—2010 第 11.3.7 条规定：沿梁全长顶面和底面至少应各配置两根通长的纵向钢筋，对一、二级抗震等级，钢筋直径不应小于 14mm，且分别不应少于梁两端顶面和底面纵向受力钢筋中较大截面面积的 1/4；对三、四级抗震等级，钢筋直径不应小于 12mm。

当抗震框架梁采用双肢箍时，跨中肯定只有通长筋而无架立筋；只有采用多于两肢箍时，才可能有架立筋。通长筋需要按受拉搭接长度接长，而架立筋仅交错 150mm，是"构造交错"，不起连接作用。通长筋是"抗震"设防需要，架立筋是"一般"构造需要。

3. 11G101-1 第 79 页注第 3 条"梁上部通长钢筋与非贯通钢筋直径相同时，连接位置宜位于跨中 $l_{ni}/3$ 范围内"怎么理解？

如果按规范规定设置的通长筋最小直径小于梁上部负弯矩筋，则支座上部纵向钢筋与通长筋直径将不同，因此需要在跨左跨右两个连接位置进行两次接长；当具体的设计采用通长筋直径与梁上部负弯矩筋直径相同时，如仍需搭接，此时的搭接点应安排在跨中 $l_{ni}/3$ 范围内进行一次连接。

4. 什么是框支梁？

图纸上注明构件代号为 KZZ 的即为框支梁。框支梁一般为偏心受拉构件，并承受较大的剪力。框支梁纵向钢筋的连接应采用机械连接接头。习惯上，框支梁一般指部分框支剪力墙结构中支承上部不落地剪力墙的梁，是有了"框支—剪力墙结构"，才有了框支梁。《高层建筑混凝土结构技术规程》JGJ 3—2010 所说的转换构件中，包括转换梁，转换梁具有更确切的含义，包含了上部托柱和托墙的梁，因此，传统意义上的框支梁仅是转换梁中的一种。托柱的梁一般受力也是比较大的，有时受力上成为空腹桁架的下弦，设计中应特别注意。因此，采用框支梁的某些构造要求是必要的。

5. 梁柱整体现浇是不是最佳呢？梁与柱混凝土强度等级不一样，施工起来很不方便的，施工缝该如何处理呢？

施工不方便可以改革"工法"，施工缝应留在梁顶。

6. 如果说，框架梁伸到剪力墙区域就成了边框梁（BKL）的话，那么，边框梁（BKL）的钢筋保护层是按框架梁的保护层来计算，还是按剪力墙的保护层来取定呢？

问题提得很好，观察问题比较细致。这个问题跟底层柱埋在土中部分与地面以上部分的保护层不一致有些类似。边框梁有两种，一种是纯剪力墙结构设置的边框梁，另一种是框剪结构中框架梁延伸入剪力墙中的边框梁。前者保护层按梁取还是按墙取均可（当然按梁取钢筋省一点），后者则宜按梁取，以保证钢筋笼的尺寸不变。柱埋在土中部分的截面 $b \times h$ 应适当加大，即所谓的"名义尺寸"与"实际尺寸"问题。这里面应当体现"局部服从整体"的原则，不是埋在土中的"局部"柱的截面服从地面以上的"整体"柱截面，而是服从整体的钢筋笼的截面。迄今为止，尚未查阅到有任何一本著作谈及。我们拟在基础结构的有关技术文件中解决。由此可见，结构专业的诸多学识和某种学识的诸多方面仍旧存在大量的需要深入研究的课题，有些看似很小，但有实际应用价值。

7. 何为 4 肢箍和 6 肢箍？

对梁而言，箍筋垂直方向的根数为 n 根，则为 n 肢箍。

8. 当梁纵筋为两排或以上时，箍筋的弯钩是否应钩住第二排或以上的纵筋，而实际工程都只钩住第一排，这样做是否正确？

能钩住第二排当然更好，现行规范对此尚无明确规定；只钩第一排时，角度要更大一些，否则弯钩会与第二排筋相顶。

9. 在梁中纵向钢筋的水平最小净距是多少？如果配置双层钢筋时，竖向净距是多少？当下部配置三排纵向钢筋时，第三排钢筋的水平净距和其他层的是否相同？

钢筋混凝土梁纵向钢筋的水平和竖向最小净距的要求是为了保证混凝土对钢筋有足够的握裹力，使两种材料能共同工作。也是为了保证混凝土浇筑质量而规定的。另外，竖向最小间距涉及设计计算时确定的截面有效高度，不可随意加大，否则会影响钢筋混凝土梁的抗弯承载力。

（1）梁上部纵向钢筋水平方向的净距（即钢筋外边缘之间的最小距离），不应小于 30mm 和 $1.5d$（d 为上部纵向钢筋的最大直径）。

（2）下部纵向钢筋水平方向的净距不应小于 25mm 和 d。

（3）梁下部纵向钢筋多于两层时，两层以上纵向钢筋水平方向的中距应至少比下面两层的中距增大 1 倍。

（4）各层之间的钢筋净距不应小于 25mm 和 d（d 为两层纵筋直径软大者）。

10. 当梁下部有悬臂板时，对于这种梁下部均布荷载的情况，是否要设置附加抗剪横向钢筋？如何设置？

当梁下部有悬挑跨度较大的悬挑板时，梁中的箍筋不作为横向附加抗剪钢筋考虑，而应设置单独的附加竖向钢筋来承担剪力。通常在施工图的设计文件中都会有明确的要求。梁中的箍筋仅考虑承担扭矩和剪力，而不包括承担梁下部均布荷载作用下产生的剪力。根据现行国家标准《混凝土结构设计规范》GB 50010—2010 的要求，在梁下部作用有均布荷载时，用附加悬吊钢筋来承担梁下部的均布荷载产生的剪力。其做法与深梁下边缘作用有均布荷载时设置的附加吊筋相同。当悬挑板的跨度较小时，通常不设置吊筋；而当悬挑板的跨度较大时，必须设置附加竖向吊筋，一般当悬挑长度大于 1200mm 应设置附加吊筋。

1）当梁下部有跨度较大的悬挑板时，应按施工图设计文件要求沿梁跨度方向通长设置吊筋，吊筋应伸入梁和板中锚固。

2）吊筋伸入梁和板内后的锚固长度弯折段，不应小于 $20d$，d 为吊筋的直径，如图 B-29 所示。

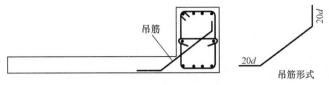

图 B-29　梁下部悬挑板配置吊筋

11. 框架梁或连续梁支座处非通长筋的伸出长度按净跨的 1/3 来计算，还应注意什么问题？当跨度不相同时，支座处的非通长钢筋的长度应如何确定？连续梁边支座按简支设计时，伸出长度有何要求？

（1）在框架梁或连续梁的跨内，支座非通长钢筋（即负弯矩受拉钢筋）在向跨内延伸时，可根据弯矩包络图，并考虑是否受斜弯效应影响在适当部位截断。《混凝土结构设计规范》GB 50010—2010 中对非通长筋的截断点位置控制两个方面：一是从不需要该钢筋的截面伸出的长度，二是从该钢筋强度充分利用截面向前伸出的长度。

11G101 规定框架梁的所有支座和非框架梁（不包括井字梁）的中间支座第一排非通长筋从支座边伸出至 $l_n/3$ 位置，第二排非通长筋从支座边伸出至 $l_n/4$ 位置。这条规定是为了施工方便，且按此规定也能包络实际工程中的大部分主要承受均布荷载的情况。实际工程设计者在执行以上非通长筋伸出长度的统一取值规定时，应按《混凝土结构设计规范》GB 50010—2010 的相关规定进行校核，特别是大小跨相邻或端跨为长悬臂的情况或梁上的集中荷载较大情况。第一排、第二排的钢筋数量应由设计报据实际受力情况确定，如图 B-30 所示。

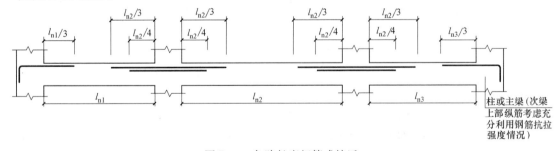

图 B-30　各跨长度相等或接近

（2）当两相邻跨度相差较大时，施工图设计文件一般会用原位标注法注明小跨上部纵向受力钢筋通长设置，如图 B-31 所示。

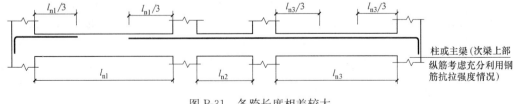

图 B-31　各跨长度相差较大

1）当相邻两跨的净跨长度差不大于 20%，上部纵向受力钢筋伸出长度按较大跨度净跨 l_{ni} 长度的 1/3（第一排）或 1/4（第二排）计算。

2）当相邻两跨的净跨长度差较大时，也应按较大净跨长度的 1/3 在较短跨内截断，或小跨的净跨长度更小时，应按施工图设计文件的要求，或在小跨内按两支座中较大纵向受力钢筋的面积贯通。

（3）连续梁边支座为简支时（即设计按铰接，见 B.4 第 10 问），边支座上部构造纵筋伸出长度为净跨 l_{ni} 的 1/5，如图 B-32 所示。

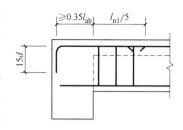

图 B-32　按简支设计的连续梁端支座

12. 楼层框架梁边支座上部、下部纵向受力钢筋弯折锚固时，当直段长度不满足≥ $0.4l_{abE}(l_{ab})$ 的要求时，是否可用加长弯折段长度使总长度满足最小锚固长度的要求？

中间层框架梁纵向钢筋在端支座内可以采用直锚或者弯折锚固的形式，直线锚固长度满足要求时，可不弯折；采用弯折锚固时，支座内钢筋直段长度应满足≥ $0.4l_{abE}(l_{ab})$ 的最小要求；大量的框架节点试验证明，钢筋直段长度≥ $0.4l_{abE}(l_{ab})$ 加 15d 的弯折段，即使总长度小于 $l_{aE}(l_a)$ 时也可以满足锚固强度的要求；在实际工程中，由于框架梁的纵向钢筋直径较粗，框架柱的截面宽度较小，会出现直段不满足要求的情况；当直段长度不能满足≥ $0.4l_{abE}(l_{ab})$ 的要求时，采用增加弯折段的长度使总长度满足锚固要求的做法是不正确的。

1）采用直线锚固时，锚固长度不应小于 $l_{aE}(l_a)$ 的要求，且伸过柱中心线 5d，如图 B-33 所示。

2）采用弯折锚固时，梁的纵向受力钢筋应伸至节点对边柱纵向钢筋内侧并自下弯折，直段长度应≥ $0.4l_{abE}(l_{ab})$，弯折段长度应为 15d，如图 B-34 所示。

3）不满足上述要求时，应与设计方进行协商，在满足强度要求的前提下，可减小钢筋的直径，使直段长度满足≥ $0.4l_{abE}(l_{ab})$ 长度要求。

4）直段长度不足时，不得采用加长弯折段补偿总锚固长度的做法。

5）对于非抗震框架梁下部纵向受力钢筋，当计算中不利用钢筋的强度时，伸入支座内长度可为 12d。

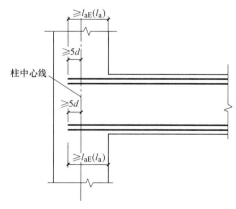

图 B-33　中间层框架梁纵向钢筋直线锚固

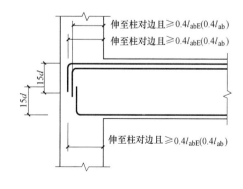

图 B-34　中间层框架梁纵向钢筋弯折锚固

215

13. 框架梁中的上部通长钢筋设置有何要求？通长钢筋与支座处的负弯矩钢筋直径有的相同、有的不相同，应如何连接？支座上部的负弯矩钢筋与架立钢筋应怎样连接？

（1）抗震设计时，框架梁上部通长钢筋除满足计算要求外还应满足构造要求。抗震等级为一、二级时不小于 2A14，且不小于两端支座配筋较大面积的 1/4；抗震等级为三、四级时不小于 2A12，通长钢筋和架立钢筋一般都设置在箍筋的角部。

通长钢筋是为抗震设计构造的要求而设置，非抗震设计的框架梁和非框架梁上部可不设置（一般设置架立筋）。如果计算需要，设计也可设置通长配置的钢筋。

（2）通长钢筋直径根据计算需要设置，可以和支度负弯矩钢筋直径相同；也可以小于支座负弯矩钢筋直径。

1）当通长钢筋直径与支座负弯矩切筋直径相同时，接头位置宜在跨中 1/3 净跨范围内。

2）当通长钢筋直径小于支座负弯矩钢筋直径时，负弯矩钢筋伸出长度按设计要求（一般为 $l_n/3$），通长钢筋与负弯矩钢筋连接如图 B-35 所示。

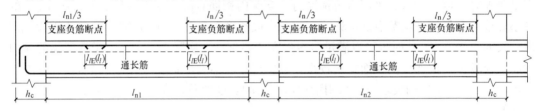

图 B-35　通长筋直径小于支座负筋

（3）根据 11G101-1 图集的注写规定，架立钢筋应注写在括号内，是为了固定钢筋而设置的。当架立钢筋与支座负弯矩钢筋搭接时，其搭接长度为 150mm。

14. 框架梁的下部纵向受力纲筋在中间支座不能拉通时，在支座内应如何锚固？下部钢筋是否可以在支座附近连接？

框架梁下部纵向受力钢筋在中间支座范围内应尽量拉通，当不能拉通时按如下方式处理：

（1）下部纵向受力钢筋锚固在节点核心区内：伸入支座内长度 $\geqslant l_{aE}(l_a)$，抗震设计时尚应伸过柱中心线 $5d$，如图 B-36 所示。

注意：因下部纵向受力钢筋比较多，采用弯折锚固时大量钢筋交错，影响混凝土浇筑质量，故 11G101-1 取消了该种锚固方式。若柱截面不能满足梁下部钢筋直锚要求或柱两侧梁宽不同时，且梁下部纵向钢筋比较少时，亦可采用此种锚固方式。

（2）在节点范围之外进行连接：连接位置距离支座边缘不应小于 1.5 倍梁高，宜避开梁端箍筋加密区，且设在距支座 1/3 净跨范围之内；如图 B-37 所示。此时按头面积百分率不宜大于 50%。

（3）以上两条可同时使用，以保证节点范围内钢筋不至于过密，从而保证混凝土的浇筑质量。

（4）不宜在非连接区进行连接，当必须在非连接区进行连接时，应采用机械连接，接头面积百分率不大于 50%。

（5）非抗震设计，当计算中不利用钢筋的强度时，伸入支座内长度可为 $12d$。

216

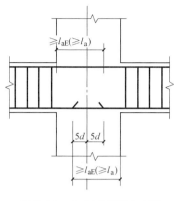

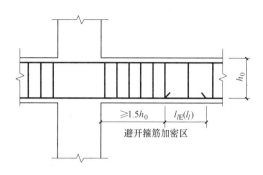

图 B-36　在支座范围内直锚　　　　　　　　图 B-37　在支座范围外连接

15. 在框架-剪力墙和剪力墙结构中，与剪力墙垂直相交的楼面梁边支座，梁中的纵向受力钢筋在支座内的锚固长度应如何确定？

与剪力墙垂直相交（即平面外相交）的梁，设计时根据梁截面大小可以考虑为刚接，也可以考虑为刚接或者铰接。无论什么情况，梁上部钢筋伸入剪力墙内的长度应满足锚固要求：

1）当墙厚比较大时，伸入剪力墙内长度应$\geqslant l_a$。

2）当墙厚比较小时，伸至剪力墙外侧分布钢筋处弯折，要求直段长度$\geqslant 0.4l_{ab}$，弯折段长度$\geqslant 15d$，如图 B-38a 所示。

3）当墙厚不能满足第 2）款要求时，如墙面另一侧有楼板或挑板时，可在楼板内锚固；或与设计协商将楼面梁伸出墙面形成梁头锚固，如图 B-38b、B-38c、B-38d 所示。

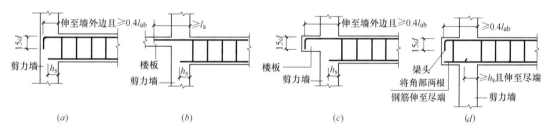

图 B-38　梁与剪力墙平面外相交节点

注：① h_s：带肋钢筋$\geqslant 12d$，光面钢筋$\geqslant 15d$。

② 当梁中配有抗扭钢筋，下部钢筋应按上不钢筋相同要求锚固。

③ 当墙平面外侧度较大，设计考虑梁受水平地震作用时，应明确指出，此时梁上、下部纵筋均按抗震框架梁的构造要求进行锚固。

16. 在框架结构中，有时梁一端的支座是框架柱而另一端的支座是框架梁或者是剪力墙：施工图中标注为框架梁（KL），梁纵向钢筋的锚固和梁端箍筋加密的处理措施？

在框架结构中，一端支座是框架柱另一端支座是框架梁或剪力墙身，这样的情况不多。目前这样的节点抗震试验资料极少。当梁的支座是框架柱时，框架梁纵向钢筋在框架柱节点核心区的锚固及梁端的箍筋加密措施，应该按框架的要求采取相应的构造措施。

217

（1）支座为框架柱的一端，应根据有无抗震设防要求的框架节点采取相应措施。抗震时设置箍筋加密区。

（2）支座为梁的一端时，可按非框架架的节点处理。

（3）支座为平行剪力墙身的一端，按框架节点或连梁构造做法，如图 B-39 所示。

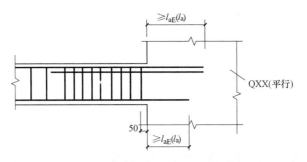

图 B-39　梁与剪力墙平面内相交

17. 当框架梁是宽扁梁时，梁中的纵向受力钢筋不能全部在框架柱的范围内通过，其余钢筋应怎样布置？不能穿过柱范围内的纵向受力钢筋，在边支座应如何锚固？抗震设计时，箍筋加密区的长度如何确定？

框架梁的截面高度与跨度之比为 1/16～1/22 且不小于板厚的 2.5 倍时，称之为扁梁。梁的宽度大于柱宽（圆形截面取柱直径的 0.8 倍）称为宽扁梁。

（1）宽扁梁中线宜与柱中线重合，为使宽扁梁纵向钢筋在柱外能有足够锚固长度，应双向布置。

（2）宽扁梁端的截面内里有 60% 的上部纵向受力钢筋穿过柱截面，并在端柱的节点核心区内可靠地锚固；未穿过柱截面的纵向钢筋应可靠地锚固在边框架梁内，如图 B-40 所示。

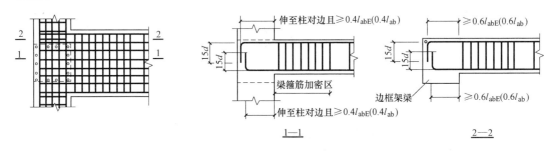

图 B-40　宽扁梁端部平面构造

18. 非框架梁上部纵向钢筋在端支座锚固时，"设计按铰接"及"充分利用钢筋的抗拉强度"如何理解？当支座宽度不足时，是否可以伸入相邻跨板内锚固？

（1）非框架梁端支座在工程设计时：

1）"充分利用钢筋的抗拉强度时"指支座上部非贯通钢筋按计算配置，承受支座负弯矩；此时支座上部非贯通钢筋伸至主梁外侧纵筋内侧后向下弯折，直段长度 $\geq 0.6l_{ab}$，弯折段长度 $15d$。当伸入支座内长度 $> l_a$ 时，可不弯折。

2）"设计按铰接时"指理论上支座无负弯矩，当实际上仍受到部分约束，因此在支座

218

区上部设置纵向构造钢筋；此时支座上部非贯通钢筋伸至主梁外侧纵筋内侧后向下弯折，直段长度≥$0.6l_{ab}$，弯折段长度$15d$。当伸入支座内长度≥l_a时，可不弯折。

3）"充分利用钢筋的抗拉强度时"或"设计按铰接时"应在设计文件中注明或由设计人员确定，施工单位应按设计要求施工。

（2）当支座宽度较小时，无论是"充分利用钢筋的抗拉强度时"，或是"设计按铰接时"都有可能出现支座宽度不足以满足平直段长度$0.6l_{ab}$或$0.35l_{ab}$的情况。当出现此种情况时，可采取如下处理措施：

1）当支座外侧有板时，可在外侧板内直锚。

2）当支座外侧设有挑板时，可在挑板中直锚或弯折锚固。

3）也可和设计单位协商，在保证计算要求的前提下，对上部纵向钢筋直径进行调整。

19. 非框架梁（不受扭）下部纵向钢筋要求伸入端支座$12d$，当支座长度不能满足要求时，如何处理？当非框架梁支座为砌体墙时，还应注意些什么问题？

（1）11G101-1中要求非框架梁（不受扭时）下部纵向带肋钢筋伸入端支座$12d$（光面钢筋时$15d$，d为下部纵向钢筋直径），如图B-41所示。实际工程中也会遇到支座宽度较小，不能满足该项要求的情况，此时可采取如下措施处理：

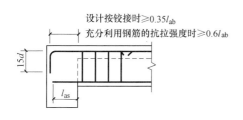

图 B-41　非框架梁端支座下部钢筋构造

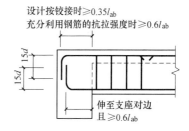

图 B-42　非框架梁端支座下部钢筋弯锚构造

1）可与设计人员协商，调整钢筋直径以满足要求。

2）可经设计人员确认，当梁端剪力V不大于$0.7f_t bh_0$时，可减小伸入支座的长度，但应≥$5d$。

3）可伸至上部纵筋弯折段内侧后弯折，直段长度≥$0.6l_{ab}$，弯折段$15d$，如图B-42所示。

4）按《钢筋锚固板应用技术规程》JGJ 256—2011，当钢筋端头带有锚固板时，可伸至支座对边，且335MPa、400MPa级钢筋≥$6d$；500MPa级钢筋＞$7d$。

（2）支承在砌体结构上的大梁，其简支端在纵向受力钢筋的锚固长度范围内应配置不少于2个箍筋，直径不宜小于$d/4$（d为纵向受力钢筋最大直径），间距不宜大于$10d$（d为纵向受力钢筋最小直径），如图B-43所示。

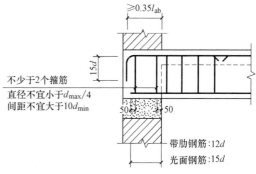

图 B-43　支承在砌体结构上大梁端支座

20. "当梁配有受扭纵向钢筋"指什么？此时非框梁纵向钢筋构造有何不同？

（1）"当梁配有受扭纵向钢筋"指梁受扭的情况，如弧形梁等；梁受扭时应配置受扭纵向钢筋，受扭纵向钢筋应沿梁截面周边布置，间距不应大于 200mm。一般情况下受扭的梁在侧面都配有受扭纵向钢筋，该钢筋以大写字母"N"打头。

无特殊情况下，施工单位可认为"当梁配有受扭纵向钢筋"即为注写中包含"Nxxxx"的梁。

（2）受扭的梁构造要求不同于普通梁，其受扭纵向钢筋应遵循"沿周边布置"及"按受拉钢筋锚固在支座内"的原则，具体要求如下：

1）梁上部纵向钢筋，按"充分利用钢筋的抗拉强度"锚固在端支座内；伸至主梁外侧纵筋内侧后向下弯折，直段长度 $\geqslant 0.6l_{ab}$，弯折段 $15d$。当伸入支座内长度 $\geqslant l_a$ 时，可不弯折。需要连接时，可在跨中 1/3 净跨范围内连接；采用搭接时，搭接长度 l_l，搭接长度范围内箍筋应加密。

2）梁下部纵向钢筋，伸至端支座主梁对边向上弯折，直段长度 $> 0.6l_{ab}$，弯折段 $15d$。当伸入支座内长度 $\geqslant l_a$ 时，可不弯折。

3）中间支座下部纵筋宜贯通，不能贯通时锚入支座长度 $\geqslant l_a$。

4）梁侧面受扭纵筋沿截面周边均匀对称布置，间距不大于 200mm。

5）梁箍筋弯钩平直段长度应为 $10d$。

21. 梁什么情况下需要配置腰筋？有何构造要求？

当梁的高度较大时，有可能在梁侧面产生垂直于梁轴线的收缩裂缝，为此应在梁的两侧沿梁长度方向布置纵向构造钢筋。

梁中的腰筋倘若不是抗扭需要而配置的，一般是按构造要求而配置。根据 11G101-1 国家标准设计图集中的要求应在梁平法图中标注腰筋。

当梁的腹板高度 $h_w \geqslant 450$mm 时，才在梁的两个侧面沿梁高度范围内配置纵向构造钢筋。

（1）梁腹板高度 h_w：对矩形截面，取有效高度 h_0；对于 T 形截面，取有效高度 h_0 减去翼缘高度 h_f；对于 I 形截面取腹板净高。

（2）梁有效高度 h_0：为梁上边缘至梁下部受拉钢筋的合力中心的距离，即 $h_0 = h - s$；当梁下部配置单层纵向钢筋时，s 为下部纵向钢筋中心至梁底距离；当梁下部配置两层纵向钢筋时，s 可取 70mm。

（3）梁腹板配筋率：纵向构造钢筋的截面积 A_s 被腹板截面积除后的百分率不应小于 0.1%，即 $A_s/bh_w \geqslant 0.1\%$，当梁宽较大时可适当放宽。

22. 梁中有集中力处，是否必须同时设附加箍筋和吊筋？附加箍筋的布置长度范围应该多大？附加箍筋的布置范围内是否可以取消抗剪箍筋？当采用吊筋时，距梁下边缘的距离应该是多少？

当在梁的高度范围内或梁下部有集中荷载时，为防止集中荷载影响区下部混凝土的撕裂及裂缝，在集中荷载影响区 s 范围内按计算确定增设附加横向钢筋。

（1）位于梁下部或梁截面高度范围内的集中荷载，应全部由附加横向钢筋承担，附加横向钢筋宜采用箍筋，当箍筋不足时也可以增加吊筋，如图 B-44 所示。

（2）附加箍筋布置在 s 长度范围内 $s = 2h_1 + 3b$。附加箍筋应在集中力两侧布置。当采

220

用吊筋时，其弯起段应伸至梁上边缘并且再加水平段。当两个集中荷载距离较小时，偏于安全的做法是不减少两个集中荷载间的附加钢筋的数量，同时分别适当增大外侧的附加钢筋数量。

1）采用箍筋时，应在集中荷载两侧分别设置，每侧不少于 2 个；梁内原箍筋照常放置。

2）第一个箍筋距梁内的次梁边缘为 50mm，配置的长度范围为 $s=2h_1+3b$；当次梁的宽度 b 较大时，可适当减小附加横向钢筋的布置长度，如图 B-45 所示。

（3）吊筋下端的水平段要伸至梁底部的纵向钢筋处；不允许用布置在集中力荷载影响区内的受剪箍筋代替附加横向钢筋。

1）采用吊筋时，每个集中力处吊筋不少于 2A12；吊筋下端的水平段要伸至梁底部的纵向钢筋处。弯起段应伸至梁上边缘处且加水平段长度为 $20d$。

2）吊筋的弯起角度，当主梁高度不大于 800mm 时，弯起角度为 $45°$，当主梁高度大于 800mm 时，弯起角度为 $60°$，如图 B-46 所示。

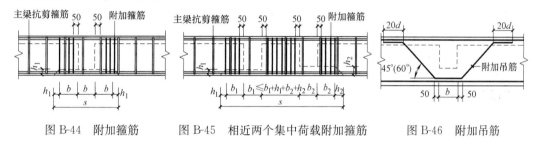

图 B-44　附加箍筋　　　图 B-45　相近两个集中荷载附加箍筋　　　图 B-46　附加吊筋

23. 各类梁的悬挑端配筋构造如何选择，屋面和楼层梁是否一样？悬挑部分上部纵向钢筋为什么不可以在上部截断？

（1）屋面梁悬挑端与楼层梁悬挑端构造应区别对待，主要与支座形式（可为柱、剪力墙、梁）、梁顶与悬挑端标高关系有关，11G101-1 第 89 页中列出了各类梁悬挑端的构造。各类梁悬挑端构造的要点：

1）位于中间层，且 $\Delta h/(h_c-50)\leqslant 1/6$ 时，梁上部纵向钢筋可自然弯折通过。

2）位于屋面，支座为梁，且 $\Delta h/(h_c-50)\leqslant 1/6$ 时，梁上部纵向钢筋可自然弯折通过；支座为柱、剪力墙时不可。

3）位于屋面，支座为柱或墙，梁顶高于悬挑端时，梁上部纵向钢筋锚固应加强，如图 B-47 所示节点Ⓕ。

4）位于屋面，支座为柱或墙，悬挑端高于梁时，悬挑端上部纵筋在支座内锚固应加强，如图 B-48 所示节点Ⓖ。

5）位于屋面，支座为柱或墙，梁底与悬挑端底标高相同时，柱纵筋可按中柱节点考虑。

（2）悬挑梁剪力较大且全长承受弯矩，在悬臂梁中存在着比一般梁更为严重的斜弯现象和撕裂裂缝引起的应力延伸，在梁顶截断纵筋存在着引起斜弯失效的危险，因此上部纵筋不应在梁上部切断。

1）悬挑梁上部钢筋中，至少 2 根角筋且不少于第一排纵筋的 1/2 伸至悬挑梁外端，向下弯折 $12d$。其他钢筋也不应在梁上部截断，而应向下弯折至梁下部进行锚固。

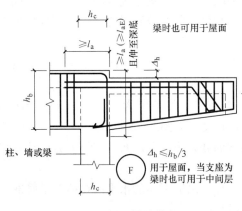

图 B-47　梁悬挑端节点 F

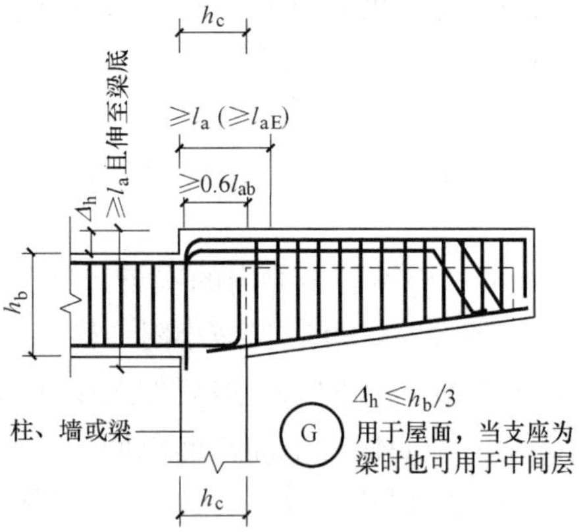

图 B-48　梁悬挑端节点 G

2）向下弯折角度一般为 45°或 60°，当悬挑长度较小截面又比较高时，会出现不满足斜弯尺寸的要求，此时宜将全部纵筋伸至悬挑梁外端，向下弯折 12d。

24. 竖向折梁折角处纵向钢筋有何构造要求？弯折处箍筋如何配置？

（1）对受拉区有内折角的梁，下部纵向钢筋不应采用整根弯折配置，应将下部纵向钢筋在弯折角处断开分别伸至对边且在受压区内锚固，如图 B-49 所示构造（一）。当弯折角度小于 160°时，可以采用在内折角处增加角托的配筋方式，如图 B-49 所示构造（二）。

（2）考虑到下部钢筋截断后不能在梁上部受压区完全锚固，因此需要配置箍筋来承担这部分受拉钢筋的合力。该处的箍筋是经过计算得出的钢筋直径和间距，并不是简单的用梁中的普通箍筋在此处加密。箍筋应能承受未在压区锚固纵向受拉钢筋的合力，且不应小于全部纵向钢筋合力的 35%，计算所得到的箍筋截面积要配置在规定的 s 范围内 $s = h\tan(3\alpha/8)s$。

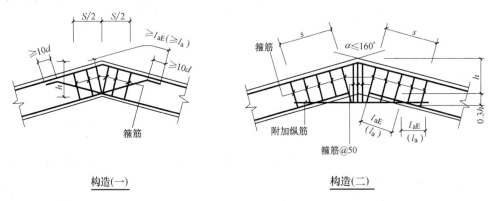

构造（一）　　　　　　　　　　　　构造（二）

图 B-49　竖向折梁钢筋构造

B.5　板构造

1. 阳台拦板竖向钢筋应放在外侧还是里侧？

内侧，否则人一推，可能连人加栏板都翻出去。

2. 施工图纸中经常会对双向板的配筋提出下部钢筋短方向在下、长方向在上的要求，如何理解双向板及单向板？

（1）双向板和单向板是根据板周边的支承情况及板的长度方向与宽度方向的比值确定的，而不是根据整层楼面的长度与宽度的比位来确定。

1）两对边支承的板为单向板。

2）四边支承的板，当长边与短边的比值小于或等于 2 时，为双向板。

3）四边支承的板，当长边与短边的比值大于 2 而小于 3 时，也宜按双向板的要求配置钢筋。

4）四边支承的板，当长边与短边的比位大于或等于 3 时，为单向板。

（2）双向板由于板在中点的变形协调一致，所以短方向的受力会比长方向大，施工图设计文件中都会要求下部短方向钢筋在下，而长方向的钢筋在上；板上部受力也是短方向比长方向大，所以要求上部钢筋短方向在上，而长方向在下。

四边支承的单向楼板下部短方向配置受力钢筋，长方向配置构造钢筋或分布钢筋。两对边支承的板，支承方向配置受力钢筋，另一方向配置分布钢筋。

3. 如何理解楼板和屋面板中配置的各种钢筋？

（1）在楼板和屋面板中根据板的受力特点不同所配置的钢筋也不同，主要有板底受力钢筋、支座负弯矩钢筋、构造钢筋、分布钢筋、抗温度收缩应力构造钢筋等。

1）双向板板底双方向、单向板板底短向，是正弯矩受力区，配置板底受力钢筋。

2）双向板中间支座、单向板短向中间支座以及按嵌固设计的端支座，应在板顶面配置支座负弯矩钢筋。

3）按简支计算的端支座、单向板长方向支座，一般在结构计算时不考虑支座约束，但往往由于边界约束产生一定的负弯矩，因此应配置支座板面构造钢筋。

4）单向板长向板底、支座负弯矩钢筋或板面构造钢筋的垂直方向，还应布置分布钢筋；分布钢筋一般不作为受力钢筋，其主要作用是为固定受力钢筋、分布板面荷载及抵抗收缩和温度应力。

5）在温度、收缩应力较大的现浇板区域，应在板的表面双向配置防裂构造钢筋，即抗温度、收缩应力构造钢筋。当板面受力钢筋通长配置时，可兼作抗温度、收缩应力构造钢筋。

（2）以上各种钢筋在施工图文件中都应有标注，施工单位应按图施工。

1）板底受力钢筋，支座负弯矩钢筋根据受力情况计算配置，施工图文件中明确给出规格、间距及外伸长度。

2）板中构造钢筋施工图文件中也会明确给出规格、间距及外伸长度，应符合下列要求：

① 上部构造钢筋的直径不宜小于 8mm，间距不宜大于 200mm。

② 构造钢筋的截面面积不宜小于板中单位宽度内受力钢筋面积的 1/3。

③ 控制板中温度和收缩裂缝的构造钢筋，间距为 150～200mm。配筋率不小于 0.1%。

3）板中分布钢筋应满足以下要求，一般情况设计人员会在施工图中说明采用的规格和间距，由施工单位在需要配置的位置布置。

① 分布钢筋的直径不宜小于 6mm，间距不宜大于 25mm。板上有较大集中荷载时不宜大于 200mm。

② 在单位长度上，分布钢筋截面面积不宜小于其受力钢筋截面面积的 15%，且不宜小于该方向板截面面积的 0.15%。

4）抗温度、收缩应力构造钢筋，设计人员需在施工图文件中给出规格、间距以及需要布置的位置。

① 构造温度收缩钢筋与板中受力钢筋可采用搭接，搭接长度为 l_l。

② 温度钢筋间距为 150~200mm；板表面沿纵、横两个正交方向的配筋率均不宜小于 0.1%。

③ 温度收缩构造钢筋可以在同一区段范围内搭接连接。

4. 有梁楼盖（屋盖）板上部纵筋在端支座的锚固有何要求？当支座宽度不能满足锚固要求时，是否可以在悬挑端进行锚固？

（1）板上部纵筋应在支座（梁、墙或柱）内可靠锚固，当直线锚固长度 $\geq l_a$ 时可不弯锚。

1）当支座为梁采用弯锚时，板上部纵筋伸至梁角筋内侧弯折，当设计按铰接时直段长度 $\geq 0.35l_{ab}$，当充分利用钢筋的抗拉强度时直段长度 $\geq 0.6l_{ab}$，弯折段长度 15d，如图 B-50 所示。

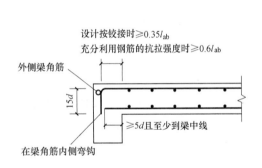

图 B-50 端部支座为梁

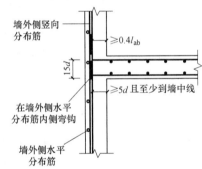

图 B-51 端部支座为墙（中间层）

2）当支座为中间层剪力墙采用弯锚时，板上部纵筋伸至竖向钢筋内侧弯折，直段长度 $\geq 0.4l_{ab}$，弯折段长度 15d，如图 B-51 所示。

3）当支座为顶层剪力墙时，当板跨度及厚度比较大、会使墙平面外产生弯矩时，板上部纵筋与墙外侧钢筋在转角处搭接，如图 B-53 所示。其他情况同支座为梁，按图 B-52 处理。实际工程中采用何种做法应由设计确定。

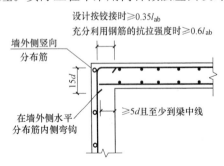

图 B-52 端部支座为墙（顶层一般情况）

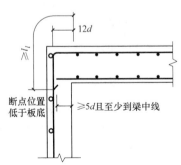

图 B-53 端部支座为墙（板跨及厚度较大）

（2）支座宽度不满足锚固要求，支座外有挑板时可在挑板内锚固。当平直段长度≥l_a时可不弯折。

5. 框支剪力墙结构中，转换层楼板在边支座处楼板的上、下层钢筋有何锚固要求？当此层有较大洞口设置边梁时，边梁的加强钢筋是否可以搭接？

带有转换层的高层建筑结构体系，由于竖向抗侧力构件不连续，其框支剪力墙中的剪力在转换层处要通过楼板才能传递给落地剪力墙，因此转换层楼板除满足承载力外还必须保证有足够的刚度，以保证传力直接和可靠。除强度计算外还需要有效的构造措施来保证。

1）部分框支剪力墙转换层楼板厚度不宜小于180mm，应配置双层双向钢筋，上、下层钢筋在边梁和剪力墙中的锚固如图 B-54 所示。当平直段长度≥l_a时可直锚。

2）在楼板边缘和大洞口周边设置宽度不小于板厚2倍的边梁，边梁内的纵向钢筋宜采用机械连接或焊接，边梁中应配置箍筋，纵向钢筋的配筋率不应小于1.0%，如图 B-55、图 B-56 所示。

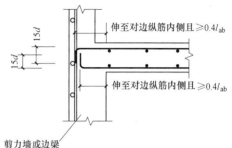

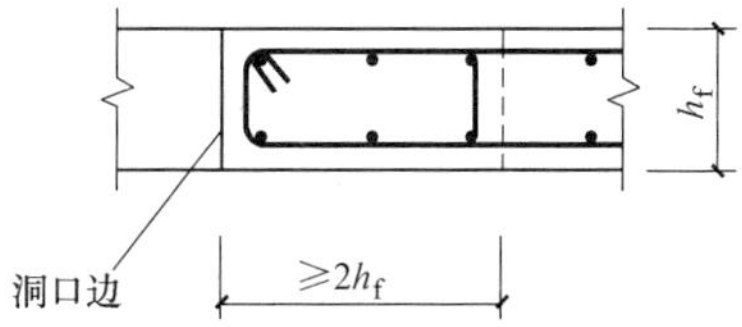

图 B-54　楼板钢筋在边支座锚固

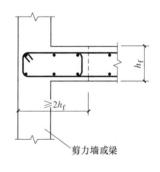

图 B-55　洞口周边边梁

图 B-56　楼板边缘部位边梁

6. 当悬臂板内外标高不相同时，上部钢筋是否可以拉通？当悬臂板无内跨楼板时，上部钢筋应如何锚固？下部配置构造钢筋时在支座内的锚固长度应是多少？有抗震设防要求时，是否要满足抗震设防锚固长度的要求？

（1）当悬臂板的跨度较大且板面与内跨标高一致时，由于悬臂支座处的负弯矩对内跨中有影像，会在内跨跨中出现负弯矩，因此上部钢筋应通长配置。板面有高差时应采用分离式配置上部受力钢筋，悬臂板上部受力钢筋在内跨应满足锚固长度的要求。

（2）纯悬臂板上部受力钢筋应伸至支座对边纵向钢筋内侧弯折，水平段长度≥$0.6l_{ab}$，弯折段投影长度15d。

（3）悬臂板下部配置构造钢筋时，该钢筋应伸入支座内的长度不小于12d，且至少伸至支座的中心线。

（4）悬挑构件的上部纵向钢筋是受力钢筋，因此要保证其在构件中的设计位置，不可以随意加大保护层的厚度，否则造成板面开裂等质量事故。悬臂板要待混凝土达到100%设计强度后方可拆除下部支承。

（5）抗震设防烈度为8、9度及以上的长悬挑板，设计明确需要考虑竖向地震作用时，锚固长度应满足抗震设防锚固长度的要求。

7. 当悬挑板在阳角处布置有放射钢筋时，应该布置在什么区域内，钢筋的间距如何计算？放射钢筋伸入支座内的长度应如何计算？悬挑板在阴角处钢筋如何布置？

（1）当转角位于阳角时，11G101提供了在角部布置放射钢筋的加强措施，要求设计人员注明在角部设置的放射形钢筋根数。

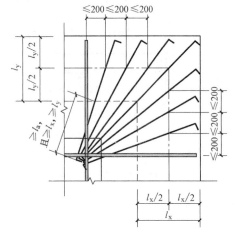

1）放射钢筋应布置在两侧悬挑板最外侧上部钢筋未布置的区域内，如图B-57所示。

2）放射钢筋与悬挑板最外侧上部钢筋之间间距、放射钢筋之间间距不应大于200mm，以悬挑板中线处钢筋间距为准。

3）放射钢筋伸入支座的长度$\geq l_a$，且不应小于悬挑长度l_x、l_y的较大值。

（2）当悬挑板标高与跨内标高不一致或跨内为洞口时，悬挑板阳角上部放射钢筋伸入支座对边弯折，平直段长度$\geq 0.6 l_{ab}$，弯折段长度$15d$。放射钢筋与悬挑板其他部位钢筋均匀排布。

图 B-57 悬挑板阳角放射筋

（3）悬挑板阴角处钢筋可直接利用悬挑板上部纵筋进行角部加强，如图B-58所示。也可增加斜向钢筋，如图B-59所示。

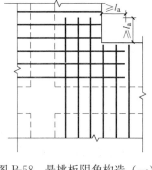

图 B-58 悬挑板阴角构造（一）

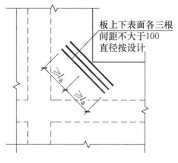

图 B-59 悬挑板阴角构造（二）

8. 斜向楼板钢筋或者其他斜面的钢筋，其间距是按斜面布置还是应该按垂直地面布置？现浇板式楼梯的斜向分布钢筋应如何布置？

当现浇混凝土板是斜向时，对于双向板两个方向都是受力钢筋，不应按垂直地面间距摆放斜方向的钢筋，特别是当斜度很大时，会造成在垂直于板斜向的间距较大，不能满足受力的要求；对于单向板斜向为受力方向时，钢筋的间距应按垂直于板斜面计算。斜方向为分布钢筋时，其间距也不应按垂直地面计算；根据《混凝土结构设计规范》GB 50010—2010的规定，分布钢筋也有最小配筋率的要求，倘若分布钢筋的间距按垂直地面方向布置，会不满足最小配筋率的要求。现浇的板式楼梯在斜面上应布置垂直受力钢筋方向的分布钢筋，其间距也不应按垂直地面计算。

1）现浇双向板斜方向的受力钢筋，应按垂直斜面计算钢筋的间距s，如图B-60所示。

2）现浇单向板斜方向的受力钢筋按垂直斜面计算钢筋的间距；当斜方向为分布钢筋时，也应按垂直斜面方向布置钢筋间距 s。

3）现浇钢筋混凝土板式楼梯中的分布钢筋，应按垂直斜面方向布置钢筋间距 s，且宜每个踏步布置一根分布钢筋，如图 B-61 所示。

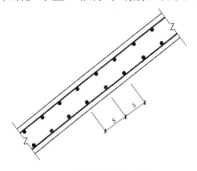

图 B-60　斜向楼板钢筋间距

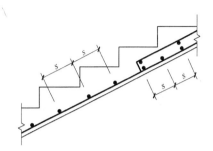

图 B-61　现浇板式楼梯分布钢筋间距

B.6　基础构造

1. 框架柱纵筋伸至基础底部直段要≥l_a能否不"坐底"？

不同部位的安全度是不同的。柱根如果出问题，上边再结实也无用，所以，柱纵筋"坐底"加弯钩，可确保柱根的牢固。至于弯钩为 10d 还是 12d，或者干脆 200mm，这不是主要问题，11G101-3 中"柱墙插筋锚固直段长度与弯钩长度对照表"给出了统一规定，应予以执行。对柱纵筋的锚固，未发生地震时，即便直锚一个锚长也不会发生问题。但当地震发生时，许多构件会进入弹塑性状态，直锚一个锚长的柱纵筋就不一定能够确保稳固了。

另外，伸上去的目的之一就是代替上部（端柱或暗柱）重叠部分的纵筋，"当两构件'重叠'时，钢筋不重复设置取大值"也是布筋的原则之一，这一原则同样适用于剪力墙的水平分布筋与连梁、暗梁的水平纵向钢筋、腰筋相遇时的设置。

2. 柱纵向钢筋在基础内的锚固有何要求？

柱纵向钢筋在基础内按基础形式的不同要求锚固。现浇柱在基础中插筋的数量、直径以及钢筋种类与基础以上柱纵向受力钢筋相同。

（1）独立基础、柱下条形基础

1）当基础高度满足直锚要求时，柱插筋的锚固长度应满足≥l_{aE}(l_a)，插筋的下端宜做 6d 且≥150mm 直钩放在基础底部钢筋网片上。

2）当基础高度不能满足直锚要求时，柱插筋伸入基础内直段长度应满足≥0.6l_{aE}(l_a)，插筋下端弯折 15d 放在基础底部钢筋网片上。

3）当基础高度较高 h_j≥1400mm（或经设计判定柱为轴心受压或小偏心受压构件，h_j≥1200mm）时，可仅将四角的插筋伸至基础底部，其余插筋锚固在基础顶面下≥l_{aE}(l_a)。

（2）桩基

1）当设有承台时，柱插筋在承台内的锚固长度应≥l_{aE}(l_a)，插筋的下端宜做 6d 且≥150mm 直钩放在承台底部钢筋网上。当承台高度不能满足直锚要求时，柱括筋伸入承台内直段长度应满足 $\geqslant 0.6l_{aE}(l_a)$，插筋下端弯折 $15d$ 放在承台底部钢筋网上。

2）对于一柱一桩，柱与桩直接连接时，柱纵向主筋锚入桩身 $\geqslant 35d$，且 $\geqslant l_{aE}(l_a)$。

（3）筏形基础

柱插筋在基础内的锚固长度应 $\geqslant l_{aE}(l_a)$，插筋的下端宜做 $6d$ 且 $\geqslant 150$mm 直钩放在基础底部钢筋网上。当基础高度不能满足直锚要求时，柱插筋伸入基础内的直段长度应满足 $\geqslant 0.6l_{aE}(l_a)$，插筋下端弯折 $15d$ 放在基础底部。

3. 混凝土墙纵向钢筋在基础内的锚固有何要求？

墙下基础形式主要有条形基础、筏形基础、承台梁（桩基）。

（1）当基础高度 $h_j > l_{aE}(l_a)$ 时，剪力墙竖向分布钢筋伸入基础直段长度 $\geqslant l_{aE}(l_a)$，插筋的下端宜做 $6d$ 直钩放在基础底部。

经设计确认，可仅将 $1/3 \sim 1/2$ 的剪力墙竖向钢筋伸至基础底部，这部分钢筋应满足支撑剪力墙钢筋骨架的要求，其余钢筋伸入基础长度 $\geqslant l_{aE}(l_a)$。当建筑物外墙布置在筏形基础边缘位置时，其外侧竖向分布钢筋应全部伸至基础底部。

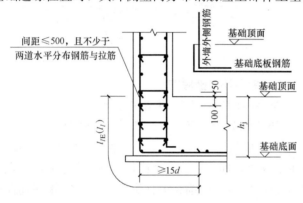

（2）当基础高度 $h_j \leqslant l_{aE}(l_a)$ 时，剪力墙竖向分布钢筋伸入基础直段长度 $\geqslant 0.6l_{aE}(l_a)$，插筋的下端宜做 $15d$ 直钩放在基础底部。

（3）对于挡土作用的地下室外墙，当设计判定筏形基础与地下室外墙受弯刚度相差不大时，宜将外墙外侧钢筋与筏形基础底板下部钢筋在转角位置进行搭接，如图 B-62 所示。

图 B-62　墙插筋在基础中锚固构造

注：a. 当插筋保护层厚度不大于 $5d$ 时，按第 B.6 第 3 问处理。

b. 当筏形基础较厚时，柱、墙插筋是否需要伸至基础底面，由具体工程实际确定。

4. 柱、墙插筋保护层厚度 $\leqslant 5d$ 时，应设锚固区横向钢筋，应如何设置？当周边配有其他钢筋时是否可替代？

（1）柱、墙插筋在基础高度范围内保护层厚度 $\leqslant 5d$ 时，为保证钢筋锚固效果，应设置横向钢筋。

1）柱插筋锚固区横向钢筋应满足直径 $\geqslant d/4$（取保护层厚度 $\leqslant 5d$ 筋的最大直径），间距 $\leqslant 5d$（取不满足要求插筋的最小直径）且 $\leqslant 100$mm；墙插筋锚固区横向钢筋应满足直径 $\geqslant d/4$（取保护层厚度 $\leqslant 5d$ 筋的最大直径），间距 $\leqslant 10d$（取不满足要求插筋的最小直径）且 $\leqslant 100$mm。

2）柱插筋锚固区横向钢筋，可为箍筋（非复合箍筋），做法如图 B-63 所示，箍筋弯钩平直段长度 $5d$。

3）墙插筋锚固区横向钢筋，为与墙插筋绑扎在一起的水平钢筋，如图 B-64 所示。

（2）当柱插筋周边配有其他与插筋相垂直的钢筋，且能满足第（1）条第 1）款要求时，可替代锚固区横向钢筋。

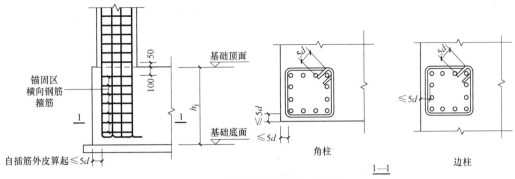

图 B-63 柱插筋锚固区横向钢筋

1）当筏板外边缘设有侧面封边构造钢筋及侧面构造纵筋时，构造纵筋满足直径要求时可兼做部分锚固区横向钢筋，间距不能满足要求时，按图 B-65 插空设置横向钢筋。

2）基础梁范围内插筋保护层厚度≤5d 时，可利用基础梁侧腋部分构造钢筋兼作部分锚固区横向钢筋，间距不能满足要求时插空补足，插空钢筋直径应≥d/4（取不满足要求插筋的最大直径）；如图 B-66 所示。

其他情况可参考设置。

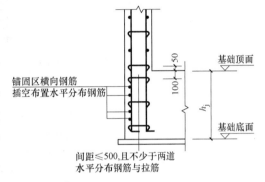

图 B-64 墙插筋锚固区横向钢筋

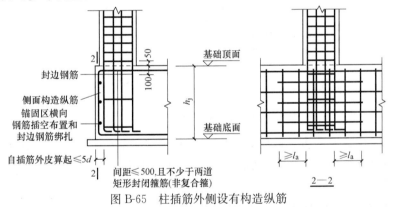

图 B-65 柱插筋外侧设有构造纵筋

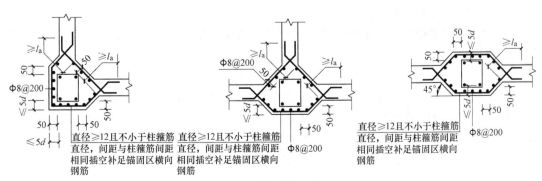

图 B-66 基础梁侧腋部位

229

5. 独立深基础短柱在什么情况下使用？有些什么构造要求？柱内纵向钢筋如何锚固？箍筋加密区范围有何要求？

（1）采用独立基础的建筑，如果基础持力层比较深，或者某根柱子某区域内柱子基底比较深时，为减小底层柱计算高度可采用独立深基础短柱。

（2）为保证短柱部分作为上部柱的嵌固端，短柱 $E_{DZ}J_{DZ}$ 与上部柱 EJ 之比宜≥10，当短柱顶面设有连系梁时可适当降低。短柱部分箍筋间距相同，纵向钢筋伸入基础中长度按柱插筋处理，四角及每隔 1000m 伸至基底钢筋网片上，其他伸入基础长度≥$l_{aE}(l_a)$，如图 B-67 所示。

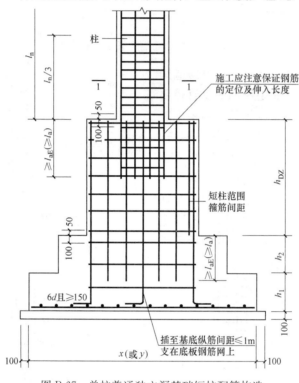

图 B-67　单柱普通独立深基础短柱配筋构造

（3）上部柱中纵向钢筋锚固在短柱中，伸入长度≥$l_{aE}(l_a)$。施工时应采取措施保证纵向钢筋的位置准确。当短柱高度较小时，可将上部柱四角的纵向钢筋伸至基础底面，以保证柱筋的定位。

（4）无地下室时，短柱基础上柱子加密区范围取 $l_n/3$，l_n 从短柱顶面开始计算。

注：E_{DZ} 为短柱混凝土弹性模量；J_{DZ} 为短柱对其截面短轴的惯性矩。

6. 墙下条形基础与柱下条形基础有何区别？梁板式条形基础和板式条形基础分布钢筋如何设置？

（1）11G101-3 中提供了梁板式条形基础和板式条形基础两种形式。砌体墙、剪力墙下条形基础一般采用板式条形基础；柱下条形基础应采用梁板式条形基础。

在工程中，有时设计为了加强墙下条形基础的整体刚度，在墙下条基中也设置了基础梁，此时基础梁与 11C101-3 中基础梁 JL 不同，应按设计要求进行施工。

（2）板式条形基础分布钢筋应在受力钢筋长度范围内满布，梁板式条形基础分布钢筋在梁宽范围内不布置，如图 B-68 所示。

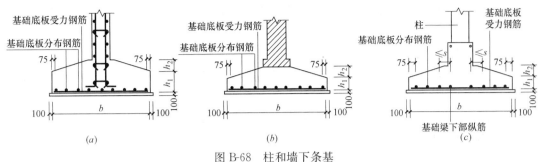

图 B-68 柱和墙下条基

（a）剪力墙下条基；（b）砌体墙下条基；（c）柱下条基

7. 基础梁、梁板式筏形基础平板中上部纵向钢筋在中间支座锚入支座可否？其纵向受力钢筋连接区域有何要求？

11G101-3 中将梁板式条形基础中的梁、筏形基础中的基础主梁统一编号为 JL，并且采用了相同的构造要求。筏形基础中基础次梁编号为 JCL。

（1）根据《建筑地基基础设计规范》GB 50007—2011 的规定，基础梁（包括 JL 和 JCL）以及梁板式筏形基础平板（LPB）中上部纵向受力钢筋按计算全部连通，这是对筏板的整体弯曲影响通过构造措施予以保证。

（2）在基础梁（包括 JL 和 JCL）、梁板式筏形基础平板（LPB）中，纵向钢筋连接接头位置应在内力较小部位，其连接区域及连接要求是一致的，如图 B-69 所示。

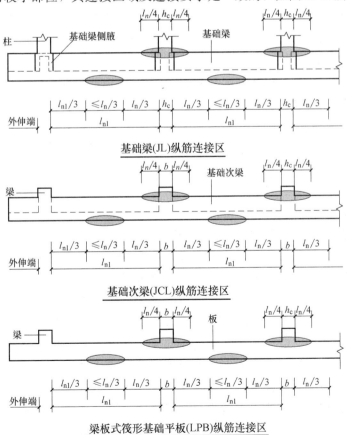

图 B-69 基础梁、梁板式筏形基础平板中上部纵筋连接示意

1) 上部纵向受力钢筋连接区域：中间支座两侧 $l_n/4$ 及支座范围内，不宜在端跨支座附近连接。

2) 下部贯通纵筋连接区域：跨中≤$l_n/3$ 范围内。

3) 连接方式可采用机械连接、焊接、绑扎搭接，钢筋直径＞25mm 时不宜采用绑扎搭接。

4) 同一钢筋同一跨内接头个数不宜设置 2 个或 2 个以上。

5) 同一连接区段内接头百分率不宜大于 50%。

6) 当相互连接的两根钢筋直径不同时，应将大直径钢筋伸至小直径钢筋所在跨内进行连接。

7) l_n 取相邻两跨净跨长度的较大值。

8. 基础梁 JL 在端支座处分外伸和无外伸两种情况，纵筋锚固有何要求？上部纵筋是否需要全部伸至尽端？基础次梁 JCL 纵筋在端支座内如何锚固？

在建筑场地允许的情况下，柱下条形基础、筏板基础都宜设置外伸端，外伸长度宜为第一跨距的 0.25 倍。鉴于在实际工程中经常会碰到无法设置外伸端的情况，11G101-3 中也给出了无外伸情况的构造，此时应满足柱、墙的边缘至基础梁边缘（可为侧腋）的距离不应小于 50mm。

（1）基础梁（JL）当端部有外伸时。

1) 下部钢筋伸至尽端后弯折，从柱内侧算起直段长度≥l_{ab}时，弯折段长度 12d；从柱内侧算起直段长度＜l_a时，应满足≥0.4l_{ab}，弯折段长度 15d。

2) 上部钢筋无须全部伸至尽端，施工单位根据设计平法标注施工。连续通过的钢筋伸至外伸尽端后弯折 12d；在支座处截断的钢筋从柱内侧算起直段长度应≥l_a。

（2）基础梁（JL）当端部无外伸时：

1) 柱下条形基础梁（JL）下部钢筋可伸至尽端基础底板中锚固，从柱内侧算起直段长度≥l_a；当不能满足以上要求时，从柱内侧算起直段长度应≥0.4l_{ab}，并伸至板尽端弯折，弯折段长度 15d。

2) 梁板式筏形基础梁（JL）下部钢筋可伸至尽端后弯折，从柱内侧算起直段长度应≥0.4l_{ab}，弯折段长度 15d。

3) 上部钢筋全部伸至尽端后弯折，从柱内侧算起直段长度应≥0.4l_{ab}，并伸至板尽端弯折，弯折段长度 15d。当直段长度＞l_a时可不弯折。

（3）梁板式筏形基础中基础次梁（JCL）端部构造：

1) 当端部有外伸时，下部钢筋伸至尽端后弯折，从支座内侧算起直段长度≥l_a时，弯折段长度 12d；从支座内侧算起直段长度＜l_a时，直段长度当按铰接时应＞0.35l_{ab}，当充分利用钢筋抗拉强度时应＞0.6l_{ab}，弯折段长度 15d。上部钢筋无须全部伸至尽端，施工单位根据设计平法标注施工。连续通过的钢筋伸至外伸尽端后弯折 12d；在支座处截断的钢筋从支座内侧算起直段长度应≥l_a。

2) 当端部无外伸时，下部钢筋全部伸至尽端后弯折 15d，从支座内侧算起直段长度当按铰接时＞0.35l_{ab}，当充分利用钢筋抗拉强度时应＞0.6l_{ab}；上部钢筋伸入支座内 12d，且至少过支座中线。

9. 筏板基础底板上剪力墙洞口位置是否设置过梁，有何构造要求？

当筏形基础上为剪力墙结构时，剪力墙下可不设置基础梁，但应在剪力墙洞口位置下设置过梁，承受基底反力引起的剪力、弯矩作用，如图 B-70 所示。

（1）过梁宽度可与墙厚一致；也可大于墙厚，在墙厚加两倍底板截面有效高度范围设置。

（2）过梁上下纵筋自洞口边缘伸入墙体长度≥l_a。

（3）锚固长度范围内箍筋间距同跨内。

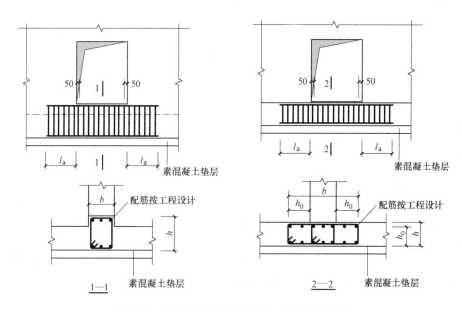

图 B-70　筏形基础底板墙体洞口过梁配筋构造

10. 梁板式筏形基础中钢筋排布应注意什么问题？底平梁板式筏形基础钢筋如何排布？顶平梁板式筏形基础钢筋如何排布？

（1）上部结构荷载通过基础传至地基，基础中构件计算综合考虑基础底面地基反力及地基变形。梁板式筏形基础钢筋排布时，应注意：

1）构件及钢筋相互支承的关系。

2）宜保证主要受力方向构件或钢筋的位置。

3）执行第2）款时，也应对整个基础钢筋排布进行综合考虑，避免钢筋层数过多，钢筋能通长布置时避免不必要的截断。

4）当钢筋排布造成截面有效高度削弱时，应与设计人员沟通。

5）按以下第（2）～（4）条内容选择钢筋排布方案时，应得到设计人员的确认。

（2）底平梁板式筏形基础底部钢筋排布时，可不考虑钢筋的相互支承关系，以下各方案中第二、三排钢筋保护层厚度加大（尤其是第三排钢筋），造成截面有效高度削弱，应得到设计人员确认。

方案一：如图 B-71 所示，自下而上钢筋排布如下：

第一排：x 向底板钢筋、y 向基础梁（次梁）箍筋

第二排：y 向底板钢筋、y 向基础梁下部纵筋、y 向基础次梁下部纵筋

第三排：x 向基础梁下部纵筋

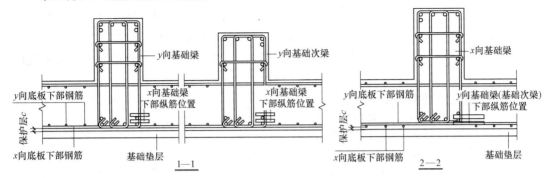

图 B-71　底平梁板式筏形基础底部钢筋排布方案一

方案二：如图 B-72 所示，自下而上钢筋排布如下：

第一排：y 向底板钢筋，x 向基础梁箍筋

第二排：x 向底板钢筋、x 向基础梁下部纵筋

第三排：y 向基础梁下部纵筋、y 向基础次梁下部纵筋

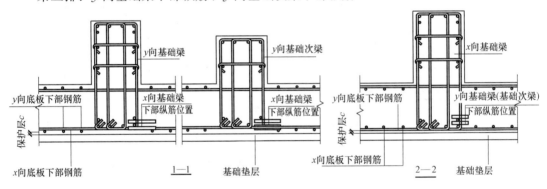

图 B-72　底平梁板式筏形基础底部钢筋排布方案二

方案三：如图 B-73 所示，自下而上钢筋排布如下：

第一排：x 向基础梁箍筋

第二排：x 向底板钢筋、x 向基础梁下部纵筋

第三排：y 向底板钢筋、y 向基础梁下部纵筋、y 向基础次梁下部纵筋

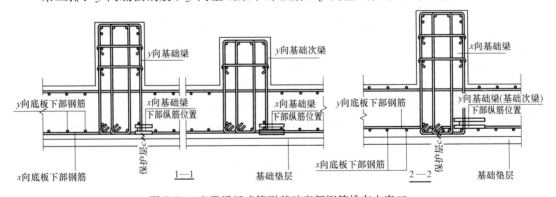

图 B-73　底平梁板式筏形基础底部钢筋排布方案三

234

方案四：如图 B-74 所示，自下而上钢筋排布如下：

第一排：y 向基础梁箍筋

第二排：y 向底板钢筋、y 向基础梁下部纵筋

第三排：x 向底板钢筋、x 向基础梁下部纵筋、x 向基础次梁下部纵筋

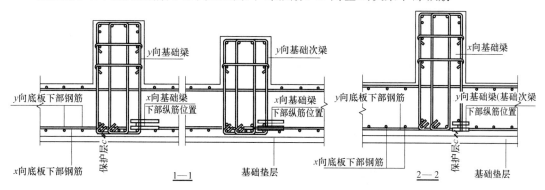

图 B-74　底平梁板式筏形基础底部钢筋排布方案四

（3）顶平梁板式筏形基础上部钢筋排布时，需要考虑钢筋的相互支承关系，如次梁上部钢筋应摆放在与之垂直的主梁上部钢筋之下，板上部钢筋应摆放在与之垂直的主梁及次梁上部钢筋之下。以下方案中第三、四排钢筋保护层厚度加大，造成截面有效高度削弱，应得到设计人员确认。

方案一：当一个方向上有次梁（仅在 y 向布置有基础次梁）时，宜将与次梁垂直的主梁上部纵筋摆放在上层（宜将 x 向基础梁上部纵筋放在 y 向各基础梁的上方）。如图 B-75 所示，自上而下钢筋排布如下：

第一排：x 向基础梁箍筋

第二排：x 向基础梁上部钢筋

第三排：y 向底板上部钢筋、y 向基础梁上部纵筋、y 向基础次梁上部纵筋

第四排：x 向底板上部钢筋

当有相互交叉的次梁高度相同时，应根据施工图明确次梁之间的支承关系，从而确定钢筋的支承关系。为避免钢筋层数过多，可考虑次梁上部钢筋在支座附近弯折通过，或板钢筋在支座部位弯折通过。

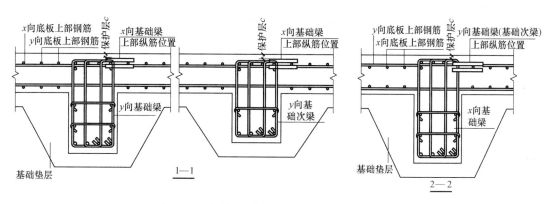

图 B-75　顶平梁板式筏形基础底部钢筋排布方案

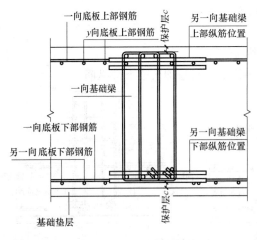

图 B-76　筏形基础设置暗梁

排列。

（4）当筏形基础中间设置暗梁（图 B-76），或者两个方向基础梁同高（图 B-77）时，钢筋摆放：

1）有次梁时宜先确定上部钢筋的排布方案，按第（3）条。

2）一个方向主梁上、下部纵筋，宜同时位于另一个方向主梁的上方或下方，以避免某个方面梁有效高度削弱较大。

（5）采用双层双网的梁板式筏形基础，设计文件中需注明上、下层钢筋各排的位置关系，如上层上排、上层下排等。

（6）根据设计文件中注明的上、下层排布关系，参考本条钢筋摆放方案进行

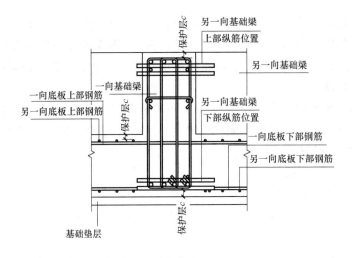

图 B-77　筏形基础两向梁同高

11. 筏形基础什么部位需要封边？有何构造要求？

厚度比较大的板无支承边端部，应进行封边。筏板基础厚度一般均不小于 400mm，因此筏板基础边缘部位应采取构造措施进行封边；当筏板边缘部位设置了边梁、布置墙体时，可不再进行板封边。

（1）封边钢筋可采用 U 形钢筋；间距宜与板中纵向钢筋一致。

（2）可将板上、下纵向钢筋弯折搭接 150 作为封边钢筋。

（3）U 形封边钢筋直径，当设计未注明时可按下列要求布置：

板厚 $h_s \leqslant 500mm$ 时，可取 $d = 12mm$；

板厚 $500mm < h_s \leqslant 1000mm$ 时，可取 $d = 14$；

板厚 $1000mm < h_s \leqslant 1500mm$ 时，可取 $d = 16$；

板厚 $1500mm < h_s \leqslant 2000mm$ 时，可取 $d = 18$；

板厚 $h_s > 2000mm$ 时，可取 $d = 20$。

12. 筏形基础电梯基坑配筋的构造要求？

电梯是建筑楼层间的固定式升降设备，电梯一般要求设置机房、井道和底坑等。底坑位于最下端与基础相连，底坑深为 1.4～2.5m。缓冲器的墩座预留钢筋和预埋件位置一般待电梯订货后配合厂家预留。

1）电梯基坑配筋同基础底板配筋。

2）施工前核对电梯基坑尺寸、埋件与厂家提供的技术资料一致。

3）电梯井周边墙体插筋构造见 B.6 第 2 问，其中基础顶面按基坑顶计算，自基坑顶墙体开始设置水平分布钢筋。

4）无洞墙体下，筏板上部钢筋伸至墙对边向下弯折；有洞口一侧墙下，筏板上部钢筋弯折至基坑底板内锚固。

13. 柱下钢筋混凝土独立基础的边长≥2500mm 时，底板受力钢筋的长度按边长减短 10%，桩基承台受力钢筋的长度是否同样按边长减短 10%？

（1）当柱下钢筋混凝土独立基础的边长大于或等于 2.5m 时，底板受力钢筋（除最外侧钢筋外）的长度可取边长的 0.9 倍，并宜交错布置，见 11G101-3 第 63 页。

（2）柱下桩基承台钢筋应通长配置，不能减短 10%。钢筋锚固长度自边桩内侧（当为圆桩时，应将其直径乘以 0.8 等效为方桩）算起，不应小于 35d；当不满足时应将钢筋向上弯折，此时水平段的长度≥25d，弯折段长度≥10d。

柱下桩基承台边长为 b、l，独立承台基础钢筋的长度取 b−2c 或 l−2c（c 为保护层厚度），不得减短 10%。当锚固长度不满足直段长度≥35d 时，将钢筋向上弯折 10d，且直段长度应≥25d，如图 B-78 所示。

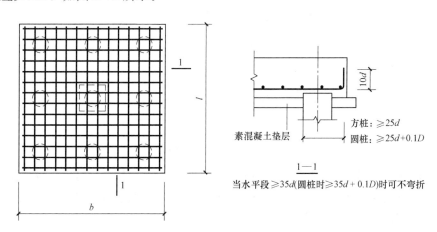

图 B-78　独立桩基承台钢筋

14. 三桩承台受力钢筋如何布置？其构造要求有哪些？

（1）按三向板带均匀布置，钢筋按三向咬合布置，如图 B-79 所示。

（2）最里面的三根钢筋应在柱截面范围内。

（3）设计时应注意：承台纵向受力钢筋直径不宜小于 12mm，间距不宜大于 200mm，其最小配筋率≥0.15%，板带上宜布置分布钢筋。施工按设计文件标注的钢筋进行施工。

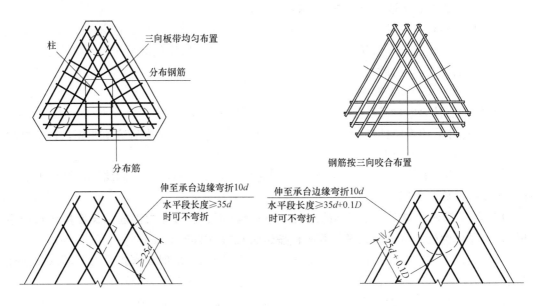

图 B-79　三桩承台受力钢筋构造

15. 承台梁纵向钢筋如何连接、锚固?

11G101-3 中承台梁用于剪力墙(或砌体墙)下:

(1) 承台梁上、下纵向钢筋在端部构造要求同柱下承台,如图 B-80 所示。

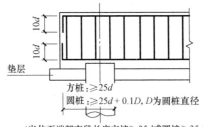

(当伸至端部直段长度方桩≥35d或圆桩≥35d + 0.1D时可不弯折)

图 B-80　承台梁端部构造

(2) 承台梁上、下纵向钢筋宜通长布置,需要连接时不应在上部墙体洞口位置连接,连接百分率不宜超过 50%。下部钢筋连接(机械接头、焊接接头、搭接长度中点)宜在桩宽度范围之内,如图 B-81 所示。

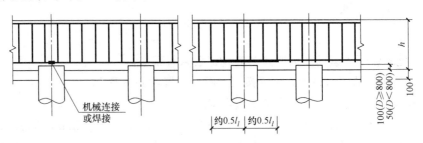

图 B-81　承台梁纵筋连接构造

（3）上部墙体设有洞口，当设计增设附加纵向受力钢筋时，附加纵筋受力钢筋自洞口边缘伸入墙体长度$\geqslant l_a$。

（4）当承台梁上为柱时，应按具体工程设计要求进行钢筋连接、锚固。

16. 桩伸入承台和承台梁内的长度有何要求？桩中的纵向钢筋在承台和承台梁中如何锚固？当采用一柱一桩时，是否可以取消承台？

（1）当基础采用桩时，一般都设计有承台或承台梁，桩需要在承台和承台梁中有一定的嵌固长度。当采用单桩或群桩时，通常在承台内仅配置下部钢筋网片；而采用单排或双排桩时，则设置承台梁。桩在承台内的嵌固长度是根据矩形桩的长边尺寸或圆形桩的直径确定的。

当桩径或矩形桩的截面长边尺寸＜800mm时，桩顶嵌入承台或承台梁内为50mm；当≥800mm时，为100mm。此外，桩伸入承台及承台梁内的尺寸，也应符合当地地方标准的规定。

（2）桩中纵向钢筋伸入承台或承台梁内的长度不宜小于35倍钢筋直径，且不小于l_a。

（3）当柱下采用大直径的单桩，且柱的截面小于桩的截面时，也可以取消承台，将柱中的纵向受力钢筋锚固在大直径桩内。

17. 什么情况下设基础连系梁？有何构造处理措施？

（1）当建筑基础形式采用桩基础时，桩基承台间设置连系梁能够起到传递并分布水平荷载、减小上部结构传至承台弯矩的作用，增强各桩基之间的共同作用和基础的整体性。

1）一柱一桩时，应在桩顶两个主轴方向上设置连系梁。当桩与柱的截面直径之比大于2时，可不设连系梁。

2）两桩桩基的承台，应在短向设置连系梁。

3）有抗震设防要求的柱下桩基承台，宜沿两个主轴方向设置连系梁。

4）桩基承台间的连系梁顶面宜与承台顶面位于同一标高。

（2）当建筑基础形式采用柱下独立基础时，为了增强基础的整体性，调节相邻基础的不均匀沉降也会设置连系梁。连系梁顶面宜与独立基础顶面位于同一标高。有些工程中，设计人员将基础连系梁设置在基础顶面以上，也可能兼作其他的功用。在11G101-3中认为只要该梁在设计中起到联系梁的作用就定义为基础连系梁，按照连系梁的构造进行施工。

当独立基础埋置深度较大，设计人员仅为了降低底层柱的计算高度，也会设置与柱相连的梁（不同时作为联系梁设计），此时设计应将该梁定义为框架梁KL，按框架梁KL的构造要求进行施工。有些情况下，设计为了布置上部墙体而设置了一些梁（不同时作为联系梁设计），可视为直接以独立基础或桩基承台为支座的非框架梁，设计应标注为L，按非框架梁进行施工。

（3）设计标注为基础连系梁JLL的构件，应满足以下构造要求：

1）纵向受力钢筋在跨内宜连通，钢筋长度不足时锚入支座内。从柱边缘开始锚固，其锚固长度应$\geqslant l_a$。

2）当基础连系梁位于基础顶面上方时，上部柱底部箍筋加密区范围从联系梁顶面起算。

3）一般情况下，基础连系梁第一道箍筋从柱边缘50mm开始布置；当承台配有钢筋笼时，第一道箍筋可从承台边缘开始布置。

4）上部结构按抗震设计时，为平衡柱底弯矩而设置的基础连系梁，应按抗震设计。抗震等级同上部框架。

参 考 文 献

[1] 陈达飞. 平法识图与钢筋计算 [M]. 北京：中国建筑工业出版社，2012.

[2] 北京广联达慧中软件计算有限公司. 建筑工程钢筋工程量的计算与软件应用 [M]. 北京：中国建材工业出版社，2006.

[3] 茅洪斌. 钢筋翻样方法及实例 [M]. 北京：中国建筑工业出版社，2008.

[4] 上官子昌. 11G101 图集应用 [M]. 北京：中国建筑工业出版社，2012.

[5] 黄梅. 平法识图与钢筋翻样 [M]. 北京：中国建筑工业出版社，2012.

[6] 郝增锁，郝晓明，张晓军. 钢筋快速下料方法与实例 [M]. 北京：中国建筑工业出版社，2009.

[7] 张向荣. 透过案例学平法钢筋平法实例算量和软件应用墙、梁、板、柱（第2版）[M]. 北京：中国建筑工业出版社，2013.

[8] 混凝土结构施工图平面整体表示方法：制图规则和构造详图（现浇混凝土框架、剪力墙、梁、板）（11G101-1）[M]. 北京：中国计划出版社，2011.

[9] 混凝土结构施工图平面整体表示方法制图规则和构造详图（现浇混凝土板式楼梯）（11Gl01-2）[M]. 北京：中国计划出版社，2011.

[10] 混凝土结构施工图平面整体表示方法制图规则和构造详图（独立基础、条形基础、筏形基础及桩基承台）（11G101-3）[M]. 北京：中国计划出版社，2011.

[11] 混凝土结构钢筋排布规则与构造详图（现浇混凝土框架、剪力墙、梁、板）（12G901-1）[M]. 北京：中国计划出版社，2012.

[12] 混凝土结构钢筋排布规则与构造详图（现浇混凝土板式楼梯）（12G901-1）[M]. 北京：中国计划出版社，2012.

[13] 混凝土结构钢筋排布规则与构造详图（现浇混凝土板式楼梯）（12G901-2）[M]. 北京：中国计划出版社，2012.

[14] 混凝土结构钢筋排布规则与构造详图（独立基础、条形基础、筏形基础及桩基承台）（12G901-3）[M]. 北京：中国计划出版社，2012.

[15] GB 50204—2002 混凝土结构工程施工质量验收规范（2011版）[S]. 北京：中国建筑工业出版社，2011.

[16] GB 50010—2010 混凝土结构设计规范 [S]. 北京：中国建筑工业出版社，2011.